# 近代日本農民運動史論

林 宥一

日本経済評論社

# 目　次


1　小作地返還闘争と地主制の後退
——埼玉県入間郡南畑村小作争議を通して——……1

Ⅰ　はじめに　1
Ⅱ　小作争議の前提　2
Ⅲ　争議の経過　6
Ⅳ　N家の地主経営とその論理　15
Ⅴ　小作地返還闘争の歴史的意義　21

2　農民運動史研究の課題と方法
——地主制、大正デモクラシー・日本ファシズムとの関連——……31

Ⅰ　はじめに　31
Ⅱ　地主制と農民運動＝小作争議　34
Ⅲ　大正デモクラシー・日本ファシズムと農民運動　45

3 初期小作争議の展開と大正期農村政治状況の一考察……59

4 農民自治会論
——一九二〇年代農村状況の把握のために——……97

5 昭和恐慌下小作争議の歴史的性格
——五加村小作争議の分析——……119

I はじめに——課題の所在とその意味—— 119

II 恐慌期五加村における農民層分解の特質——内川部落を中心に—— 121

III 小作争議の展開とその歴史的性格 134

IV おわりに——いわゆる貧農的農民運動の歴史的意義にふれて—— 153

6 書評 西田美昭編著『昭和恐慌下の農村社会運動』……161

7 書評 安田常雄『日本ファシズムと民衆運動
——長野県農村における歴史的実態を通して——』……175

8　日本農民組合成立史論Ⅰ
——日農創立と石黒農政のあいだ：第三回ＩＬＯ総会——……189
Ⅰ　はじめに　189
Ⅱ　賀川豊彦と杉山元治郎　191
Ⅲ　第三回ＩＬＯ総会　196
Ⅳ　第三回ＩＬＯ総会の歴史的意義——結びにかえて——　213

9　両大戦間期における農村「協調体制」論について……229
Ⅰ　はじめに　229
Ⅱ　庄司俊作氏の農村「協調体制」論　231
Ⅲ　坂根嘉弘氏の農村「協調体制」論　233
Ⅳ　問題の所在　235

10　近代農民運動の歴史的性格
——森武麿編『近代農民運動と支配体制』によせて——……245

11　農民運動史論……269
Ⅰ　「二つの道」論における農民闘争史　269

Ⅱ　問題意識の形成　271
Ⅲ　「科学的農民運動史」研究の提唱　273
Ⅳ　岡山と香川における実証分析　278
Ⅴ　栗原農民運動史論の継承と問題点　285

12　近代農民運動史研究の軌跡 …………………… 295
Ⅰ　近代農民運動史の対象　295
Ⅱ　同時代的分析（戦前段階）　297
Ⅲ　歴史的分析　308

【出典一覧】　327
【解説】林宥一氏の近代日本農民運動史研究 …………………… 大門正克・西田美昭　329
あとがき　349

# 1　小作地返還闘争と地主制の後退
## ——埼玉県入間郡南畑村小作争議を通して——

### Ⅰ　はじめに

寄生地主制は明治国家体制における天皇制支配を構成する最も重要な階級的基礎であった。しかしこの明治地主制も、その創出の当初から、日本資本主義の発展過程の構造的一環として位置づけられたのであるから、(1)日本資本主義の発展に対応してその変質を余儀なくされる運命をもっていた。したがって、本稿でとりあげた独占資本主義確立期における地主制は、産業資本主義確立期の資本主義にとっての地主制と、その意義を異にするのは、論理的にも歴史的にも必然であろう。すなわち、第一次世界大戦を通しての高度の資本主義の発展により、資本の蓄積が地主の高率小作料収取の資本転化に依存するよりも、資本主義生産内部にその源泉の大部分を求めるようになったばかりでなく、労働力の面でも、低賃金の基礎としての低米価がより重要な意義をもってきたのである。(2)このことは独占資本主義にとって地主制が桎梏に転化しつつあったことを意味するものであり、米騒動がそれを示した。つまり「こうして地主制と資本主義が相たずさえて発展してきた段階は終り、独占資本が地主制を従えていく段階がはじまった」(3)のである。

しかしこのことは地主制がその階級的独自性を失ってしまったことを決して意味しない。二七年テーゼは「ブルジヨワジーと大地主との融合の過程が如何にすすんでおろうとも、大地主は依然として日本の政治的経済的生活における極めて重要なる、又、独立的な原因である」と指摘している。周知のように、地主対小作人の階級対立が小作争議の形態をとって激化し、最初の全国的農民組織である日本農民組合が結成され、真の農民的土地所有を指向する本格的農民闘争が展開されるのはまさにこの時期である。このような意味で、「大正期」こそが、資本家と労働者、地主と農民という経済上・社会上の根本的対立が、天皇制支配機構の中で政治上の対立として明瞭な姿をとりはじめるということができよう。

以後、昭和にかけて高揚する農民闘争こそ地主的土地所有制を凋落→解体過程へおいやった直接の原動力であったという立場に立つならば、「農地改革」の歴史的前提を形成し、戦後日本の農村のあり方を基本的に規定する、より直接の諸条件はこの時期を起点として創出されていったと考えることができる。これは闘争の中で形成されていった農民の主体的な意識や思想的側面についてもいいうることであろう。

以上のような問題意識に立って、筆者は本稿で「土地を農民へ」「耕作権の確立」という闘争方針が組織的に明確化される直前の農民闘争の一形態であった、小作料減額要求をかかげた小作地返還闘争の高揚を分析し、この土地返還=耕作放棄という形態をとる小作争議が、いかにして「耕作権確立」「土地を農民へ」という闘争へひきつがれ、発展していくかを考えてみたい。

具体的には、大正一一～一三年に埼玉県入間郡南畑村でおきた争議を対象として問題を追ってみることとする。

## Ⅱ　小作争議の前提

さて、日本資本主義がその矛盾を深めつつ、第一次大戦を通じて独占資本主義へ本格的な移行を開始しようとする

第1表　田畑面積割合（大正10年）

| | 田 | 畑 |
|---|---|---|
| 入間郡 | 29.4% | 70.6% |
| 埼玉県 | 42.1 | 57.9 |

出典：『埼玉県統計書』より作成。

第2表　入間郡小作地率（カッコ内は埼玉県）

| 年 | 田 | 畑 |
|---|---|---|
| 1915（大正4） | 45.6%（54.3%） | 32.6%（43.4%） |
| 1917（　6） | 44.8　（53.6） | 33.1　（43.0） |
| 1919（　8） | 46.4　（53.5） | 35.0　（43.5） |
| 1921（　10） | 43.6　（53.5） | 32.9　（44.1） |
| 1923（　12） | 45.4　（52.8） | 32.9　（43.4） |
| 1925（　14） | 44.9　（53.1） | 32.8　（42.4） |

出典：『埼玉県統計書』より作成。

動きに対応して、地主的土地所有制も一定の変化を余儀なくされた。したがって、その支配下の日本農業と農村も多様な変容をうけざるをえなかったのである。

このような情勢の中での埼玉県入間郡農村の特徴を箇条書にしてみると次のようなことがいえる。

(1)　大正期には県下最大の養蚕地帯であった入間郡[4]は東京府という大消費地に近いという事情もあって、とりわけ商業的農業の発展が顕著であった。

(2)　しかも、小作地率は田畑とも低く、たとえば、大正一〇年には三二・九％（畑）というように県全体の平均小作地率四四・一％に比べて極めて低率であり、その上畑小作地率が田小作地率に比べて低い（第1表、第2表）。養蚕についていえば、「桑園ヲ小作セルモノ甚少シ[5]」といった状況で小作農民は現金収入をここに大きく依存していたのである。したがって、入間郡は地主的土地所有制の相対的に弱い畑作農業中心地帯――特に養蚕地帯として特徴づけることができる[6]。

(3)　しかしなお主穀農産物としての米作も広範におこなわれていたのであり、本稿でとりあげた南畑村はむしろ水田地帯に属する。この米作経営は他の商業的農産物生産の発展を考えるとむしろ停滞的であるが、大戦以来の米価騰貴によって一定程度農家経済を向上させたことは確かである（第3表）。

以上のような特徴をもつ入間郡の農民にとって大正九年の農業恐慌による商業的農産物価格、とりわけ繭価の暴落（第4表）は、入間郡農村の特質ゆえに、打撃的なものであった。それは農産物価格の高騰による農民の生活の一定の向上をいっきに打ちくだいたのである。

第３表　入間郡米作景況（水田中等田１反につき）

| 年 | 収穫量 | 種　代 | 肥　料 | 鋤耕及手入れ | 農具損料 | その他 | 計 | 収納米売却代 | 純　益 |
|---|---|---|---|---|---|---|---|---|---|
| 1917（大正６） | 1石60 | 0円747 | 7円588 | 8円944 | 0円866 | 5円011 | 23円146 | 36円117 | 12円971 |
| 1919（　８） | 1.60 | 1.00 | 20.00 | 20.00 | 3.00 | 10.00 | 54.00 | 83.20 | 29.20 |
| 1921（　10） | 1.40 | 1.00 | 15.00 | 23.00 | 1.00 | 3.00 | 43.00 | 61.52 | 18.52 |
| 1922（　11） | 1.50 | 0.69 | 12.00 | 20.00 | 0.80 | 2.00 | 35.49 | 42.27 | 6.78 |
| 1923（　12） | 1.70 | 0.80 | 12.00 | 26.00 | 1.00 | 3.00 | 42.80 | 51.00 | 8.20 |
| 1924（　13） | 1.72 | 0.85 | 16.00 | 27.50 | 1.50 | 5.00 | 50.85 | 65.00 | 14.15 |
| 1925（　14） | 1.60 | 0.80 | 15.00 | 25.30 | 1.60 | 3.10 | 45.80 | 61.00 | 15.20 |

出典：『埼玉県統計書』による。

第４表　養蚕の状況

| 年 | 養蚕戸数 | 収繭高 | 価　格 | １戸につき収繭価額 | 県平均 |
|---|---|---|---|---|---|
| 1915（大正４） | 20,803戸 | 530,790貫 | 1,476,639円 | 71　円 | 74円 |
| 1916（　５） | 20,558 | 720,600 | 3,001,885 | 146 | 142 |
| 1917（　６） | 20,940 | 817,820 | 4,821,776 | 230 | 207 |
| 1918（　７） | — | — | — | — | 277 |
| 1919（　８） | 21,325 | 1,220,030 | 10,307,594 | 483 | 391 |
| 1920（　９） | — | — | — | — | 156 |
| 1921（　10） | 23,021 | 807,314 | 4,709,792 | 205（189） | 188 |
| 1922（　11） | 20,127 | 1,215,424 | 10,476,080 | 521（280） | 339 |
| 1923（　12） | 20,825 | 1,069,799 | 9,184,156 | 442（210） | 370 |
| 1924（　13） | 21,458 | 1,102,611 | 7,489,969 | 350（316） | 266 |
| 1925（　14） | 21,767 | 897,164 | 8,089,329 | 341（314） | 404 |

出典：『埼玉県統計書』による。
　註：空白部分は不明。カッコ内は川越市（1923年より入間郡から分離）。

この恐慌を直接の契機として小作料軽減要求闘争が「遼原の火のように」、全国的にもひろがっていくのであるが、重要なことは、この時期にはじまる農民闘争の高揚は、生活防衛のため農民がやむなく立ちあがったというだけの受身的、一揆的なものではないということである。

たしかに前述した商業的農業、とりわけ養蚕業の一定の発展も、結局「地主的土地所有の体制の中に埋没してゆく（副業としての養蚕業の確立！）」[7]という限界性をもつものであった。しかし、養蚕農民はこの限界性、すなわち「高率小作料収取が養蚕業による現金収入によって補完されるという関係」[8]「を逆手にとって、急速に拡大しつつあった養蚕業を積極的に商品生産として位置づけはじめたのであった」[9]。

このような農民の小商品生産者としての一定の成長にこそ、この時期の農民闘争の客観的な前提があったのである。この成長を基礎として、彼らは自己の労働力の価値を自覚し、それゆえに、繭価の暴落による生活の破綻は、明確に地主制＝高率小作料収取体制そのものの矛盾として映ったのである。後述するように、南畑村小作争議において、小作農民が「小作料そのものが高い」という認識から出発し、高率小作料が不合理であり、それを減額させることは正当な権利であると把握するにいたるのは、彼らの小商品生産者への指向がその労働力の価値への自覚と密接に結びついていたことを示すものであろう。

更に重要なことは、この要求が闘争の過程で、不可避的に政治的自由と民主主義的諸権利の要求へと発展せざるをえないのがこの時期以降の農民闘争の特徴であり、したがって、争議が単に地主対小作人の対立にとどまらず、天皇制支配秩序全体と対立矛盾関係をもつ性格のものであったということである。この点についても後述するが、これは南畑村だけでなく他の地域における代表的な争議事例をみても明白である。このような農民闘争の歴史的意義を「さしあたりは国家権力にたいする闘争としてではなく、地主にたいする闘争として発生し」「それ自体としてみれば土地所有をわがものにしようとする闘争であり、その意味でいぜん小ブルジョワ的性格を帯びたものであ」り、革命の戦略になりえなかったとして矮小化する主張[10]は、歴史的事実を無視した論法といわざるをえない。

さて、埼玉県における小作争議は「大正十年十一年頃ハ県ノ北部ナル主穀組織地方ニ多ク南部ノ蔬菜栽培地域ニハ紛擾更ニナカリシニ本年（大正一二年）ニ至リテハ是等地方ニ紛争ヲ見ル[11]」ようになり、しかもその要求は「従来ノ年限リ若クハ二三年限リノ軽減要求ナリシモ本年ニ至リテハ殆ント全部カ永久減ヲ要求[12]」するようになった。また争議の手段は「直接行動的交渉ノ方法」から「其ノ方法狡猾ヲ極ムルニ至レリ[13]」というように、「この時期の小作争議は、自然発生的な経済闘争から小作人組合ないし農民組合による組織的闘争[14]」へ移行する段階にあったのである。

## Ⅲ　争議の経過

大正一一年の南畑村小作争議はこのような中で起こされたものである。さきに引用した小作争議に関する内務省宛県知事報告は、県下全体の争議の動向に触れたあと、南畑村小作争議に特別に言及していることからみて、この争議がきわめて重大視されていたことが窺える。それは、この争議が県下最大の大土地所有者N家を正面にすえたものであり、そのなりゆきが県下の地主・小作人だけでなく県当局および郡、町村諸機関において注目されていた事実を示している。

争議の経過を述べる前に、南畑村の概略を記しておく。

南畑村（現＝富士見町南畑）は、入間郡の東南部にあって荒川と新河岸川にはさまれた南北に細長い平坦な低地である。このような地理的状況のため、村は古来、県下屈指の洪水被害地として知られていた。村には上南畑、下南畑、南畑新田、東大久保の四つの〈大字〉があり、その耕地反別は、田四一〇町、畑一五九町（大正七年）と水田が多く、米を主産としていたが、養蚕戸数は、全戸数五四八戸のうち三八七戸と約六三％を占めていた。この村に、北足立郡志木町（現＝志木市）在住の地主N家が上南畑に一四町、下南畑に二二町三反、東大久保に三町四反、南畑新田に三町、合計四二町七反（大正一一年）の田を所有しており、その小作人戸数は約二〇〇戸であった。そして小作米は明治八年の地租改正の際に定められた収穫米を基準とし、その七割七分二厘を標準として課している。南畑村における明治八年の台帳上の収穫高は、一等乙田で一反歩一石四斗二升五合となっているから、小作料は一石一斗となる。(15)

### 争議の経過

〈大正一一年〉

一一月中旬、東大久保の小作人が小作料軽減を懇談したことに端を発し、下南畑、南畑新田、上南畑、東大久保の小作人三六四名（村内地主分もふくめて小作地一三四町六反）が地主に対して小作料の軽減を要求した。すなわち「近時労銀及肥料等ノ高価ナルニ依リ小作ノ利益」(16)がないこと、そしてそのために「年毎ニ施肥料ノ手控ヘル有様ニテ土地ハ自然痩地トナリ其収益亦年々減収ヲ免レザル」(17)によって到底収支の償いができないとして、

(1) 従来は土地の良否を考えずに一律に小作料を定めていたがこれに等級を附して小作料の標準を定めること

(2) 従来の田小作料は反当り一石一斗であったが今後は永久に反当八斗位に低減すること

を要求した。しかしこれは村内の各地主に聴き入れられず、一一月二〇日、下南畑と南畑新田の小作人一八八人の代表が南畑村長をたずね、小作米二斗引のため尽力を陳情した。二四日村長はこれに応じて村内の関係地主を招集し協議したが小作人の二斗引要求に対し地主は、大正一一年は平均作以上とみられるのに二斗引とは不当であるから応ずることはできない、と主張した。これに対し小作人側は、小作料そのものが高いこと、及び近年は良作が少なく大正一一年も葉巻虫の被害が大きい、としてあくまで要求貫徹の姿勢であった。

一二月、村長は、一斗五升ないし一斗七升引という調停案を提出したが双方にうけ入れられず、東大久保の地主等の提案によって各〈字〉毎に解決しようということになった。その結果、東大久保（小作人九〇名、五七町六反）と上南畑（小作人九一名、四五町五反）については、五升ないし一斗引と地主に有利な形で年度内に落着した。ところが、下南畑と南畑新田（小作人一八八名、一三一町六反）はあ

**第５表　小作争議発生件数**

| 年 | 埼玉県 | 全国 |
|---|---|---|
| 1918（大正７） | 1 | 256 |
| 1919（　８） | — | 326 |
| 1920（　９） | 9 | 408 |
| 1921（　10） | 74 | 1,680 |
| 1922（　11） | 57 | 1,578 |
| 1923（　12） | 36 | 1,917 |
| 1924（　13） | 48 | 1,532 |
| 1925（　14） | 68 | 2,206 |
| 1926（　15） | 116 | 2,751 |
| 1927（昭和２） | 6 | 2,052 |
| 1928（　３） | 25 | 1,866 |
| 1929（　４） | 61 | 2,434 |
| 1930（　５） | 21 | 2,478 |

出典：『農地制度資料集成』第３巻による。

くまで二斗減を譲らず村内地主と対立し、小作料納入期限（一二月末日）も過ぎて越年した。

〈大正一二年〉

一月五日、下南畑興禅寺に村長を介して地主・小作人が会同したが、参加人数は地主側三名、小作者側六名の少数であった。徹夜で協議したがまとまらず、翌日の午後になって小作人六〇名がかけつけ、遂に三名の地主に対して二斗引を認めさせ、次のような「協定書」に捺印させた。

一、大正一一年度小作料ハ反当九斗トシ

二、同年ニ於ル検見シタル田小作料納米歩合ハ従来ノ四分摺リノ所三分五厘ト改定シ（タダシ大正一一年度ヨリ実行ス）、右ハ双方会議ノ上協定ス……〈略〉……

このようにして小作人側は大正一一年については村内地主に限り九斗の小作米を納入したが、村外大地主N家との話合いはついていなかった。小作人代表者はこのN家に、村内地主との協定通りの小作米軽減を「嘆願」するが拒絶され、小作人側も大正一一年の小作人滞納分納入を拒否し対立した。N家は一月四日と八日、代理人に小作人宅を戸別訪問させて、小作米納入を督促させたが効果はなかった。そこでN家は、「首謀者ト目セラル可キモノノ滞納者」(18)三名に対して二月二五日迄に小作米を皆済すべき旨の「内容証明書」を送付した。期限の二五日になって小作人代表三名がN宅を訪れ、来る二八日、小作人大会を開き適当な処置を講ずるから暫く待って欲しいと申し出、N家もこれを承諾したが、当日になっても大会開催の模様はなかったという。

三月に入って、遂にN家はさきの「首謀者ト目セラル可キモノノ滞納者」に対して、浦和地方裁判所へ支払命令を提起し、差押えの挙に出た。これに対して小作人代表は、一六日、県庁へ農務課長をたずね解決を願い出たが「村長・郡長ナド其ノ事情ニ通ズル者ニ於テ調整ニ当ル事ノ適当ナルヘキ旨ヲ説諭[19]」され退庁した。一方、彼らはN宅をおとずれて次のような質問をし、回答を求めて帰村した。

一、小作料未納者前記三名ニ対シテハ小作米納入致セバ直チニ（執行）命令解除スルヤイナヤ
二、今後更ニ前記ノ処置ニ来サルモノアリヤイナヤ
三、人事相調所ニ相談致スヤ所感如何（傍点引用者、以下同断）

これに対するN家の回答は、一、二の問に対しては、「命令撤回ハ容易ナルモ今後ノ状況如何ニ依リ即答困難」、三に対しては、「人事相談所ニ掛ケルハ筋違ヒニ非ザルヤト思フ」というものであった[20]。
三月一九日、N家の非常手段に対して、南畑新田、下南畑の小作人八八名の代表はN宅に出頭し、次のような委任状をもって田小作地を返還するにいたった。

委任状

入間郡南畑村大字下南畑第一〇七番地朝倉本次郎仝郡仝村仝字第五六八番地柳川利右衛門仝郡仝村大字南畑新田第一五番地武井儀一郎仝郡仝村仝字第三〇番地柳下弥三郎仝郡仝村仝字第四七番地関根重吉仝郡仝村仝字第三七八番地樋田正量右之者拙者ノ代理人ト相定メ左ノ権限ヲ委任ス
一、北足立郡志木町N氏所有ノ田地返還ノ件右委任状依而如件

大正一一年三月十九日
中島吉三郎他八八名[21]（印）

ところがこのとき、三月二四日、南畑村の二一名の村内地主は「土地三町歩以上ヲ所有スル者ヲ以テ組合員ト」し「各会員及之レガ小作等ノ相互融和及ビ副利（ママ）増進ヲ期シ其ノ農村ノ興振ヲ計ルヲ」目的として「地主同志会」を結成したのである。[22] この会には、一月六日に前述の「協定書」をとりかわした三名の地主も加わっていたが、この会の規約第二条には「田小作料ハ現在ノ小作料ノ五分乃至一割ノ程度ニ於テ減額シ将来之レ以上ノ減額スベキ時ハ凡テ総会ノ協議ノ決定ニヨル」[23] とあった。このように、村内地主が「地主同志会」なるものを結成し、事実上、大正一二年以降は二斗引はしないことを組織的に確認したことによって、問題の重心は再び南畑新田、下南畑小作人対村内地主に移ってきた。小作人側はあくまで二斗引を譲らず、地主側は一斗五升引を主張して、村長の他、川越警察署長、入間郡書記らが仲裁にのりだしたが双方の主張は平行線をたどった。

四月に入って南畑村長は争議の長期化を憂えて、「村長ノ職責上辞職ヲ以テ事件ヲ展開セシム」と辞表を携えて入間郡役所に出頭した。郡長はこれに驚き「懇々説示」し、産業主任と庶務主任を南畑村へ派遣して村会議員を招集した。席上、村会議員は「本問題ニ関シテハ問題発生字タル下南畑、南畑新田ノ村会議員（四名）ガ主トシテ調停ニ当リタルノミニテ他ノ議員ハ傍観シ居リシカ今回村長辞職スル迠ノ決意アリタルナラバ此際村会議員全部ガ調停ニ当ルベシ」と発言し、村長はこれに勇気づけられ、辞表を撤回し村会議員と共に調停に努めることを約束した。[24]

こののち小作人側、村内地主、村長らの何回かの交渉の結果、四月二七日、次のような内容の協定を結んだ。

一、田小作料反当一斗七升五合ヲ天引ニテ軽減ス

二、奨励米ハ丙上米ニ対シ反当二升五合ヲ給与スルコト

右地主ニ於テ確認ス

但、志木町Ｎノ所有セル返還小作地協調ニヨリ半数以上ノ小作入附ヲナシタル場合ハ直チニＮノ入附額ニ引直スコトＮノ小作地入附半数以上ニ満タサル場合ハ満ス迠前記軽減ヲ持続スルコト……(25)

以上のように曲折を経ながらも村内地主との話合いはまとまったが、この協定の但書にあるように、小作人の小作料軽減要求に最終的結着をつけるのは対Ｎ家との関係であった。Ｎ家にはこの間、北足立郡役所技師、志木町長などが訪れて仲介にあたったが、Ｎ家の主張は変わらなかった。すなわち、「小作人ハ団体行動ヲ取ラヌコト、表向キ何割減ト云フ如キ軽減割合ハ定メヌコト、奨励米其他ノ形式ニヨリ地主ノ温情的方法トシテ軽減ヲ行フコト」(26)。これに対して小作人側の要求は次のようなものであった。

イ、南畑村ノ小作地ハＮノ分ニ対シテハ既ニ返還シタルヲ以テ村内仝氏所有地ヲ除キタル他ノ小作地ヲ小作人ニ於テ分配シ従来五反歩の耕作ヲナセシ者ハ三反歩ニ減シ尚相当ノ副業ヲナスコトトナリタルヲ以テ此際村並（反当リ一斗七升五合引ノ外奨励米二升五合トシ他ニ運搬料）ニ非サレハ小作ヲナサヌ

ロ、……〈略〉……

ハ、地主対小作人ニテハ交渉困難ナル点多々アルヲ以テ団体行動ヲ認ムルコト、(27)

こうしているうちに五月二一日、Ｎ家は次のような書状を南畑村全小作人に送付した。

御地小作問題ニ就テハ万事御承知ノ事トハ存シマスガ万一ニモ誤解ナドアリマシテハ永年御懇意ヲ願タ皆サンニ

対シ心苦シイ立場上一応是迄ノ経過ヲ申上マス。……〈略〉……会ノ方デハ要求ガ通ラナケレバ土地ハ返還スト申シテ三月一九日ニ委任状ニテ返還ナサレマシタ。……〈略〉……

事此所ニ至テハ永年ノ御懇意ヲ捨テ田地ヲ草ニスルト云フコトハ元ヨリ好ム処デハアリマセンガ是先皆サンガ個人的ニ御申出下サルナラバ出来ル限リノ御相談ヲ致シマスガ会トノ交渉ハ前ニモ申上タ次第デスカラ当方トシテモ別ニ策ノ立テ様モナク啻皆サンノ御判断ト御決心ニ待ツヨリ外ハ御座イマセン[28]。

さらにN家は六月八日にも小作人に対して再び郵便物を発送した。

……〈略〉……鑑ルニ日々米価ノ昂上ニ依リ労銀ノ調和ヲ得延テ農村経済ヲ向上セシメツツアル気運ニ際シ当方ノ主張タル多収穫ノ奨励入附等差ノ設定其他共存共栄ノ策ヲ建テ相共ニ進ミマシタナラ諸君ノ御希望ニモ幾分副ヒ得ラルル事ト思ワルルニモ拘ラズ諸君ガ飽迄他動的ニノミニヨリテ去就ヲ決セラルル模様ニテハ万策ニ尽キ御互ノ前途ヲ考フル時ハ寒心ニ堪ヘナイ次第デアリマス[29]。

五月二一日の書状の「皆サン」が六月八日のものでは「諸君」になっており興味深いが、地主のこれらの対応は、田植時期を目前にひかえて（田植最盛期は六月二五日頃）のあせりであると同時に、この書状には地主としての自己の地位への不安が正直に表現されている。この点については後述するが、県当局も事態の容易ならぬのをみて、六月一四日、入間郡長宛に早期解決を促す通達を下している。

N家は、南畑村について減額するのはさしつかえないが、「全般ノ小作人ニ波及スルノオソレアル[30]」故、この際一反一斗引位で相談したいともらしたというが、小作人側は断固として二斗引を要求した。こうしているうちに田植時期は過ぎ、約四三町歩の水田は耕作主のいないまま「原野ニ化セントスルノ状況(31)」になった。七月に入ってN家の代理人なるものが南畑村の小作人宅を戸別訪問したが「一人トシテ自発的ニ耕作ノ途ニ出スルモノ(32)」がなかった。

同年秋、隣村の宗岡村、鶴瀬村、水谷村各村長、及び宗岡村農会長などが「雑草ノ跋扈ニ任セ置クハ国家経済上ヨリシテモ不得策ナルノミナラズ地方問題トシテ捨テ置キ難キ(33)」として調停にのりだした。更に一二月には北足立郡、入間郡両郡長、志木町長らが調停案を提出したが失敗し「前途暗々ノ内ニ越年(34)」した。

一方、同一二月、「南畑村小作人会は日本農民組合に連絡して小作問題講演会を計画。弁士として鈴木文治、麻生久、浅沼稲次郎、平野力三、三宅正一らが来村したが、官憲の弾圧で宣伝できず聴衆七人、警官数十人で流会(35)」した。

〈大正一三年〉

二月二五日、「改めて小作人組合主催として日農関東同盟から三宅正一、浅沼稲次郎、平野学、河野密らを興禅寺に招き演説会を開催。きびしい弾圧をうけつつも聴衆五百余人に達し成功(36)」し、N家に大きな脅威を与えた。

この演説会から最終的決着までの一ケ月半の事情があきらかでないが、結局、四月七日、北足立・入間両郡長、南畑村及び四隣（宗岡村、鶴瀬村、水谷村、志木町）の町村長、小作人代表、N家代理人らが志木町に集まり次のような「覚書」をとりかわして約一年半にわたる争議の終結をみた。

……〈略〉……

一、大正十一年度ノ年貢ニ対シ上南畑分ハ八反当壱斗弐升五合、下南畑及南畑新田分ハ弐斗ヲ仲裁者ノ手ヲ経テ拾参年度納入期ニ於テ各小作者ニ給与スルコト

但同年度ニ限リ下南畑及南畑新田ニ対シテハ奨励米ヲ給与セサルモ俵装料ハ従前通リ給与スルコト

二、大正拾参年度以降ニ於ケル入附契約ニ就テハ壱石、九斗、八斗ノ範囲内ニ於テ地主、小作者相互ニ契約スルコ

ト

但特ニ優良ト認メタル田地ハ壱石壱斗建トナスコト
……〈略〉……。(37)

この、一年五ケ月という、この時期における埼玉県の小作争議としては最も長期にわたる争議の歴史的意義は何か。まず問題点を整理しておこう。

(1) この争議の主要な対立は南畑村小作人対不在地主N家であった。もちろん小作農民にとって村内地主との関係も重要な意味をもっていたが、「志木町Nノ所有セル返還小作地協調ニヨリ半数以上小作入附ヲナシタル場合ハ直チニNノ入附額ニ引直スコト」という村内地主との協定からもあきらかなように、N家との関係が村内地主に対する要求貫徹の鍵であった。したがって、この争議の位置を確定するには主としてN家の対応と、その地主経営の総体が問題とされる必要がある。

(2) 次にこの争議の主体を形成する地主と小作人の他にみのがせないのは、「仲裁者」の動向である。彼らは、南畑村長、村会議員、志木町長、宗岡・鶴瀬・水谷各村長、入間・足立両郡長、川越及び浦和警察署（同時に弾圧者）など村単位を越えてきわめて広範にわたっている。また、この争議の間、ほとんど連日のように県当局へ文書で、あるいは電話で詳細な連絡が入り、更に県知事から内務省に報告がなされた。これらの事実は、争議が単に地主対小作人の関係にとどまらなかったことを示している。

(3) 争議の最終的解決となった「覚書」についてみると大正一一年は全面的に小作人の要求が貫徹され、一三年以降は小作人の二斗引要求に対して一斗、二斗、三斗の範囲で軽減するとあるが、のちにみるように、実質的には小作人の二斗引要求が実現した。つまり、この争議はほぼ全面的に小作人の要求が貫徹し、勝利に終ったのである。しかるに、この勝利に終った大正一一～一三年の争議の特徴は、小作地返還闘争であったということである。この特徴を考慮して、小作農民の対応の仕方＝運動の論理を問題としなければならない。

## Ⅳ　N家の地主経営とその論理

争議に対する地主の対応を述べる前に、N家の地主経営についてみておこう。

大正一一年の農務局の「五〇町歩以上ノ大地主」の調査(38)によると、N家は所有耕地面積二七五・二町（田一一五・一町、畑一六〇・一町）、小作人戸数八二〇戸という、埼玉県内で五〇町歩以上を所有する八四人の地主中、最大の地主であった。

N家の大正一一年における田所有地は第6表の如くであるが、南畑村には約四三町歩（全体の三七％）を所有し、次に多いのが古谷本郷町で一〇町歩（全体の七％）であるから南畑村に占める割合は圧倒的に高い。したがって、小作米の収納高もこれに準じ、むしろ面積比率よりも高率（全体の四二％）である。これは南畑村の小作料が

第６表　大正11年のＮ家田小作地面積及改穫高

| | 町　歩 | 小作米収納高 | １反当り実収 |
|---|---|---|---|
| | 町 | 石 | 石 |
| 北足立郡志木町 | 6.6813 | 53.424 | 0.814 |
| 内間木村 | 7.6800 | 67.134 | 0.874 |
| 大和町 | 3.9912 | 36.135 | 0.905 |
| 片山村 | 1.7020 | 14.861 | 0.871 |
| 大久保村 | 4.2522 | 13.144 | 0.309 |
| 入間郡宗岡村 | 9.9614 | 78.932 | 0.792 |
| 南畑村 | 42.8729 | 430.574 | 1.004 |
| 水谷村 | 5.8508 | 42.860 | 0.715 |
| 鶴瀬村 | 3.8912 | 23.516 | 0.604 |
| 南古谷村 | 9.4928 | 97.259 | 1.025 |
| 三芳村 | 0.2924 | 2.459 | 0.825 |
| 福岡村 | 0.7127 | 7.907 | 1.100 |
| 古谷本郷村 | 10.3919 | 90.551 | 0.871 |
| 豊岡村 | 0.3812 | 3.419 | 0.890 |
| 入西村 | 0.8019 | 5.718 | 0.709 |
| 川角村 | 0.1306 | 1.055 | 0.800 |
| 名細村 | 1.4220 | 12.698 | 0.890 |
| 比企郡唐子高坂村 | 2.2410 | 16.758 | 0.847 |
| 東京府石神井 | 2.4021 | 19.276 | 0.801 |
| 北多摩郡久留米村 | 0.4812 | 3.545 | 0.733 |
| 北足立郡膝折 | 0.0116 | 0.100 | 0.651 |
| 計 | 115.7214 | 1,022.327 | 0.881 |

出典：Ｎ家所蔵文書より作成。

第7表　N家の小作地（田）経営

| 年 | 小作米実収総高(A) | 所有面積 | 南畑村小作米実収高(B) | B/A×100 | 南畑村1反歩当り小作米 |
|---|---|---|---|---|---|
| 1897（明治30） | 1,019石443 | 116町9反 | 405石278 | 39.7% | 0石942 |
| 1903（　36） | 1,139.675 | 117.2 | 440.044 | 38.7 | 1.020 |
| 1907（　40） | 776.414 | 116.8 | 407.140 | 52.4 | 0.940 |
| 1909（　42） | 1,146.106 | 116.5 | 449.601 | 39.2 | 1.045 |
| 1911（　44） | 1,036.613 | 116.4 | 453.512 | 43.8 | 1.057 |
| 1912（　45） | 1,146.703 | 118.0 | 448.777 | 39.1 | 1.046 |
| 1921（大正10） | 781.088 | 115.7 | 305.863 | 39.3 | 0.713 |
| 1922（　11） | 1,022.327 | 115.7 | 430.574 | 42.2 | 1.004 |
| 1923（　12） | 635.298 | 115.1 | 13.825 | 0.2 | 0.032 |
| 1924（　13） | 965.359 | 114.9 | 328.803 | 34.1 | 0.767 |
| 1925（　14） | 825.816 | 114.8 | 320.954 | 38.8 | 0.655 |
| 1926（昭和1） | 922.996 | 114.6 | 333.355 | 36.0 | 0.778 |
| 1927（　2） | 997.562 | 114.6 | 356.091 | 35.7 | 0.831 |
| 1928（　3） | 810.117 | 113.8 | 316.588 | 39.1 | 0.739 |
| 1929（　4） | 961.938 | 113.9 | 333.451 | 34.6 | 0.778 |

出典：N家所蔵文書より作成。

他町村より比較的に高いという事情による。つまり、N家の田小作地経営は南畑村を軸としておこなわれていたと断定しても過言ではない。

次に第7表にみられるように、大正一一年にはじまる小作争議のため、大正一二年の南畑村からの小作米収納はほとんど皆無で、全体としても著しく減っている。更にこの年を画期として、以後、小作米実収高全体に対する南畑村の比率の低下は明瞭である。そして、一反歩当り小作米も大正一二年以降は全体として二斗以上の減収となっている。ここに、小作料二斗引要求の貫徹を確認することができる。

それではこのようなN家の小作経営の基軸としての南畑村における小作米減収→小作地経営全体の低下は、N家の経営全体からみればどのような意味をもつものか。第8表によると、N家「諸色店勘定帳」にみられる毎年の売徳＝純利益（A）は、明治、大正を通じて着実に増加し特に第一次大戦後の米価騰貴、とりわけ大正七年（米騒動の年）などは八一、二七〇円から一三三、三七八円へと飛躍的に増加している。それは、基本的に小作米売上後（B）に比例している。しかし、大正九年以降になるとこれは変化してくる。純利益に対する小作米売上金の比率（B／A）は、大正六、七年を頂点に、以後、低下傾向で大正一二年の争議の年には一三・九%と、（凶作・水害の年を除いて）かつてなく低下し、翌年に回復するが大正一四年には再びさがっている。総じてN家の小作地経営は大正一〇～一一年以降相対的に後退していることを確認することができる。

**第８表　N家の経営における小作米の位置**

| 年 | 純利益(A) | 田小作米売上石高 | 田小作米売上金(B) | $\frac{B}{A}\times 100$ |
|---|---|---|---|---|
| 1900（明治33） | 27,407円 | 1,016石110 | 14,871円 | 54.4% |
| 1902（　35） | 32,273 | 552. 990 | 8,357 | 25.9 |
| 1904（　37） | 39,281 | 965. 560 | 13,683 | 34.8 |
| 1906（　39） | 40,264 | 776. 500 | 13,199 | 32.7 |
| 1908（　41） | 55,878 | 756. 850 | 11,510 | 20.6 |
| 1910（　43） | 49,660 | 75. 600 | 1,440 | 2.9 |
| 1912（　45） | 59,267 | 1,072. 800 | 13,567 | 22.9 |
| 1913（大正２） | 93,568 | 279. 000 | 2,830 | 2.9 |
| 1914（　３） | 52,118 | 1,047. 150 | 11,650 | 22.4 |
| 1915（　４） | 61,714 | 1,001. 200 | 17,081 | 27.7 |
| 1916（　５） | 69,104 | 931. 600 | 20,653 | 29.9 |
| 1917（　６） | 81,270 | 1,079. 600 | 29,871 | 36.8 |
| 1918（　７） | 133,378 | 1,058. 717 | 48,495 | 36.4 |
| 1919（　８） | 170,886 | 1,060. 800 | 43,495 | 25.3 |
| 1920（　９） | 172,512 | 1,013. 315 | 35,486 | 20.6 |
| 1921（　10） | 161,328 | 712. 600 | 23,368 | 14.5 |
| 1922（　11） | 148,105 | 890. 000 | 32,220 | 21.8 |
| 1923（　12） | 150,002 | 542. 000 | 20,804 | 13.9 |
| 1924（　13） | 154,103 | 839. 900 | 36,270 | 23.5 |
| 1925（　14） | 180,855 | 756. 990 | 26,496 | 14.6 |
| 1927（昭和２） | 157,806 | 911. 000 | 25,244 | 15.9 |
| 1929（　４） | 215,461 | 866. 800 | 21,613 | 10.0 |
| 1931（　６） | 95,941 | 933. 525 | 16,203 | 16.9 |

出典：N家所蔵文書より作成。

この時期は全国的にも「五〇町歩以上地主数の減少、小作地率の停滞・減少、地主経済の変化（小作料の絶対的・相対的低下、土地収入比重の減少）という一連の指標から明らかなように、地主的土地所有は後退の方向を余儀なくされる」(39)のであるが、N家についても同様なことがいえる。N家においてこの契機となったものは、農業恐慌による米価の低落と南畑村小作争議であった。しかし米価の低落をただちに地主経営の衰退に結びつけることはできない。すなわち地主にとっての小作米は、土地を媒介とするが、ある意味では無償のものでそれ自体価値を形成するものではないから、原則的には、地主は米価が生産コスト以下にさが

第9表　大正11年現在N家の株式所有状況

| 投資をはじめた年 | 投資対象 | 金　額 |
|---|---|---|
| 明治31年 | 東武鉄道 | 31,847円 |
| 32年 | 浦和商業銀行 | 2,880 |
| 35年 | 北海道炭鉱 | 64,532 |
| 36年 | 八十五銀行 | 16,237 |
| 37年 | 東京ガス | 208,180 |
| 41年 | 朝鮮ガス | 54,053 |
| | 富士製鉄 | 43,855 |
| | 東洋汽船 | 49,396 |
| | 大日本製糖 | 55,938 |
| 42年 | 東洋拓殖 | 1,931 |
| | 朝鮮銀行（当時は韓国銀行） | 299,185 |
| 43年 | 日本銀行 | 24,080 |
| 45年 | 富士身延鉄道 | 65,070 |
| | 北海道ガス | 52,209 |
| | 帝国火災 | 30,355 |
| 大正3年 | 東京土地 | 2,500 |
| | 猪苗代水力 | 11,317 |
| | 日本興業銀行 | 24,865 |
| 5年 | 東北電化 | 8,477 |
| | 京城電気 | 144,781 |
| | 東京電灯 | 90,434 |
| 6年 | 久原鉱業 | 5,005 |
| | 大日本電球 | 55,137 |
| | 株式取引所 | 41,606 |
| 8年 | 帝国海上 | 11,430 |
| | 朝鮮殖産銀行 | 3,878 |
| | 武州銀行 | 12,875 |
| | 日本染料 | 1,340 |
| | 市街自動車 | 799 |
| 9年 | 朝鮮産業鉄道 | 5,000 |
| | 京成電軌 | 25,311 |
| | 扶桑海上 | 15,821 |
| | 富士電気 | 7,000 |
| | 信越電力 | 750 |
| | 関東水電 | 8,920 |
| | 台湾電力 | 4,018 |
| | 早川電力 | 19,623 |
| | 日本電気応用 | 1,775 |
| | 東京ガス工業 | 48,591 |
| | 特許肥料 | 375 |
| | 帝国火薬 | 12,500 |
| 10年 | 静岡電力 | 3,062 |
| 11年 | 農工銀行債券 | 2,878 |
| | 日興証券 | 21,510 |
| | 樺太工業 | 13,796 |
| | 公債証 | 32,650 |
| | 国債 | 162,123 |

出典：N家所蔵文書より作成。

ったとしても、利益をあげることができたのである。この点で、米価低落は生産者としての農民の場合とはその意義を異にする。だから米価の低落を地主側の後退と結びつけるためには、農民闘争の展開を考えなければならないのであって、事実、地主制の後退を直接に促進せしめたものは小作農民の闘いであった。この時期のN家は、第7表にみられるように、土地所有面積は漸次縮小傾向にあり、小作米販売で蓄積した貨幣資本を土地兼併に拡大するということはもはやせず、銀行資本や株式、国公債など農業外の部門に盛んに投資をはじめるのである。大正一一年現在のN家の投資対象は非常に広範におよんでいる（第9表）。しかも先に述べたように小作地経営の相対的低下の時期である大正八・九年に急激にその投資を増大させている[40]。

さて、このような経営状態の中で、N家は南畑村小作争議をどのようにみていたか。N家の当主は争議の背景について次のように述べている。

「欧州大戦ノ影響ヲ受ケ労銀ノ昂上ト物価騰貴トニヨリ農家生活費ノ向上ヲ促シ気風漸ク弛緩ヲ生シ勤勉努力ノ美風地ニ落ントシ各地ニ小作争議ノ起ルアリ。南畑村モ其ノ例ニ洩レス大正九年頃ヨリ村民ノ気風何トナク怠惰安逸ニ走リ惰農ノ簇出憂フベキモノアリ。仍テ地主トシテ広ク思想上及国家食糧上ノ見地ヨリ多収穫ヲ奨励シ傍ラ共存共栄ノ方ヲトリ相進ムノ外策ナシト信シ同村地主ヲ説クモ共鳴スルモノ至テ少ク一致ノ行動ヲトル事得サリキ。時恰モ大正一一年秋南畑村ニ小作軽減問題起リ小作会ノ成立トナリ其主張タル反弐斗引検見米歩摺リ三歩五厘ヲ地主ニ迫リ其気勢当ルベカラズ(41)」。

ここに地主の論理が集約されている。しかし、「村民ノ気風何トナク怠惰安逸ニ走リ惰農ノ簇出」「勤勉努力ノ美風地ニ落ントシ小作争議ノ起ルアリ」といった状況は、地主制のもとで黙々とむくわれることのない労働の日々にあけくれていた小作農民が、小商品生産への一定の前進をとおして自己の労働力の価値にめざめつつ、その正当な代償を求めて小作料軽減を要求するにいたる成長過程を示すものにほかならない。

このように小作料軽減運動が激化し、かつ組織的に成長する中で、地主的土地所有の矛盾が激成され、これを背景に大地主を先頭とする農村地域社会の支配秩序――それはとりもなおさず天皇制支配機構の社会的基礎を構成するものであった――は再編成を余儀なくされるにいたった。

冒頭に述べたように、日本資本主義が独占資本主義段階に達するに対応して地主対小作人関係がもはや従属的矛盾に転化したとするのは正しくない。小作農民を中心とする農村人口は日本資本主義の特殊性に規定されて先進資本主義国とは比べものにならないほど膨大なのであって、独占資本主義がそのよりどころとする天皇制支配権力の社会的基礎は依然として農村にあった。したがって、この農村社会秩序のいささかの動揺も、支配機構の危機としてたちあらわれる性質をもっていたのである。この意味で、北海道蜂須賀農場争議の指導者五十嵐久弥が「天皇制の一方の支柱である警察署、検事局、裁判所も、これらのファシズムの強化の潮流の中で『忠勇無双』の兵士の給源地であり、民主主義革命の根源地である農村にひとかけらの民主主義的自由ものこすまいとして農民運動を圧殺しつづけた[42]」と記しているのはきわめて教訓的な指摘である。すなわち、当時の農村が忠君意識の温床であったと同時に、ひとたび「不当な高率小作料を軽減せよ」という要求をかかげる小作争議が起きるならば、それは必然的に「民主主義革命の根源地」としての農村へ転化する可能性を内包していたのである。とするならば、農民闘争にゆさぶられんとする「忠勇無双」の兵士の給源地、農村社会の体制的統合の再編成は支配層にとって至上の課題であったということができる。この任務を遂行する役割をもったものが末端の行政機構や各種農会、産業組合の指導者であった。争議の「調停」のために必死に奔走する彼らの行動や、争議の長期深刻化を「国家経済上ヨリシテモ不得策ノミナラズ地方問題トシテモ捨テ置キ難キ」とする認識はこのような事情を背景として理解されるのである。

一方、経済的には独占資本主義にとって桎梏に転化しつつあったとしても、同様な任務の遂行者として依然地主制は絶対欠くべからざるものであった。「国家食糧上ノ見地」というイデオロギーは高米価を利益とする地主の小作地経営の立場からすればあきらかに矛盾するものであった。しかし、これが小作争議を解体するイデオロギー的役割を果すことにおいて、地主の立場として矛盾することはなかった。階級対立の激化に直面した地主層が、「思想上及国家食糧上ノ見地ヨリ」地方の利益をおしすすめつつ、思想的社会的調和と「共存共栄ノ精神」の育成をもって小作争議＝階級対立を抹殺していこうとする役割をになう点で、いわゆる調停者と地主は共同の任務をもち、彼らの論理は共通するものであった[43]。このような立場から「小作人ハ団体行動ヲ取ラヌコト、表向キ何割減ト云フガ如キ軽減割合ハ定メヌコト、奨励米其他ノ形式ニヨリ地主ノ温情的方法トシテ軽減ヲ行フコト」といった争議解体の論理がみちびきだされるのである。

## V　小作地返還闘争の歴史的意義

一方、小作農民の側から争議の意義を考察してみよう。南畑村の小作争議は小作料軽減を要求にかかげた小作地返還闘争であったという特質をもっている。このため大正一二年におけるN家所有の水田約四三町歩は「全くの原野と化して野鳥の大群の巣となったのである(44)」。しかし、小作人みずからの小作地返還＝耕作放棄という戦術形態は、多分に危険な要素を含み、条件によっては自滅的結果を招きかねない。この小作地返還は、全国的には大正九年をピークとして、大正末から昭和にかけて激減・消滅していく（第10表）。しかし、「これは（激減・消滅していくこと——引用者）小作人が生産手段をみずから放棄するという敗北的戦術から、土地不返還・耕作権確立のスローガンのもとに耕地を死守して、もっぱら要求の貫徹をはかるようになったことをしめすものである(45)」としても、この闘争を「敗北的戦術」と規定することのみでは、その歴史的意義はあきらかにならない。小作地返還闘争は、前述の如き一定の限界をもち、又、短期間のものであったとしても、第10表に示されるように、全国的にこの闘争が高揚した歴史的画期が厳存したのであり、事実、南畑村小作農民は、大地主N家に対して小作料軽減要求を貫徹させたのである。必要なことは、この闘争の、農民闘争全体の中での位置と、きたるべき次の歴史的段階へどのようにそれがひきつがれていったのかという、運動の連関性をあきらかにすることである。

**第10表　土地返還面積（カッコ内は埼玉県）**

| | |
|---|---|
| 1920（大正９）年 | 26,204町54（1,113町40） |
| 1921（　10） | 8,390．85（1,557．90） |
| 1922（　11） | 7,585．70（　879．43） |
| 1923（　12） | 4,935．49（　178．62） |
| 1924（　13） | 359．27（　41．00） |

出典：青木恵一郎『日本農民運動史』第３巻による。

その前に、小作料を軽減せよ、という要求をかかげて闘われた小作地返還闘争ということと、

「消極的抵抗として続々と小作地を返還」して「脱農民化[46]」していくという内容をもつ小作地返還とは区別されるべきことを指摘しておきたい。前者は、農民があくまで農民としての地位と生活を守り、発展させようとする意識が明確に存在するのであり、そのための小作地返還であり、小作地を返還して「脱農民化」していくということとは全く正反対の内容をもっているのである。ところが青木恵一郎氏は土地共同返還闘争の高揚の理由を次のように説明されている。

「何よりも、米価の問題である。（中略）つまり営々として米を作り、その大部分を地主にとられるよりも、労働者として賃金収入に力をそそいだほうが、経済的にもずっと利益が多かったからである。（中略）小作農として奴隷的な貢納にくるしんでいるよりも、むしろ、兼業、副業、離村の途へ、彼らが急激に動いていった過程がしみじみ納得できるであろう[47]」。

小作人が小作地を返還し、プロレタリア化していった事実は、この時期に広範に認められることは確かである。しかし、この青木氏の説明は、みずから設定した「土地共同返還闘争」の背景の叙述としては論理的矛盾におちいっているといわざるをえない。なぜなら、小作農民が小作地を返還するという闘争形態は、農民が農民であるための要求＝小作料軽減の実現を期してとられた手段だからである。

さて、第11表によると、入間郡における小作地返還面積は大正一一年から一二年にかけてピークに達し、一二年後半には、すでに激減する。南畑村四三町歩の田小作地返還は、大正一二年三月であるから、このピークの時期と一致しており、同郡田返還面積二七八・八町歩の中に含まれていると考えられる。

次にこの時期の理由別返還地面積についてみると、「労力不足」四四町七反、「小作料高きによるもの」九四町五反、

**第11表　入間郡における小作地返還の状況**

| | | 自 大正10. 11. 1<br>至 大正11. 3. 31 | | 自 大正11. 4. 1<br>至 大正11. 10. 31 | | 自 大正11. 11. 1<br>至 大正12. 3. 31 | | 自 大正12. 4. 1<br>至 大正12. 10. 31 | |
|---|---|---|---|---|---|---|---|---|---|
| | | 田 | 畑 | 田 | 畑 | 田 | 畑 | 田 | 畑 |
| 返還地面積 | | 47.8町 | 28.6町 | 53.1町 | 95.9町 | 276.8町 | 170.7町 | 6.4町 | 13.6町 |
| 地主・小作人の戸数 | 地主 | 118 | 158 | 99 | 175 | 283 | 256 | 49 | 50 |
| | | 276 | | 274 | | 539 | | 99 | |
| | 小作人 | 226 | 152 | 197 | 278 | 997 | 691 | 73 | 134 |
| | | 378 | | 475 | | 1,688 | | 207 | |
| 理由別返還地面積 | 労力不足 | 16.4町 | 12.7町 | 21.1町 | 38.0町 | 44.7町 | 25.1町 | 1.6町 | 4.6町 |
| | 小作料高きによる | 9.8 | 0.8 | 18.3 | 26.5 | 94.5 | 76.8 | 2.4 | 4.7 |
| | 他の煽動 | 1.9 | — | — | 1.0 | 90.0 | 30.0 | — | — |
| | 転業 | 5.2 | 0.9 | 10.7 | 15.4 | 47.6 | 38.8 | 1.3 | 1.5 |
| | その他 | 14.5 | 14.3 | 3.0 | 15.0 | — | — | 1.1 | 2.8 |
| 返還地の処分 | 自作 | 11.4 | 10.2 | 21.2 | 25.3 | 42.0 | 20.9 | 2.7 | 7.7 |
| | 小作料減額せず他に小作 | 20.3 | 12.7 | 13.1 | 15.8 | 40.2 | 44.9 | 2.0 | 4.2 |
| | 小作料を減じて同小作人へ | 8.7 | — | 5.1 | 11.3 | 69.1 | 62.2 | 0.7 | 0.9 |
| | 小作料を減じて他小作人へ | 3.5 | 5.5 | 13.5 | 38.5 | 80.5 | 42.7 | 0.5 | 0.3 |
| | 未済 | 3.9 | 0.2 | 0.2 | 5.0 | 45.0 | — | 0.6 | 0.5 |

出典：入間郡長より県当局宛報告より作成（埼玉県文書館蔵「埼玉県行政文書」）。

「他の煽動」九〇町、「転業」四七町六反である。南畑村の四三町歩は、小作人の立場からすれば、「小作料高きによるもの」と考えるのが妥当であるが、この四三町歩は、形式上、小作人各自が返還したものではなく、小作人会幹部に委任するという形をとっていること、またこの時期の「他の煽動」によるものが九〇町歩と極端に増大していること、などを考えると、当局がこの四三町歩の返還を「他の煽動」に分類したとも考えられる。それはともかく、「他の煽動」の項は小作人の立場からみて「小作料高きによるもの」として考えてもよいだろう。

このような観点から第12表をみると、高率小作料を理由とする田小作地返還は二四・四%→三五・五%→六六・四%と増加し、これに比例して、「返還地の処分」における小作料の軽減は二五・五%→三六・〇%→五四・一%と増え、逆に、地主にとって望ましいであろう「小作料減額せず他小作人へ」は、四二・五%→二四・七%→一四・五%と減少している。この事実は、小作料軽減という要求を実現させる闘争手段としての小作地返還が、少なくともこの時期、しかも入間郡において、有効なも

第12表　第11表の田小作地返還面積を百分率で表現

| 理　由 | 大正10. 11. 1 ～11. 3. 31 | 大正11. 4. 1 ～11. 10. 31 | 大正11. 11. 1 ～12. 3. 31 |
|---|---|---|---|
| 労力不足 | 34.3% | 39.7% | 16.6% |
| 小作料高きによる | 20.5 } 24.4 | 35.4 } 35.4 | 34.0 } 66.4 |
| 他の煽動 | 3.9 } | 0.0 } | 32.4 } |
| 転業 | 10.9 | 20.2 | 17.0 |
| その他 | 30.4 | 4.7 | 0.0 |
| 計 | 100.0% | 100.0% | 100.0% |
| 返還地の処分 | | | |
| 自作 | 23.8% | 39.9% | 15.2% |
| 小作業減額せず他に小作 | 42.5 | 24.7 | 14.5 |
| 小作料を減じて同小作人へ | 18.2 } 25.5 | 9.6 } 35.0 | 25.0 } 54.1 |
| 小作料を減じて他小作人へ | 7.3 } | 25.4 } | 29.1 } |
| 未済 | 8.2 | 0.4 | 16.2 |
| 計 | 100.0 | 100.0 | 100.0 |

のであったことを証明している。

筆者は、この歴史的意味を次のように考える。

第一に、この返還闘争を可能にするためには、返還後の小作人の生活を保障しうる条件が存在しなければならない(48)。この意味では、小作地返還が、愛知、岐阜、京都、滋賀、和歌山、広島など商業的農業が発展し、農村の分解がすすんでいる地方で多くみられ、農村の分解のおくれた東北、北陸など米作単作地帯で皆無、又は極少であるという事実(49)は興味深い。すなわち、前述したように、入間郡農村における貨幣経済の浸透の強さと、畑作経営を中心とする小作農民の小商品生産者としての一定の前進＝地主的土地所有制からの相対的独立性、このことが小作地返還という闘争形態を可能にしたということができる。したがって、逆に、このこと――小作地返還闘争を可能にした条件それ自体の存在――は地主的土地所有制の後退そのものを示すものであるということができる。そして、この後退が闘争によって更に進行せしめられるのであり、その意味で小作地返還闘争は小商品的農民経済の発達せる地域の地主制の初期的危機から生じてこの上に立って、更にその危機を深化させたものである。小作地返還闘争の展開自体が地主的土地所有制の後退の必然性を示していた――これが、この闘争の客観的意味である。

第二に、この闘争は正確に表現すれば、小作地共同返還闘争であったということに意味がある。地主N家の田所有地は、大正一一年には二一ケ町村、一一五町歩であるが、このうち南畑村の四二町八反が最も多く、前述したようにN家の小作地経営は南畑村を軸にしておこなわれていた。耕作放棄という手段が小作農民にとって消極的なもので限界性をもつ戦術であったにもかかわらず、N家の田所有地が南畑村に最も集中しているという条件をいかし、高度の組織的団結でもってこの限界性を克服しているのである。この闘争を支えた小作農民の強固な組織的団結がここでは注目されるのである。それは、地主から「小作人ノ間ニ内訌ヲ生スルヤモ」と期待されながら、「小作者ノ反省ヲ求メタルモ一人トシテ自発的ニ耕作ノ途ニ出スルモノ」がなく、N家の期待を裏切っていることに示されている。彼らは「N所有地ヲ除キタル小作地ヲ小作人ニ於テ分配シ従来五反歩ノ耕作ヲナセシ者ハ三反歩ニ減シ尚相当ノ副業ヲナス」(50)という組織性を示している。大正一二年五月二一日、六月八日のN家の、小作人にあてた二通の書状は、このような小作人の組織的団結に対しての分裂工作と考えることができる。しかし、彼らの団結――地主の表現によれば、「飽迄他動的ニノミニヨリ去就ヲ決セラルル」行動――は、地主をして、「寒心ニ堪ヘナイ」状態に追いこんだ。

更に重要なことは、小作農民が、彼ら自身の団結を、一つの権利として要求――それを明確に意識的に認識したとまではいかないにせよ――したということである。それは、「地主対小作人ニテハ交渉困難ナル点多々アルヲ以テ団体行動ヲ認ムルコト」という、N家に対する要求事項の中にみられる。こうしてみると、小作料軽減闘争を最終的に勝利にみちびいた小作農民の意識の根底に、近代的プロレタリアートの団結権に共通する思想、牛馬のような生活(「勤勉努力ノ美風」)から、人間として生きるべき共存権の思想の萌芽をみることができるであろう。それは、「団体行動ヲ取ラヌ」なら「地主ノ温情的方法トシテ軽減ヲ行」ってもよいという「農民諸階層の不満とか要求を日常的に充足せしめるような、いわば経済的実利主義――たとえば個人減免、農事改良、慰安――を好餌として体制的統合をはかろうとしていく(51)」支配諸階層の論理に対立するものであった。

大正中期を前後するこの時期は、日農など人民諸階層の全国的組織の出現に示されるように、米騒動を経て、人民諸階層が自然発生的な闘争を脱皮しつつあった時代であることを考えれば、小作地返還闘争にみられる小作農民の組織的団結は、このような歴史的段階における一側面であったということができる。

以上、述べてきたように、小作農民の意識のうちに「小作料そのものが高い」→「不合理な小作料軽減」ということが当然の権利として位置づけられはじめていた。そして、この要求をかかげる闘いの中で、その要求は必然的に「土地と自由、民主主義の獲得(52)」への要求へと発展していくのであるが、これらはやがて昭和初期の新しい段階への農民運動へひきつがれていく。

註

(1) 近藤哲生「地租改正」『講座日本史』5、東京大学出版会、一九七〇年。
(2) 井上清『日本帝国主義の形成』岩波書店、一九六八年。
(3) 同右、三八八頁。
(4) 埼玉県における養蚕は、その収繭量で、明治二〇年代には秩父・大里両郡で五〇%以上を占めていたが明治末期になるとこの両郡の地位が相対的に低下し、大正期には入間郡が収繭量で県全体の首位（約四分の一）を占めるようになる（『埼玉県蚕糸業史』）。
(5) 『埼玉県蚕糸業史』。
(6) この点で、松元宏氏が山梨県の二〇〇町歩地主根津家を対象として分析された地域、すなわち、「水田地帯と養蚕地帯にまたがる全国有数の高小作地率地帯」とは対照的である（「養蚕製糸地帯における地主・小作関係の特質」『歴史学研究』第三四二号、一九六八年）。
(7) 滝沢秀樹「日本資本主義展開過程における養蚕業発達の歴史的意義」『土地制度史学』第四三号、一九六九年。
(8) 同右。

（9）西田美昭・松元宏「独占資本主義の確立と地主制の動揺」『講座日本史』7、東京大学出版会、一九七一年。
（10）揖西光速・加藤俊彦他『日本資本主義の発展』Ⅲ、東京大学出版会、一九五九年、六八六頁。
（11）〜（13）大正一二年一一月一三日付農商務省宛県知事報告（埼玉県立文書館蔵「埼玉県行政文書」）。
（14）『農地制度資料集成』第二巻、御茶の水書房、一九六九年。
（15）入間郡小作慣行調査（「埼玉県行政文書」）。
（16）（17）大正一一年一一月二日付埼玉県内務部長宛入間郡長報告（「埼玉県行政文書」）。
（18）〜（23）大正一二年三月一九日埼玉県農務課調査要旨（「埼玉県行政文書」）。
（24）大正一二年四月九日入間郡書記より県当局へ南畑村小作紛議状況報告（「埼玉県行政文書」）。
（25）大正一二年四月二八日付県知事宛入間郡長報告（「埼玉県行政文書」）。
（26）（27）大正一二年五月一四日付県知事宛入間郡長報告（「埼玉県行政文書」）。
（28）（29）一件書類（N家所蔵文書）
（30）大正一二年六月二六日付県知事宛入間郡長報告（「埼玉県行政文書」）。
（31）〜（34）「南畑村小作問題大要」（N家所蔵文書）。
（35）渋谷定輔『農民哀史』勁草書房、一九七〇年。なおこの書は「おれは『女工哀史』を書く。君は『農民哀史』を書け」と細井和喜蔵とかわしたという約束を四八年目（一九七〇年刊）にして果した、渋谷氏の大正一四年から昭和五年まで（争議のあと）の、南畑村における、日記を中心とする「野の魂と行動の記録」である。しかしながら、渋谷青年の眼は、必ずしも、「野の魂と行動」といった農業労働の現実に生きる小作貧農のそれではないということを指摘しておきたい。『農民哀史』にみられるように、彼は常に東京に出て、当時のいわゆる知識人、文化人と接触しているのであって、彼は小作農であると同時に、知識人としても考えられなければならない。
「当時の私は農民自治運動、非政党運動、アナーキズム、アナルコ・サンジカリズム、マルクス・レーニン主義などの思想と実践の錯綜した心境であったというのが事実である」という言葉はそのことを示している。したがって、彼の問題は、大正期における思想と文化全般をも考慮して論じられなければならない。

いずれにせよ、この書は争議後の南畑村をみるのにきわめて貴重な史料であるから、以上の問題を考えに入れた上で、別の機会に全面的に考察されねばならないと考える。

(36) 渋谷前掲書。

(37) 「南畑村小作問題大要」(N家所蔵文書)。

(38) 『日本農業発達史』第七巻、中央公論社、一九五五年。

(39) 西田美昭「農民闘争の展開と地主制の後退」『歴史学研究』第三四三号、一九六八年。

(40) これは守田志郎氏が新潟県の一〇〇〇町歩地主I家について分析されたものとはほぼ同じ傾向をもつ(『地主経済と地方資本』御茶の水書房、一九六三年)。

(41) 「南畑村小作問題大要」(N家所蔵文書)。

(42) 五十嵐久弥『農民とともに四三年』労働旬報社、一九七一年。

(43) この意味で、争議解決後、N家が次の「各尽力者へ礼ヲナシタ」という事実は興味深い。

「一金　参拾五円也　宗岡村長殿
一金　弐拾円　也　水谷村長殿
一金　弐拾円　也　鶴瀬村長殿
一金　弐拾円　也　志木町長殿
一金　五拾円　也　北足立郡役所内S殿
一金　弐拾円　也　仝　I殿
一金　百円　也　(実費分トシテ)
一チリメン壱反(代金四十三円)
　　　宗岡村農会長殿
一煙草一箱代金五円
　重子折一箱代金二円
　　　北足立郡長殿
一右同様
　　　浦和警察M殿

一反物壱反代金十三円七十銭　O殿」

(「南畑村小作問題大要」)

(44) 渋谷前掲書。

(45) 青木恵一郎『日本農民運動史』第三巻、日本評論社、一九五九年、四三頁。

(46) 栗原百寿『現代日本農業論』上巻、青木文庫、一九六一年、二二頁。

(47) 青木前掲書、四三〜四四頁。

(48) 『農民哀史』では、小作人は土地返還後新河岸川改修工事で働いて生活をおぎなったと記している。

(49) 青木前掲書、四一〜四三頁。

(50) 『南畑村沿革史』によると、南畑村は古来洪水が絶えず、そのため村民は「一致協力心に富み」「不幸にして災害のため物質上の落伍者ある時は協力し助け合い、又は無尽をなして其家従を救ひ、尚、耐えざるときは、組中にして其時分の土地を買求め是を手作せしめ組合定使を以て小作料に替え当人の成功を持って土地を取戻すを例とした」とある。

(51) 金原左門『大正デモクラシーの社会的形成』青木書店、一九六七年。

(52) 五十嵐前掲書は「政治的自由がほとんど奪われていた天皇制政府のもとで北海道の農民運動が追求していたものは土地と自由・民主主義であった」と述べているのは象徴的である。

# 2　農民運動史研究の課題と方法
## ――地主制、大正デモクラシー・日本ファシズムとの関連――

### I　はじめに

幕藩体制を廃棄した近代日本は、たちおくれた農業をその「基柢」[1]とすることによって特有な歴史構造を構築したがゆえに、農業・農村問題は、日本近代史において全体制的意義を有する問題として存在した。したがって、日本資本主義論争以来、農業・農村問題ぬきには日本近代史の全体制的な把握をなしえなかったという研究対象からくる規定性により、爾後、農業・農村問題については豊富な研究蓄積をもつこととなった。しかも最近の研究史は、その方法的接近の仕方によって蓄積分野の分化を形成してきた。

第一は、経済的階級構造＝「農業問題」という経済史的アプローチの仕方である。ここでは地主的土地所有、零細農耕制と独占資本主義の構造的連関が問題となっている。

第二は、政治的支配構造＝「農村問題」という政治史的アプローチの仕方である。ここでは独占資本主義の政治的規定としての帝国主義、その歴史具体的段階としての大正デモクラシー、日本ファシズムの政治支配と農村政治構造の相互規定的関係が問題とされている。

第三は、主体的（思想的）構造＝「農民問題」という主体論的アプローチの仕方である。ここでは、第一、第二の集中的結果としての農民の主体的動向が独自の課題として分析される。

ところで、本稿でとりあげる農民運動史研究は、それが一定の歴史的条件のもとで、農民層の主体的動向を相対的独自の分析対象とするという限りで第三の分野に属する。

だが一方、戦後の農民運動史研究の実際は、通史的農民（組合）運動史(2)を除けば、独自の研究蓄積をほとんどもたない。むしろ、農民運動プロパーということからではなく、地主的土地所有と零細農耕制、或いは地主的土地所有と独占資本主義の連関を分析するという問題意識から、また最近では、大正デモクラシーないし日本ファシズムの基礎構造の分析過程から農民層の主体的動向が明らかにされてきたという状況が存在する。

一例をあげれば、小作争議を費用価格とその確保をめぐる対立として規定した暉峻衆三（以下すべて敬称略）の研究(3)は、「日本資本主義の発展段階とそのもとにおける階級構成・階級矛盾」との関連から析出され、後述する西田美昭の農民運動＝小作争議研究の問題意識は、「世界史的段階として大農場制の優位が証明されている現在、何故、日本においては零細規模農業が支配的なのか……零細規模農業のメカニズムは、一体如何なるものであるのか」ということであり、その歴史的前提を明らかにするために「大正・昭和初期の農業経営分析に焦点を定め(4)」小作争議研究に着手しているのである。

このように、農民運動の科学的研究は、かつて栗原百寿が「農民運動史研究の意義と方法(5)」なる論文において、農業問題の理論体系を構築し、その方法論を完結するものとしての科学的農民運動の研究を提起して以来、日本農業問題の理論的展開と一体化されてすすめられてきたのである。農民運動史研究が独自の研究史的蓄積をもたないのは、かかる研究のうちにそれが即時的に一体化されてきたという事情による。

しかし、今日、農民運動史の研究は、単に農業経済史の補完物としてのみではなく、農民運動を、日本帝国主義の歴史過程における人民諸階層の総体的な階級闘争の一翼として位置づけながら、そのうえで、それが国家権力による社会的政治的編成の各段階において如何なる階級対抗をしめし、その対抗の中でどのような変革主体を形成していったかという、いわば歴史（とりわけその集中的表現としての政治史）学の問題としての課題が日程にのぼってきているように思われる。このように、日本帝国主義の国家的運動過程のうちに農民運動史を位置づけようとする課題は、あたかも、地主制研究が、今日、天皇制国家の全構造的・機構的な把握の問題として新しい研究段階をむかえていること（安良城—中村論争）に照応する。

本稿の目的は、農民運動史の研究史的整理をおこなうことによって、その課題を明らかにすることにあるが、農民運動史研究それ自体においては、研究史的蓄積——一たん立てられた理論・学説・その実証、そしてそれへの批判・実証・再整理のくり返しによる研究史的発展——をもたない限り、冒頭において述べた第一、第二の研究史の蓄積分野の中から、今後、農民運動史が歴史学上の学問的分業の一パートとしての確立を自己主張しうるに資する論点が、如何なるものかということを抽出する、という方法をとらざるをえない。

もちろん、現在までに明らかにされている農民運動の通史的諸事実のうちから何が問題なのかということをひきだして整理する、という方法も存在するが、この方法では、日本近代史の歴史的総過程との関連で農民運動を位置づけるという視点から離れやすく、無内容な整理におわる危険をもつ。私は、農民運動について、そのプロパーな学問的分野を主張する必要なしとはしないが、それが単なる「自己完結的分業化」に結果するものならば、何の学問的前進をもたらさない無意味な努力であると考えるのである。(6)

## Ⅱ　地主制と農民運動＝小作争議

ここでは、六〇年代後半以降、第一次大戦後に本格的に展開する農民運動＝小作争議と地主制崩壊過程の関係について、すぐれた分析を積み重ねてきた西田美昭の研究を中心に述べる。

西田の諸論文に貫かれている問題関心は、当時の農民が志向した「土地改革」の出発点は何であったか、また「土地改革」の到達点への客観的傾向は何であったか、を具体的な農民の闘争＝小作争議の帰趨のうちから確定し、最終的には「土地改革」の歴史具体的帰結としての農地改革の歴史的性格をあきらかにすることにある。

かかる問題関心にもとづいた西田の戦前小作争議の基本的性格規定は次の如くである。

「大正中期以降、日本農業の支配的生産関係である地主的土地所有は、農民的小商品生産の進展とともにその矛盾を深め、現実に地主的土地所有を批判するものとして小作争議が展開することにより解体の方向を余儀なくされる。そして、この地主的土地所有の解体の方向をめぐってはげしく争われたのが小作争議にほかならないと考える。結論からいうならば、解体の方向には基本的につぎの二つ、すなわち小作料減免の追求により小作地を実質的に農民的所有に帰せしめる農民的改革方向と、土地売却（自作農創設による有償解放をふくむ）あるいは地主自作化をめざす、地主的再編方向があった。したがって、この二つの方向の対立・緊張関係のあり方・帰趨が小作争議の性格を基本的に規定しているといえる(7)」。

すなわち、西田によれば、〝地主的土地所有解体をめぐる地主的再編と農民的改革の対抗〟というのが小作争議の

歴史的性格規定である。そしてこの二方向の「対立・緊張関係のあり方・帰趨」によって次の三つの画期が設定される。(8)

①　大正中期～昭和恐慌まで……第一期小作争議

第一次大戦後の資本主義の急速な発達と農業生産力の向上にともなう小作小農の小商品者的前進を背景として、地主的土地所有＝高額小作料収取体制の矛盾（ここでいう矛盾とは、地主的土地所有それ自体の解体必然性を内包するものとして意味づけられる。というのは、〝小作争議＝地主的土地所有解体をめぐる対抗〟というのが西田のシェーマであるからである――後述）が激化し、小作料減免要求を軸とする小作農民の闘争が、地主制の現実的な批判として展開される。したがって、この段階の小作争議は、小作料減免という農民の統一された積極的要求によって、争議の主導権は小作人側にあり、農民的改革方向が地主的再編方向を圧倒していた時期である。すなわち、「大正期小作争議の最大の意義は、生産力の発展を基礎として出現した《商品生産小作農》と下層の《飯米購入小作農》が、高米価、その他の条件のもとで現物高率小作料を共に矛盾として受けとめ小作争議に団結して立ち上がり、地主に譲歩を余儀なくさせ、政策的にも権力が農地改革につらなっていく『自作農創設・維持』を打ち出さざるをえないような力を発揮したことである」(9)。

②　昭和恐慌～戦時体制期まで……第二期小作争議

昭和恐慌による土地経済の破綻（とりわけ中小地主のそれ）は、小作調停法（大正一三年）、自作農創設維持補助規則の制定（昭和元年）とあいまって、地主の積極的土地引き上げを促すことによって、小作争議はその様相を一変させる。すなわち、争議は、地主に対する国家の権力的援助、小作農民に対する権力的弾圧のもとで、地主の土地引き上げ＝返還要求、小作人の小作権継続要求、という地主主導・小作防衛型をとり、地主的再編方向が農民的改革方向を圧倒する。ただし、にもかかわらず、地主的土地所有それ自体の解体の必然性はこの段階にあってもむしろ進行するとされる。

③　戦時体制期（日中戦争以降）

この段階では、国内支配体制のファシズム化＝戦時体制への突入とともに、「土地を農民へ」という下からの革命的土地改革をめざす農民の闘争は徹底的に弾圧され、農民組合組織自体の解体――ファッショ化が進む。にもかかわらず、第一期、第二期小作争議にみられた地主的土地所有解体をめぐる地主的再編方向と農民的改革方向の対抗は、この時期にも存在する。それは、農民の下からの革命的土地改革要求を抑圧しておきながら、近代総力戦完遂のための生産力増強を至上命題とする天皇制ファシズム（戦時国家独占資本主義）が内包する矛盾による。「つまり、侵略戦争の継続自体がおよそ無理な農業生産力の増強を要求しているだけに、農業生産力の発展をはばんでいる地主的土地所有の制限ないし解体が急速に前面におしだされ、この解体方向をめぐって二つの対立・対抗がより鮮明になったといえる。その意味では戦時体制下においても地主的土地所有解体の方向をめぐる対立・緊張関係は継続・増大し、決して減少しなかったといえる」[10]。そして、結局、総力戦完遂の至上命題のもとに、二重米価制（昭和一六年）と食糧管理体制（昭和一七年）のワンセット運用による実質的な小作料引き下げ、金納化は、地主的土地所有の機能喪失（一般的解体）を明白にした。

以上が、現段階で、戦前小作争議そのものについて最も体系的な分析であると考えられる西田美昭の展開した概括的議論である。しかし、ここにはいくつかの問題点をふくんでいる。その基本的なものを次に指摘し、あわせて私の見解を述べたい。

(イ)　西田のいう〝小作争議＝地主的土地所有解体をめぐる対抗〟というのは、地主的土地所有の解体必然性という前提の上に構築されている論理であることは明らかであり、二方向対抗といっても、そのいずれの帰結も結局のところ土地自作化に変わりはない。つまり、「『今年三割、来年五割、末は小作の作り取り』という『日農』の合い言葉に典型的に現わされている小作料減免闘争を押し進め、実質的に農民的所有に帰せしめる」(農民的方式)にしても、地主の「自己所有地をもっとも有利に高価格で手離す」(地主的再編方式)にしても、いずれの方式をとるにしても」地主的土地所有は解体し土地が直接生産者に帰するという方向それ自体には変りはない[11]」のである。

それでは、地主的土地所有の解体(土地自作化)必然性の論理自体は、西田によっていかに説明されているのであろうか。

それは次の叙述で明らかである。

「産業資本の確立段階まで日本資本主義にとって不可欠の基柢であった地主制は、日露戦後、日本資本主義が独占段階への本格的移行を開始することによって生じた、都市人口の増大・財政膨張・市場拡大という変化に対応できず、日本資本主義の桎梏に転化しつつあった。また、他方で地主制自体が、明治二、三〇年代において手作地主＝『豪農』に主導された農業生産力水準に照応していた段階を経過し、日本資本主義の独占段階への移行と期を同じくして、農業生産力上昇の障害となりつつあった。

第一次世界大戦期を契機に、独占資本主義への転化を完了しつつあった日本資本主義は、まさにその体制的危機段階への突入を『米騒動』という形で示し、その危機が必然的に地主制の後退と構造的に結合されたものとして、危機状況を倍加する結果となった[12]」。

みられるように、地主制の並存を許さぬ生産力段階、日本資本主義の発展、独占資本主義の確立のなかで、地主的土地所有解体の必然性が見通されているのである。このことは、西田もその著者の一人である『日本地主制の構成と段階』における、中村政則の次の如き、日本資本主義の発展段階にそくした地主制の時期区分によってより明確となる。

独占資本確立期（戦後恐慌～昭和恐慌）――地主制衰退第一期

国家独占資本主義への移行期（昭和恐慌～日中戦争）――地主制衰退第二期

戦時国家独占資本主義の確立期（日中戦争～八・一五）――地主制の一般的解体期

旧日本帝国主義の特殊構成解体期（農地改革）――地主制の最終的解体(13)

ここには、地主的土地所有が独占資本主義確立・国家独占資本主義移行という、日本資本主義発展段階における絶対的桎梏化によって、その解体必至性を烙印されているという認識が存在する。このように、西田が「地主的土地所有解体をめぐる二つの対抗」という場合、その前提自身のうちに、すでに地主制と（国家）独占資本主義の矛盾・対抗関係が存在していることを看過してはならない。

したがって、西田が、戦時体制下において、地主的土地所有解体をめぐる二つの対抗が、戦時国家独占資本主義それ自身によって激化されたとするのは、彼の解体必然性という前提を結論に移行させた議論であり、同義反復でしかない。このようなことがおこるのは、とくに戦時体制期をまつまでもなく、すでに地主的土地所有の並存を許さぬ生産力段階にあって、日本農業の国家独占資本主義的再編が歴史上の日程にのぼってきているにもかかわらず、西田が地主的再編方向に対抗する農民的改革をめざす農民闘争と、地主的土地所有に対する上からの国家独占資本主義的解体・再編と、これに農民が如何に対応していったかということ、を統一的に把握しえていないことに帰因する。

この点については後述する。ただここでは、この問題が、農地改革過程での基本的対抗が従来の「半封建的土地所有制と耕作農民との対抗＝闘争が土地変革＝農業変革の段階において地主的反動と農民的反撃との形で高次化されたものに外ならぬ(14)」とした山田盛太郎に対して、「国家独占資本主義的再編との関係を把握されなかった(15)」とする大石嘉一郎の指摘に共通する論点を有し、戦前農民運動と戦後農民運動の「連続」・「非連続＝断絶」の問題にもかかわってくることを指摘しておこう。

(ロ)　次に、西田の提起した二方向対抗のうち、農民的方向における具体的な農民闘争のあり方について論点をうつそう。

西田のいう農民的方向とは、具体的には、「必要労働部分に迄も喰い込むほどの全剰余労働を吸収する地代範疇」[16]たる現物高額小作料に対する小作人の減免要求を軸とし、小作料減免争議の展開による小作料の地主取分の停滞・固定、小作取分の増大、一口でいえば小作料の低額固定化による小農民経営の自立、をその内容とする。これに対して、昭和恐慌後の地主経済の破綻による地主の土地とりあげ、対する小作人の小作契約継続要求＝土地取上反対、という土地返還争議は、その様相における熾烈さにもかかわらず、小作側にとっては防衛的・消極的なものであり、農民的方向を展望するものではありえなかったとされる。こうして、「第一期小作争議」期の小作料減免争議こそ農地改革の展望をきりひらくものであり、「第二期小作争議」の土地闘争は消極的評価が下されるのである。

しかし、結論からいえば、私はこのような評価に疑問を呈したい。

繰り返しになるが、戦前における農民闘争は、大正九年の農業恐慌を契機として、まず小作料減免闘争として展開し、昭和農業恐慌を契機として、極めて深刻な土地闘争に移行する。これを全国農民組合の中心的要求スローガンにそくしてみれば、小作料減免要求→耕作権確立→土地を農民へ、という変遷をたどる。問題は、この土地闘争＝〝耕作権確立、土地を農民へ〟をどのように評価するかということである。

青木恵一郎は「耕作権の確立」について次のようにのべている。

「地主が『一片』の土地所有権によって土地取上げをやり、立入禁止・立毛差押などを強行して農民の生活を脅かし、土地にたいする耕作者の権利をなんら認めていないことにたいし、これを確立するという意向が強烈になり、組織と団結の力をテコに耕作権の確立を主張するようになったのである。『耕作権の確立！』このスローガンこそ、農民自身が全国的に土地所有権にたいする要求をしめした最初のスローガンである」[17]（傍点引用者）。

耕作権確立の主張が「土地所有権にたいする要求」と規定されていることに注目しておこう。この主張は更に「土地を農民へ」というスローガンに発展する。『無産者新聞』二〇〇号（昭和四年）によれば次の如くである。

「勿論地方的部分的な小作人対地主の争議において小作料の減額要求の勝利は現在各地に獲得しつつある。しかし、かかる争議は土地問題解決の為のブルジョア地主の政府対農民の闘争に従属させる部分的闘争であり、小作人の真の要求は小作料減額ではなく『働く農民に土地を与へよ！』である。農民のあらゆる地方的闘争を全国的意識的計画的闘争に従属せしめよ農民のあらゆる要求を『土地問題』の解決に集注《ママ》せよ！」

更に、これをうけて、同年、全国農民組合第二回大会では、その一般運動方針において次のように決定された。

「小作料減免中心の運動より、高利、独占価格等の問題、租税その他自治体に於ける問題、或いは団結権、悪法反対の諸問題、その他日本の経済的政治的諸問題を勇敢にとりあげて全面的に闘ふと共に、之等を吾々の集中的目標たる『耕作権の確立』のための闘争に結合統一し、之に従属せしめる。そのために『土地と自由を与へよ』のスローガンを大胆に前面に押出して闘ふ[18]」。

土地闘争の契機それ自体は確かに西田の指摘したように、地主の小作地取上げに対する消極的対抗策として打ち出されたものであり、その限りで地主の小作地取上げ絶対反対を意味するものでしかなかった。しかし、この消極的闘争が、右に瞥見したように、同時に地主的土地所有権に対抗する耕作権（用益権）強化・確立の主張に転化し、それが大土地所有没収のスローガンと結びついて「土地を農民へ」という、地主的土地所有権に対抗する農民的所有権の積極的主張にまでつき進んだのである。

この農民的土地確保の主張は、利潤部分だけでなく労賃部分にまでくいこむ高額小作料の、小作農民層による奪還闘争＝小作料減免闘争の、より高次な発展である。その点について栗原百寿の指摘を参照しよう。

「これは実に寄生地主的土地所有のもとにおける用益権の論理的にも必然的な発展に外ならない。すなわち、寄生地主的土地所有のもとでの用益権の発展強化は、土地そのものにたいする直接生産者の権利として、寄生的所有権とするどく矛盾し、その所有権との死活の闘争をつうじて、不可避的に所有権そのものの廃絶にたち向うにいたるのである。耕作権の発展の極限は、寄生地主的土地所有そのものの廃絶である。それゆえ、寄生地主制下の所有権と耕作権との二重所有は、寄生地主制そのものの廃絶を志向するところの、自己否定的二重所有に外ならないのである」(19)。

すなわち、近代的土地所有における所有権と用益権が、それぞれ範疇的地代の収取権と平均利潤の確保権として一応平和的に共存しうるのに対して、地主的土地所有における寄生的所有権と直接生産者の耕作権（用益権）は、その本質において、前者があくなき名目地代を要求し、後者がこれを奪還しようとして、一個の土地を相互に争奪し侵害しあって平和共存を許さない「自己否定的二重所有」である、というのが栗原の主張である。この意味で、「耕作権確立」から「土地を農民へ」という農民的土地所有権の主張は、農民闘争における小作料減免闘争の究極的な発展形態として、地主的土地所有の存在そのものの否定・解体をめざすものであったといえよう。昭和恐慌期・後の中小地主と下層貧農を中心とした激烈な小作争議は、かかる性格のものとしてたたかわれた農民闘争であることを確認しておかねばならない。

(ハ) ここで再び、(イ)で指摘した地主的土地所有そのものの解体という、西田の前提に関する論点にもどろう。

右にのべたように、昭和恐慌期の農民闘争は、土地闘争＝地主的土地所有そのものの解体を自己の課題とした。それは、一片の土地をめぐって、小作貧農と中小地主との生存権をかけた血みどろの闘争であったが、この土地をめぐる闘争の本質は、「土地を農民へ」という地主的土地所有の存在そのものに対する下からの否定であった。

つまり、(イ)においてすでに述べたように、地主的土地所有それ自体は、日本資本主義の独占資本主義・国家独占資本主義段階への移行によって、絶対的桎梏と化すことにより解体必然性を烙印せられていたが、これは、体制変革の課題と結びついた下からの運動によっても提起されるにいたったのである。結論から述べれば、昭和恐慌を契機として、西田の前提、すなわち地主的土地所有解体に関しては、(A)上からの国家独占資本主義的再編による国家的否定・解体と、(B)「土地を農民へ」に示される農民闘争が、「労働者・農民の政府樹立」という体制変革スローガンと結びついて、下からの革命的破砕による否定・解体、という二つの対抗関係が歴史的に提起されるに至ったというのが私の見解である。

このような対抗の原型は、政策・イデオロギーとしては、すでに大正一〇年前後、先取り的に相方から提出されていた。すなわち、(A)大正一〇年「小作法研究資料」にその典型をみる、いわゆる「石黒農政」（大正期をつうじて前進してきた自小作上層農を体制的支柱とし、彼らを生産力の担い手として位置づけ、農業生産力の向上をはからんとする協調主義にもとづく「生産力主義」）と、(B)大正一一年の日本共産党綱領草案（「天皇、大地主、寺社の土地無償没収とその国有」、「貧農を支持するための国庫土地資金の設定、特に従来小作人として自分の道具で耕作した一切の土地を農民へ、私有財産としてではなく、与へること」）がこれである。[20]

しかし、この対抗は、当該段階にあっては政策的イデオロギー次元にとどまり、前者は小作調停法、自創政策にしか結果せず（しかしこの政策は、該対抗にとってきわめて大きな意味をもった――後述）、後者についても、下層貧農が農民運動のヘゲモニーをにぎって登場する歴史的条件は未熟であり、むしろ、前者＝「石黒農政」の社会的基盤と目されたところの、小商品生産者としての自小作・小作上層がこの時期の農民運動＝小作争議の中核的担い手であった。その意味で、大正期の農民運動は、昭和期の農民運動とは質的に異なるところの、都市における大正デモクラシーの中核的担い手としての中間層に対比せらるる、農村における中間層を中心とする運動であったというべきであろう。

しかしながら、石黒農政にみられるように、社会的過程での矛盾（地主小作人の階級対立）がこの段階で国家的領域に浸透する条件が形成されつつあったことはきわめて重要である（後述）。

地主的土地所有そのものの解体が、(A)体制再編と、(B)体制変革の現実的問題として、その対抗関係を明確にするのは、「旧来の再生産構造＝型のゆきづまりを露呈させ、国家独占資本主義への推転のもとであたらしい再生産構造＝型の創出をうながすうえで重要な契機となった」[21]昭和恐慌をへなければならなかった。昭和恐慌は、このような対抗軸の中で、「農業に対する直接的打撃と、農民の兼業賃労働に対する打撃とに両面から挾撃される形で窮迫化した広範な農民層、とりわけ小作貧農層」[22]（傍点引用者）を担い手とし、「真に根本的に農民の生活を解放し、農業生産の発展を結果するもの」としての「労働者農民の政府を作り大土地所有の無償没収と農民に土地を与えること」[23]を課題とする農民運動を登場させたのである。

しかし、満州事変以降の準戦時体制及び日中戦争以降の戦時体制下のファシズムの猛烈な弾圧は、このような課題をもってたたかわれた革命的農民闘争から、その階級性、革命性（体制変革の課題＝労働者・農民の政府樹立）を剝奪し、日本ファシズムのもった農本主義的イデオロギーとともに、「土地を農民へ」というスローガンのみを全面的土地自作化の主張としてひきついだのである（指標＝昭和一四年農地制度改革同盟の方針・「『耕作しない者は農地を所有すべからず』との農地政策の根本原則を確立して、総ての農耕者を自作農にする」）[24]。こうして、「土地を農民へ」というスローガンのもとにたたかわれた農民闘争の体制変革のエネルギーはそのまま、単なる自作農的土地所有の形成方向のみをのこして、体制再編（国家独占資本主義的再編）のエネルギーとして合併・吸収されるにいたったのである。

筆者の（仮説的）見解は以上であるが、今後の農民運動史研究にとって、キー・ポイントになるのは、やはり、この（国家）独占資本主義体系の中で、反地主の農民闘争を如何に位置づけるか、ということにある。独占資本主義との関連については、既に栗原百寿[25]や大島清[26]らによって主張されていたのであるが、しかし、それは、方法的にも実証的にも不充分さ（当時の情勢からくる性急さをふくめて）をまぬがれえなかったといえよう。

だが、六〇年代後半以降、たとえば、暉峻衆三の、賃労働ないし労働者階級の存在形態との関連における農業問題の分析[27]、あるいは、中村政則の、労働力市場、資本市場、商品市場との関連における地主制の分析[28]、などによって、独占段階での資本主義の再生産構造と農業の相互連関を解明する作業がすすめられるにいたっている中で、農民運動と独占資本主義の関連を分析しうる研究史的条件が形成されつつあるように思われる。

このことは、小作争議について、一定の研究蓄積がおこなわれた農村社会学の分野[29]でも、従来の村落共同体自己完結的分析方法では、農村問題を把握しえず、「独占資本の農村収奪の表現としての農村社会の問題が把握されねばならないものとされ、農工間の不均等発展の問題や国家独占資本主義での農村の問題を明らかにするための方法や理論を追究[30]」する新しい視座が要求されてきた、という指摘にもみられる。

次に、独占資本主義の政治的表現たる日本帝国主義の政治過程、とりわけ、一九二〇年代の大正デモクラシー段階、及び、一九三〇年代の日本ファシズム段階、と農民運動の関連について述べよう。

## Ⅲ　大正デモクラシー・日本ファシズムと農民運動

### (一)

一九二〇年代の研究は、その問題意識からいって、大きく二つの方向がみられるように思う。

第一は、大正デモクラシーという、この時代のもった進歩的自由主義的側面における民主主義的変革の可能性に焦点をあて、その歴史的意義を追跡しようとする方向である。そしてこの問題意識は、戦後の民主主義的変革の歴史的条件をあきらかにしようとする実践的課題意識につらなって、すぐれた研究を生んだ。金原左門が、「(大正デモクラシー期の――引用者) 運動の諸構成は、まぎれもなく現代の起点を意味し現在に具体的につながっているのである。それゆえ実践的課題からの直接話法的な関心の強さが、ある意味ではかえって大正デモクラシーの政治史研究を、今日の歴史的課題に位置づけ対象化しえてきたのであり、そのことが研究の緊張をうながしつづけてきた事実をわれわれは見落してはならない(31)」と述べ、松尾尊兊が「(大正デモクラシーの――引用者) 生みだした最良の思想的達成は、日本国憲法の基本精神に直結しており、戦後民主主義の日本社会への定着は、大正デモクラシーを前提としてはじめて可能であったといえよう(32)」と書いているのは、彼らのもつかかる問題意識そのものの表明に他ならない。

第二は、とくに最近の研究潮流に顕著に思われるが、この時代が、民主主義的変革の可能性を内包しつつも、それがなぜ発展せずに挫折し、一九三〇年代以降のファシズムの支配に席をゆずってしまったのかという疑問に発し、一九三〇年代に焦点をあて、これを展望するために、その歴史的条件ないし系譜をこの時代にさぐろうという問題意識である。「わたくしには、そのデモクラシーがあれほどすみやかに凋落していったのはなぜか、という問いがたちふさがってくる。一九一〇年代に、はじめは徐々にそうしてしだいに急速におこってきたデモクラシーの昂揚は、三〇年代にはファシズム化へのなだれというふうに相貌を一変する。その意味では大正デモクラシーは、デモクラシーというものの（少くとも日本のデモクラシー）のもろさを証明する一つの典型としても存在する。……デモクラシーを崩壊にみちびいた内的要因はなにか、その問にたち向かわないかぎり、デモクラシーは依然として外在的なものとしてしか、わたくしたちには存在しないかも知れない(33)」、かく言う鹿野政直の言葉は、この問題意識を象徴的に表現しているといえよう。

私はいま、この二つの問題意識それ自体を検討しようとしているのではない（そのことは日本近代史研究にとってきわめて重要であると思うが）。さしあたり、当面必要な認識は、一九二〇年代の歴史像をえがくうえで、かかる問題意識の二つの方向の存在すること自体が、この時代のもつ可能性と複雑さを示すものであるということである。

前おきが長くなったが、一九二〇年代の農民運動は、このような時代のもつ総体的性格から考えなければならない。一九二〇年代農民運動の広汎な展開は、一方で地主的支配秩序を後退・変質させ、大正デモクラシーの社会的過程をなし、民主主義運動の強力な一翼を形成するとともに、他方で、この過程は、資本主義経済の急速な農村滲透に対する農民の素朴な反都市反資本主義感情を媒介として、のちの農本ファシズムに系譜する農本主義を広汎に生成せしめていったのである(34)。

しかしながら、全体としてみれば、一九二〇年代の農民運動は、前者の性格、すなわち(イ)要求では小作料減免、(ロ)担い手として自小作上層、(ハ)組織的には日農、を中軸として、農村における幅広い反地主の戦線で統一がなりたち、大正デモクラシー運動を推進する一翼を形成していたのであり、農民運動が国家主義、農本主義を把握していない段階ということができるであろう。こうして該段階の農民運動のかかる性格は、「自作農主義」「民族国家主義」者たる下越農民協会の須貝快天[35]をも、そしてまた「尊皇愛国の大義に奉ず」中部日本農民組合の横田英夫[36]をも、まさに「地主からは鬼の如く恐れられ、小作人からは救世主のごとく迎えられる存在[37]」たる歴史的規定を与えたのである。[38]

これは、小作料減免要求のもとに、小作人の広汎な統一が小作人側に勝利をもたらしていた、西田のいう第一期小作争議の性格に合致する。

しかし、このような運動の性格は、大正末期には変質していく。金原左門『大正デモクラシーの社会的形成』によれば、この過程は次のようにえがかれる。

大正一三、一四年頃になると、かつて、「地主の支配体制を軸とする地方農村社会に変動をもたらし、小作料減免の獲得をはじめ自作、自小作上層を村政機関・農会等の職能集団・村落諸機構に送りこみ、まさに地方社会の流動化をうながすのに決定的な力を示したあの小作組合運動」を、「権力側が逆手にとりかれらを体制内在化させ反体制運動組織を切りくずそうとして」くる（二六八～二六九頁）。すなわち、権力側は、地主組織を中心としつつ、協調主義的な諸団体（農家小組合、産業組合）が農民統合作用をつうじて実利的に農民をとらえることにより、その政治的過程の底辺をひろげ（権力の運動回路の拡大）、「階級対立から協調をとおして、没政治的・自力主義、生産力向上主義の『精農』を創出し、いわば機能的な中間層をテコに体制緩衝地層がかたちづくられるのである」（一一一～一一二頁）。こうして、小作料減免運動のなかに、経済的・実利的利益の実現に邁進しながらも、政治的保守的ムードがひろがってゆき、「生産力向上主義にもとづく改良的精農主義」と「闘争主義」（一四九頁）の分極化がおこる。「ここでは、かつての異なる組織の相互作用による運動の一体性は喪失し、協調主義は独自の状況をかたちづくっていたのである。したがって小作農民が、『団結ハ力ナリ』との合言葉のもとに、伝統的な農事改良的・協調的な組織をひきずりながら小作料減免闘争を推進してきた条件は後退し、地主の一定の譲歩や小作調停の方向に規定されつつ、さらに農事改良の技術面に依拠しながら『共存共栄』をめざす体制運動に転回している組合が出現しているのである。

そこには大正デモクラシーを推進するエネルギーはもはやみられない」(一六九頁)。

こうして、「かつて分極化の様相を呈した農民組合運動は、この時点ではほぼ大勢としては協調主義・体制順応主義↓国家主義の線で構造化し、一本化していくのであった。帝国主義体制下の支配過程の再編のもとで、農民組合運動の主潮流がこのように変貌をとげていく事実は、支配体制の組織化が組合運動のなかに浸透し、体制側の圧倒が進行する状況をものがたるものであった」(一七〇頁)。

金原が、奈良県法隆寺村、新潟県蒲原地方を中心として検証したこの事実は、その分析方法における「構造―機能分析」的手法(39)はともかく、重要である。

大正末期の地方農村社会におけるこのような支配過程の再編は、護憲三派による普選・治安維持法体制――松尾尊兊のいう「政党内閣制と普選法による中小資本家・小ブルジョワジーを既成政党のもとに吸収し、労働者・農村の政治的自由要求をあるていど満足させて議会主義に導き、先進的労働者を先頭とする人民勢力を孤立させ、治維法によりこれを徹底的に弾圧するという、擬似民主的・帝国主義的支配体制(40)」――に照応するものである。そして、国家権力側からの政治体制再編政策のいわば農村版として決定的作用をおよぼしたものが、小作調停法に他ならなかった。

小作調停法とその運用過程こそ、農村における中間層を中核的担い手として、下層農民とも統一してたたかわれた民主主義運動としての意義をもった農民運動の性格に、権力側から、これを分断し、再編・吸収してゆく過程における軸となったものである。

小作調停法のねらいが、ただひたすら小作争議の鎮定にあったとし、その制定を単に「地主的勢力が緒戦において勝を制した」ものとし、該法が「争議に対する地主的方途である(41)」とする見解には、この法の体制的意味を矮小化するものとして、私は賛成できない。小作調停法が地主的利益を擁護する性格をもちつつも、この調停が行政調停ではなく司法調停として制定されたこと、奏任官たる小作官並びに判任官たる小作官補の国家官僚が、実質的に農務局を通じて選ばれ、調停において彼らに独自の権限を与えたこと、等を通して、国家による調停が次第に町村長等による地主的秩序体系内での事実上調停を排除し、しかも、その運用過程において小作人による調停の申立件数が、地主によるものを凌駕し、小作争議が国家的調停基準の中で「解決」されるようになったことに注目しなければならない。小作調停法が、その運用過程において、「多かれ少なかれ国家権力の強制力によって適用されるところの多かれ少なかれ画一的・包括的な紛争解決の基準としての新たな法の体系を作り出していった[42]」という安達三季生の指摘はきわめて示唆的である。

まさに小作調停法体制ともいうべき国家権力による新しい法体系の創出は、一方で、農民運動を抑圧し、運動がもっていた反体制運動転化の可能性を除去するとともに、他方で、自創法とあわせもって、運動がひきずっていた国家主義的要素を前面に引き出し、運動を単なる「生産力向上主義にもとづく改良的精農主義」に去勢し、日本ファシズムのイデオロギー（産業組合主義）を受け入れる素地をきりひらいていった。この意味で、農民運動が国家主義・農本主義を把握する段階から、逆に、後者が前者を把握・吸収する段階へと橋わたしの意義をもったのが、この小作調停法体制であったといえよう。

しかし（したがって、というべきであるが）、このような体制への移行は必ずしも地主的再編の道ではなかった。経済的には、「小作調停法は、かような法の体系を作り出すことによって地主制を制限し、ある限度で小作料を軽減し小作権を安定させる作用を果した[43]」とまでいうのは異論があろうが、政治的には、従来の「社会的権力」としての地主的秩序体系を、国家権力の法体系が包摂し、独自の政治的支配体制を農村において構築する役割を果したのであり、以て、独占資本の農村制覇に道をひらいたというべきであろう。

ただ、既に批判のあるところであるが[44]、大正デモクラシーの推進力としての農民運動が、金原のいうように、「この時点でほぼ大勢としては協調主義・体制順応主義→国家主義の線で構造化し、一本化していく」（傍点引用者）とするのは、事実として正しいであろうか。この点は、全国的に実証を豊富にしていく必要があろう。しかし、島袋善弘前掲論文が分析した群馬県強戸村における大正一四年の全耕作農民による「無産村政」確立の例、あるいは埼玉県南畑村での、大正一一～一三年の小作争議における全村的統一を継承して結成された大正一五年の農民自治会の例[45]、などからすれば、農村における体制再編の道が定着し、「農村国家中堅主義」が支配的になっていくには、農業・農村構造と小作争議展開の地域的開差の存在からして、全国的には、未だ流動的、過渡的段階にあったのではなかろうか。実際、この地域的展開差は、小作調停法施行地域について、大正一三年の公布施行時には、長崎、宮城、岩手、青森、山形、秋田、福島、鹿児島、沖縄の九県が除外され、全国的にこの法が適用されるにいたるのは昭和四年（沖縄県は昭和一三年）であるという、調停法施行の時間的幅に象徴的に示されている[46]。

その意味で、この大正末期から昭和恐慌まで、政治史的にもっと限定していえば、大正一三・一四年の小作調停法、普選・治維法体制の成立から、第一回普選と三・一五大検挙にいたる昭和三年の、普選・治維法体制の始動開始までは、農民運動が、下層貧農のもつ革命的性格と従来の自小作上層＝中間層の運動としての性格を結合させ、新たに前者のヘゲモニーのもとに、統一戦線運動として体制変革の展望をもちうるのか、それとも、恐慌後の自治農民協議会の請願運動の如く、また、「ファシストは、農民を戦争に賛成させ戦線に立たせ」るためには、「小作争議の指導までも行ふ計画をしてゐる[47]」という指摘に象徴される如く、国家主義・農本主義が農民運動を把握・吸収する線で「構造化し、一本化」していくのか、の分岐点であったということができよう。

## （二）

したがって、大正末期から昭和初期＝一九二〇年代後半、すなわち、小作調停法施行、普選・治維法成立（大正一三・一四年）からその全国的始動開始としての、第一回普選、三・一五検挙、労農党解散（昭和三年）までの農民運動を、体制再編の過程と関連させて如何に把握するかが、金原が課題として残した「大正デモクラシーの状況を推進する一翼をになったあの大正後半期の日農関東同盟を中心とする運動と、体制のあからさまな反動化のもとでの闘争過程との間には、体制変革の可能性とその情勢からして政治的にはふかい断絶がよこたわっているのではないか(48)」という問題を解明するカギであり、そのことは、大正デモクラシーとファシズムの関連において農民運動をいかに把握するかの課題につながっている。

しかし、右の問題は今後の課題として残しておくとしても、一九三〇年代に入っての現実の歴史過程は、日本ファシズムの抬頭、支配の過程であったことは周知の事実である。

これを農民運動にそくしていえば、かつて支配体制転換への推進力たる意義をもち、地主的土地所有を上から改革することによって「わが国におけるブルジョア民主主義的政治形態を現実的に支えるべき経済的基盤の造出(49)」を意図した石黒農政の社会的支柱と目されたところの、大正期農民運動の中核的担い手＝自小作中間層の運動は、一九二〇年代後半期の体制再編の動きに呼応しつつ、昭和大恐慌を決定的施回点として、支配体系全般の運動内における部的小運動と化し、結局は、暴力型国家独占資本主義の農村エージェントとしての地位を占取するにいたるのである。

この意味で、「日本ファシズムの農村再編の槓杆であり、かつ、農業生産力と人民支配の接点に位置するもの(50)」としての産業組合と農家小組合を軸として、国家独占資本主義が自小作上層＝中農上層をその中核的な生産力担当層として位置づけ、これを中心に、農村におけるファシズム支配を貫徹していった過程を分析した森武麿の農村経済更生運動の研究は、大正末期において「階級対立から協調をとおして、没政治的・自力主義、生産力向上主義の『精農』を創出し、いわば機能的な中間層をテコに体制緩衝地層がかたちづくられ」つつあったことを検証した金原の研究につながるものである。

森によれば、昭和恐慌後の日本ファシズム＝国家独占資本主義の農村再編過程の基本的な歴史的性格は次のごとくである。

「一九三〇年代の農村経済更生運動の歴史的役割は、農業生産力拡充を一環とする総戦力体制への準備・地ならしを果たすことであった。このため、天皇制国家権力は国家―産業組合―農事実行組合という農村の全機構的再編をおこない、かつ、その主体的条件として農業生産力の中核的にない手たる農村中堅人物を養成することによって独自の農業生産力体系を形成したのである」。「すなわち、日本ファシズムがまがりなりにも成立するためには、生産的農民を国家が上から掌握する必要があった。大正中期以降急速に小商品生産を発展させ地主制と対決してきた自小作上層＝中農上層がこれである。彼らは、農業恐慌による打撃と克服過程において、国家の地主制を制約する経営原理への農政転換に引きずり込まれ、国家への依存忠誠によって自己の経営拡大と村落内の地位向上を観念したのである。旧来の地主的部落共同体（大字）とは異なった農民的小商品生産発展を基礎とする協同体としての新しい部落における小ボス層への上昇がこれである。このようにして彼ら自作農中堅・中農上層（農村中堅人物）は国家的官僚的支配の網の目にとらえられていった(51)」。

こうして、中間層の変革的エネルギーは、下層貧農との統一による下からの地主的土地所有の革命的破砕への運動にはつながらず、「生産力主義乃至技術主義的方向へ歪曲されるか満州農業移民への対外的に矛盾をそらされていったのである」。

まさにこの農事改良的生産力主義こそ、日本ファシズムの生産力論そのものであり、それは、かつての日農幹部・島木健作のえがいた『生活の探究』（昭和一二年）への道――「農業の経済的方面や技術的方面に関する書物」のみを読み、「実行することが大切なのだ……新しい発見がそこにはある」として、ただひたすら「簡単な清潔な秩序ある勤労生活」にうちこみ、生産増強につとめる主人公・駿介への道であり、また、かつての全農全会派の闘士稲村半四郎が転向後、食糧増産功労者として、総理大臣東条より表彰をうけるという、精農家への道であった(52)。

下からのエネルギーが、日本ファシズムの生産力主義に吸収される動きの全国的到達の指標的意義が、農地制度改革同盟の結成（昭和一四年）であり、それは、産業報国会（昭和一三年、産業報国連盟結成）の、いわば農業版にほかならなかった。

ここで、私が強調したいことは、昭和恐慌期の農民運動の歴史的性格が、以上に述べたファシズムの農村再編過程との連関性を措いては語りえないということである。

森武麿があきらかにした如く、昭和恐慌によって深刻な打撃をうけつつも、農村中間層の体制打破のエネルギーが、国家独占資本主義的再編運動内の部分的運動に結果してしまったこと、したがって、地主的土地所有の存在そのものの否定にまでつきすすまざるをえなかった下層貧農の運動が、大正期以来農民運動を継承しえず、断絶した地点からはじめなければならなかったこと、客観的には「自作層までふくむ広範な農民層を結集しての労農同盟を基軸に、さらに広範な勤労者、そして中小零細企業者をも包含した反独占の広大な統一戦線を結成する歴史的課題が提起され(53)」ていたにもかかわらず、また農民運動もこの課題にこたえるべくすぐれた方針を提起しつつあったにもかかわらず(54)、孤立した闘いを余儀なくされてしまったこと、――ここに、昭和期の農民運動の不幸な出発点とその帰結があった。

ところで、以上との関連で、最後に、昭和恐慌期の革命的農民運動をもふくめた左派革命運動のセクト主義が、恐慌で没落の危機に瀕する「見すてられた小ブルジョアジー」を、「国民的レベルでのデモクラシーの担い手」たる中間層を「つきはなしてしまった」という議論(55)について触れておこう。

これは、第一に、まさに中間層が、「国民的レベルでのデモクラシーの担い手」たりえた大正デモクラシー段階での議論を、昭和恐慌期にまで超歴史的に平行移動して適用せんとする段階論的把握を欠いたものであり、第二に、革命運動の性格を、中間層の運動の性格との歴史的規定的関係抜きに論ずるものである。私は、このような、「つきはなしてしまった」、したがって、つきはなすべきではなかった、式の「責任倫理的世界の問題[56]」としてでは、この時期の階級闘争における変革主体形成を歴史的に把握しえないのではないかと思う。

我々の次の課題は、すでに地主制との関連でのべた、昭和恐慌期の貧農を中心とする農民運動の現実と課題が、以上に述べた日本ファシズムの農村浸透・支配過程にあって、どのようなものであったのか、又は、ありえたのか、を追究することにある。

註

（1） 山田盛太郎『日本資本主義分析』第三篇、岩波書店、一九三四年、参照。ただし、本稿が対象とする時期は、日本資本主義の独占段階移行後である。

（2） 黒田寿男・池田恒男『日本農民組合運動史』新地書房、一九四九年、農民組合史刊行会『農民組合運動史』日刊農業新聞社、一九六〇年、青木恵一郎『日本農民運動史』全六巻、日本評論社、一九五九年、稲岡進『日本農民運動史』青木書店、一九五四年、農民組合創立五十周年記念祭実行委員会編『農民組合五〇年史』御茶の水書房、一九七二年、など。ただ、農民運動史研究会篇『日本農民運動史』東洋経済新報社、一九六一年、は単なる通史ではなく、栗原百寿らを中心とした農民運動史の科学的研究の成果を集約したものとして、すぐれた論文が少なくない。

（3） 暉峻衆三『日本農業問題の展開』上、東京大学出版会、一九七〇年、参照。

（4） 西田美昭「小作争議の展開」古島敏雄・和歌森太郎・木村礎編集『明治大正郷土史研究法』朝倉書店、一九七〇年、所収。

（5） 前掲『日本農民運動史』所収。

（6） たとえば、最近、田中学が農民運動について長大な論文（「一九二〇年代の小作争議と土地政策」㈠・㈡立正大学『経済学季報』第一八巻第一・二号、「農民運動史序説」㈠～㈥、同第二〇巻第三・四合併号、第二一巻第一・二合併号、第二二巻第一・二合併号、第二二巻第三・四合併号、第二三巻第一号、「日本における農民運動の発生過程」『経済学研究』第六号）を書いているが、これまで確認されている通史的理解の域を出るものではなく、今日、労して、このような論文を書かなければならない意義を、私には理解できない。

(7) 西田美昭「農地改革の歴史的性格」『歴史学研究』別冊特集、一九七三年、一六〇頁。

(8) 西田は、この他に、この三つの画期に農地改革過程をふくめて、四つの画期を設定しているが（同右）、農地改革過程は、戦後変革――占領体制の評価ぬきには語りえないので、本稿では一応捨象する。

(9) 西田美昭「小農経営の発展と小作争議」『土地制度史学』第三八号、一九六八年。

(10) 前掲「農地改革の歴史的性格」一六六頁。

(11) 西田美昭「小作争議の展開と自作農創設維持政策」『一橋論叢』第六〇巻第五号、一九六八年。

(12) 西田美昭・松元宏「独占資本主義の確立と地主制の動揺」『講座日本史』7、東京大学出版会、一九七一年、五八頁。

(13) 永原慶二・中村政則・西田美昭・松元宏『日本地主制の構成と段階』東京大学出版会、一九七二年、五〇二頁。

(14) 山田盛太郎「農地改革の歴史的意義」東京大学経済学部『戦後日本経済の諸問題』有斐閣、一九四九年、一八一頁。

(15) 大石嘉一郎「戦後改革と日本資本主義の構造変化――その連続説と断絶説――」『戦後改革1　課題と視角』東京大学出版会、一九七四年、八五頁。

(16) 山田前掲書、一九一頁。

(17) 青木恵一郎『日本農民運動史』第三巻、日本評論社、一九五九年、三四七頁。

(18) 同右第四巻、一七七頁。

(19) 栗原百寿「耕作権の概念とその実存諸形態――その歴史的、地代論的研究」『栗原百寿著作集』Ⅷ、校倉書房、一九七四年、二八〇頁。

(20) 『現代史資料　14』みすず書房、一九六四年、三二四頁。

(21) 暉峻衆三「昭和恐慌期の農業問題」㈠、東京教育大学文学部紀要『社会科学論集』第二一巻、一九七四年。

(22) 同右、四五頁。この論文が明らかにしているように、下層貧農の場合、とりわけ彼らのもっていたプロレタリア的性格のゆえに、その窮乏化の性質は、恐慌による賃金と労働条件のきりさげおよび解雇という、賃労働の側面から考えなければならないのであって、西田が小作総貧農論批判のあまり、シェーレの拡大と米価低落の事実をもって、恐慌の打撃をより多く受けるものがあたかも中小地主であるかのように論じているのは一面的である（前掲「小農経営の発展と小作争議」の註（52）参照）。
（23）『無産者新聞』二〇〇号、一九二九年二月二〇日。
（24）前掲『農民組合運動史』七九〇～七九一頁。
（25）たとえば「香川県農民運動史」前掲『日本農民運動史』七五三頁、をみよ。
（26）「戦前の農民運動におけるこういう『反独占闘争』の問題は、従来の農民運動史では全くといってよいくらい軽視または無視されている」という指摘（「農民運動の諸問題」東畑精一・宇野弘蔵編『日本資本主義と農業』岩波書店、一九五九年、三九二頁）。
（27）暉峻前掲書参照。
（28）永原慶二ほか前掲書終章参照。
（29）福武直「小作争議と村落構造」『日本村落の社会構造』東京大学出版会、一九五九年、河村望「小作争議期における村落体制」『政治体制と村落』時潮社、一九六〇年、など。
（30）蓮見音彦「農村社会学の課題と構成」『社会学講座4　農村社会学』東京大学出版会、一九七三年、三頁。
（31）金原左門『大正デモクラシーの社会的形成』青木書店、一九六七年、八～九頁。
（32）松尾尊兊『大正デモクラシー』岩波書店、一九七四年、vi頁。
（33）鹿野政直『大正デモクラシーの底流』日本放送出版協会、一九七三年、二四～二五頁。
（34）一九二〇年代の地方農村における農民の動きを、前者の側面に焦点をあてたものが金原前掲書であり、後者に焦点をあてたものが鹿野前掲書といえよう。
（35）前掲『日本農民運動史』一一五八頁。
（36）同右、一一六一頁。
（37）同右、一一六〇頁。
（38）このような、大正期農民運動主体の反地主意識と国家主義的イデオロギーの平和共存の性格を、日本帝国主義支配体制確立過程での国民統合政策展開によって、在郷軍人会などの軍事的・国家的組織が農民を包摂する反面、農民がこの組織における軍事的国家的階統秩序を逆手にとって、自己の社会的地位を向上させ、地主＝名望家秩序を相対化させていったという側面から指摘した鈴木正幸の分析は注目されよう（「日露戦後の農村問題の展開」『歴史学研究』別冊特集、一九七四年）。

ただ、鈴木の分析方法においては、従来の定説的命題、すなわち、「原則的には天皇以外であれば、いかなる有力者の位置にも誰でものぼりうる」という国家的差別秩序体系こそが、民衆を「カウンター・エリット（機構反対エネルギー指導者）に走るのを前もって防止する社会的エントツの役割をはたす」ことにより、「資本家と労働者、地主と農民という経済上、社会上の根本的対立が、直接自己を表現せずして、つねにこのシステムを通じて間接にしか自己を表現しない」とする久野収（「日本の超国家主義」『現代日本の思想』一三〇〜一三七頁）、あるいは、軍事的国家的差別秩序の創出こそが、「貧困家族たる小作人・無産者の地位の向上に対し、完全に敵対し、かれらの地位の向上のどのようなあらわれをも徹底的に抑圧」し、「軍人家族であることを根拠とする社会的救援を受ける権利の主張がうまれることを圧え」るものであり、民衆が軍国主義思想から脱却しうるためには、「政治的支配を可能にしている地方有力者層への従属を断ち切り、独自の階級的組織を持たねばならない」とする佐々木隆爾（「日本軍国主義の社会的基盤の形成」『日本史研究』第六八号、一九六八年）、とはその方法的出発点からして異質なものをもっているが、これをどう統一的に理解するかは重要な課題として残されていよう。

(39)　「経済的基礎過程→階級関係の変化＝社会過程→政治過程の関連視座における変化を基準」にとる（九頁）という金原自身の言葉からすれば、一見、これが、下部構造→上部構造変化、という史的唯物論の公式的適用の如くおもわれるが、しかし、本書における彼の方法的展開は、「権力の階級的階層的下降」（五八頁）、「社会的権力の政治権力への求心化」「政治的社会の拡大」（八七頁）、「権力の運動回路の拡大」（二六八頁）という用語の頻出にみられるように、そこには、T・パーソンズやR・K・マートンの「現代社会理論の方法を現代史像を再構成するうえで技術的にとりいれていく意味を認めよう」（金原「現代の社会理論と歴史学」『岩波講座世界歴史30　別巻』岩波書店、三四四頁）とする姿勢がうかがえるといえよう。これをどう評価するかは本稿の課題外である。

(40)　松尾尊兊「政党政治の発展」『岩波講座日本歴史19　現代2』二八六頁。

(41)　小倉武一「農業法」『講座日本近代法発達史』1、勁草書房、一九五八年、二六二〜二六三頁。

(42)　安達三季生「小作調停法」『講座日本近代法発達史』7、勁草書房、一九七三年、八二頁。

(43) 同右。
(44) 島袋善弘「大正末――昭和初期における村政改革闘争――群馬県（強戸村争議）の分析を通して――」『一橋論叢』第六六巻第四号、一九七一年。
(45) 渋谷定輔『農民哀史』勁草書房、一九七〇年、参照。なお、「農民自治会運動の歴史的意義」については、別稿予定。
(46) 小倉武一『土地立法の史的考察』農林省農業総合研究所、一九五一年、四二五頁。
(47) 『農民闘争』一九三二年一一・一二月号合併号。
(48) 金原前掲書、二七〇頁。
(49) 竹村民郎「地主制の動揺と農林官僚」『近代日本経済思想史』I、有斐閣、一九六九年、三五五頁。
(50) 森武麿「日本ファシズムと農村協同組合」『日本史研究』第一三九・一四〇号、一九七四年。
(51) 森武麿「日本ファシズムの形成と農村経済更生運動」『歴史学研究』別冊特集、一九七一年、一五一頁。
(52) 稲村半四郎『農民のしあわせを求めて』参照。
(53) 暉峻前掲論文、七〇頁。
(54) たとえば、一九三二年に全農全国会議第二回全国代表者会議で決定された「農民委員会方針」は、このような課題に応え得る、戦前農民運動が到達しえた最もすぐれた方針である（『全農全国会議とは何か』参照）。なお、この方針については、一柳茂次「全農全国会議派の歴史的意義」（前掲『日本農民運動史』所収）参照。
(55)(56) 長幸男『昭和恐慌』岩波書店、一九七三年、一八一～二〇八頁。

〈追記〉

本稿は当初、日本帝国主義確立期（日露戦後～第一次大戦）の農民闘争についても言及する予定であったが、紙数の関係上、省略せざるをえなかったことを記しておく。

# 3　初期小作争議の展開と大正期農村政治状況の一考察

## I

筆者はさきに、「農民運動史の研究は、単に農業経済史の補完物としてのみではなく、農民運動を、日本帝国主義の歴史過程における人民諸階層の総体的な階級闘争の一翼として位置づけながら、そのうえで、それが国家権力による社会的政治的編成の各段階において如何なる階級対抗をしめし、その対抗の中でどのような変革主体を形成していったかという、いわば歴史（とりわけその集中的表現としての政治史）学の問題としての課題が日程にのぼってきている」[1]と述べたが、本稿は、この課題意識を継承し、初期小作争議展開の実態を、農村政治状況とのかかわりで検討し、以て初期小作争議[2]の歴史的性格を明らかにすることを直接の課題とする。

上記の課題につき、以下説明を加えよう。

まず、前提として確認さるべきは次の研究史の状況である。

その第一は、第一次世界大戦後に本格的に展開される農民運動の全過程が、山田盛太郎の指摘する如く、「地主的土地所有そのものの覆滅——半封建的土地所有の解体と半隷農的零細耕作農民の解放——に向って行く過程として総括[3]」せらるるとしても、第二次大戦前の農民運動が、決して単線的に展開されたのではなく、とりわけ、一九二〇年代と一九三〇年代では、運動がきわめて異なった構造を有していたという指摘である。

一九二〇年代についていえば、栗原百寿は該段階、つまり「大正から昭和初頭にかけての第一期のわが国農民運動は、……いまだ本来の意味の貧農的ラインと富農的ラインとは未分化のままに共棲して、地主の高額小作料と独占資本の収取とに抗して商品生産者的農業を前進せしめようとする中富農的欲求が基調をなしていた[4]」と指摘し、昭和大恐慌を契機として、第一期の未分化状態を脱し、「貧農的ライン」が基調をなしていく段階と構造的に区別している。

栗原のこの規定は、昭和恐慌期において、山形県村山地方に展開された「貧農的農民運動」が、大正期における同県庄内地方の「中富農的農民運動」ときわめて異なる構造・系譜をもつことを検証した酒井惇一の分析[5]にも継承されており、ほぼ通説的理解となっている。

更に、西田美昭の小作争議分析も、この見解の延長線上にあって、昭和恐慌後の小作争議に、地主的土地所有解体をめぐる二つの対抗（「農民的改革方式」と「地主的再編方式」）の中で、「地主的再編方式」基調の防衛的・消極的農民闘争にすぎないという限界性を付与するのに対して、第一次大戦後の大正期小作争議は、「小商品生産者的性格をもつ自小作・小作上層を中心とした農民各層の統一行動、それを基礎にした日農をはじめとする農民諸組織の事実上の統一戦線の形成という、農民側の主体的・組織的条件がととのって、地主的土地所有に現実的・本格的批判を加えることができたところに最大の意義があった。農民的土地改革の展望を、現実に孕んでいたのが、この大小作争議段階であった[6]」と指摘する。

西田に至れば、一九二〇年代と三〇年代の小作争議の構造的差異は、農民運動そのものの評価に及び、その議論は、昭和恐慌期の農民運動が「質的にもまた組織的にも革命的な発展を示しており、日本では初めて農業革命への路をめざす、ほんとの農民運動が行われはじめた[7]」とする稲岡進などと明確な対立を示す。

しかし、一九二〇年代の農民運動に、「事実上の統一戦線の形成」をみて、そこに「農民的土地改革の展望」を主張する西田にしても、一九三〇年代のそれに「革命的な発展」をみて、そこに「農業革命への路」を主張する稲岡にしても、一体、そのときどきの政治状況・政治的力関係とのかかわりぬきに、運動それ自体に歴史的評価を下すことは、果して可能かつ正当なのであろうか(8)。

筆者のこの疑問が、関心を研究史の第二の問題へ移行させる。すなわち、農民運動の歴史的評価は、その経済的構造分析のみでは完結しえない不十分さはまぬがれないのであって、運動のもつ政治的性格、すなわち、運動主体の政治的実践のあり方と政治状況へのかかわり方の関連の分析がなされなければならないと考えるのである。金原左門『大正デモクラシーの社会的形成』は、かかる視角から、一九二〇年代＝大正デモクラシー段階における農民諸階層の動向を、支配体制―統治体系の再編過程とつきあわせながら分析したものである。金原が「このように問題をたてようとするのはほかでもない。大正デモクラシーを体現する民衆の政治的自由の獲得運動、すなわち社会経済的な改善の要求を基礎とする実質的な政治選択の保証をめざすこの運動の趨勢を測定するためには、地方社会における状況と過程をかたちづくる担い手とかれらのよってたつ社会的基盤を、社会権力の動向とにらみあわせながら、検討することが不可欠であると考えてきたからである(9)」（傍点引用者、以下同断）。

本稿は金原のこの視角に学ぶ。しかし、金原のこの労作は、そのすぐれた視角にもかかわらず、そこに描きだされている農民層の主体的動向を、その内実に即してみれば意外と貧困なものであると考える。

金原の展開を極論してみよう。その前提＝大正デモクラシー状況形成過程では、地主的社会秩序を後退させ、地方農村社会の流動化を促すのに決定的な力を示した小作農民の行動論理説明は、かの暉峻説＝「労賃への価値意識」（費用価格の形成(10)）が、ほとんど唯一の柱である。その帰結＝大正デモクラシー解体過程では、一方における、小作料軽減闘争の成果獲得による「体制受益」層の形成とそれに伴なう「政治的保守化のムードのひろが(11)」り、他方における「権力の階級階層的基礎の下降[12]」「権力の社会的基礎の下降[13]」、この二つの過程の同時的進行によって「いわゆる権力の集中化とそれにともなう政治領域の拡大がますます明確な現象とな[14]」り、かつての大正デモクラシーの推進力たる自作・自小作農民層の運動はこれにとりこまれ体制内在化する。そしてこのような状況の中で、大正末期にあらわれた下層小作農を主体とする運動も、分裂・衰退を余儀なくされる。

（乱暴な要約であるが）以上は、小作農民のかかえこんだ政治状況のいわば外在的分析にしかなっておらず、農民層の政治的対応の主体論的分析としてはきわめて不十分であるといってよい。重要なことは、第一次大戦後の農村における地主・小作の階級対立の顕在化した、いわば小作争議過程ともいうべき農村状況の中で、農民諸階層が、いかなる歴史的条件のもとでその過程にかかわり、そして、その過程にかかわることによって、彼ら自身がどのような新しい歴史的課題をかかえこんでいったかを、農民の主体的運動の問題として追究することである。

本稿は、以上の研究史への認識のうえにたって、対象地域を埼玉県とし、そこで小作料減免運動がはじめて全県下に普遍的状況としてたちあらわれる大正一〇〜一二年を中心に、初期小作争議の展開とそれがもたらした農村政治状況の相互規定的関係、すなわち該段階小作争議の歴史的性格、を検討する[15]。

## Ⅱ

埼玉県における小作争議が急速に高揚し、本格的展開期をむかえるのは、『小作年報』の数字によれば、大正一〇年を画期とする（大正八年＝〇、九年＝一、一〇年＝七四、一一年＝五七）。これは、全国的傾向とほぼ一致する（大正八年＝三二六、九年＝四〇八、一〇年＝一六八〇、一一年＝一五七八）。しかし、『農業争議調』を集計した滝沢秀樹前掲論文〔註（15）参照〕の数値に依れば、該時期の小作争議件数は第1表の如くである。

**第１表　小作争議件数（埼玉県）**

| 郡名 | 大正10年 | | 大正11年 | | | 大正12年 | |
|---|---|---|---|---|---|---|---|
| | 6～8月 | 9～12月 | 1～4月 | 5～8月 | 9～12月 | 1～4月 | 5～7月 |
| 北足立 | | 6 | 3 | | 2 | 3 | |
| 入間 | | 10 | 1 | | 7 | 4 | 1 |
| 比企 | | 21 | 25 | | 1 | 1 | 1 |
| 秩父 | | | 1 | | | | |
| 児玉 | 1 | 10 | 1 | | 2 | | |
| 大里 | 6 | 16 | 4 | 2 | 4 | 4 | |
| 北埼玉 | 1 | 58 | 5 | 3 | 30 | 4 | 2 |
| 南埼玉 | 6 | 6 | 3 | 1 | 9 | | |
| 北葛飾 | | 11 | | 1 | 11 | 3 | |
| 計 | 14 | 138 | 43 | 8 | 69 | 19 | 4 |
| | 152 | | 120 | | | 23 | |
| 『小作年報』 | 74 | | 57 | | | 36 | |

出典：滝沢前掲論文より作成。

みられるように、大正一〇、一一年の件数は、『小作年報』の数値の約二倍に達し、大正一二年についても、『農業争議調』では八月以降は明らかではないが、争議は小作料収納期限前の秋から年末にかけて多発するのが通常であるから、同様の関係が推測される。

すなわち、第一に確認しておかなければならないことは、右にみたように、この時期の小作争議の発生は予想以上のひろがりをもっていたということである。それは県内でもかなりの地域差をもっており、それは滝沢の指摘するように、当時の各地域における「貸機業や養蚕業などの農家副業の動向をふくめた、それぞれの地主的土地所有のあり方に深く基因している」のであるが、ここでは、小作料減免を要求にかかげ（争議における小作人側の要求のうち八〇%を占める）、小作人が団結してたちあがるという事態が、ほぼ全県下に普遍的な状況として現出したという事実に注目しておきたい。

たとえば、入間郡古谷村の小作人の如く、「隣村ニ於ケル地主ガ相当ノ割引ヲ為シツ、アル事実」(16)を理由に争議を起こしたという事例が多数みられること、あるいは未発生地域においても、争議勃発を避け「村の平和」を維持するために、地主側から先手を打って自発的に小作料減免を行なった事例（児玉郡長幡村、北泉村、北埼玉郡一二ケ町村）などは、小作料軽減運動が局地的・散発的にではなく、むしろ常態として既成事実化していたことを示すものである。県当局が大正一〇年一二月、各郡長に対して、「小作争議未発生ノ地ニテハ町村長、町村農会長其他地方ノ有力者等ヲシテ適当ナル方法ヲ以テ地主ニ警告シ積極的ニ割引セシメ未然ニ之ヲ防止スルコト[17]」という指示を与えているのは、まさにかかる状況への対応にほかならない。

注目すべき第二の点は、このような小作争議の展開に伴なって、多数の自然発生的な小作組合が組織されたという事実である。その状況は第2表の如くである。この小作組合の組織化も、争議発生の地域差に規定されているのであるが、ほぼ全県的に存在することを確認できる。

これを前後する時期は、周知の如く、農民の最初の全国的組織たる日本農民組合（以下日農と略す）が結成され（大正一一年四月）、やがてそれは、短期間のうちに指導者の予想を超えるほどに組織的拡大をとげ、また質的にも、創立当初の階級協調的・妥協的性格を急速に払拭し、大正末期には地主的土地所有廃絶への農民の主体的戦闘的組織として自己を確立する。日農のかかる拡大、発展への歴史的前提は、小作争議を契機として結成された、きわめて多数の自然発生的な小作組合の簇生にこそあったということができるであろう。

だが、このことは、逆にいえば、日農の組織的展開をはるかに超えて、それが包摂・組織化しえなかったところの、自然発生的な単独小作組合が多数存在したという事実でもある。実際、埼玉県に於ては、第2表にみられる如く、自然発生的な単独小作組合は四三組合に達し、これらに組織された小作農民は、判明するだけでも約六三〇〇人にのぼるのに対して、大正一三年現在の系統的農民組合＝日農の組織は、北葛飾郡旭村など三組合、組合員は一一九名にすぎないのである（県当局の調査では、大正一三年の小作組合総数は九七、組合員数は一万七一七一名である[18]）。

農民運動を、日農の軌跡のみに収束させるのではなく、農村政治過程に連鎖させて把握しようとする本稿の意図か

## 第2表　埼玉県小作組合設立状況

| 名　称 | 創立年月 | 組織人数 |
|---|---|---|
| 〈北足立郡〉 | | |
| 平方村小作人組合 | 大10. 11 | 約200 |
| 吹上村小作組合 | 大10. 11 | 約120 |
| 鴻巣小作人組合 | 大11. 3 | 約360 |
| 野田村農友同志会 | 大12. 10 | 240 |
| 〈入間郡〉 | | |
| 南畑小作人組合 | 大11 | 188 |
| 大井村大字苗間小作人組合 | 不詳 | 不詳 |
| 〈比企郡〉 | | |
| 小見野村小作組合 | 大11. 4 | 321 |
| 八ツ保村農業小作組合 | 大12. 10 | 271 |
| 〈児玉郡〉 | | |
| 仁手村大字久々宇・仁手新田小作人組合 | 大10. 10 | 72 |
| 藤田村大字滝瀬東部小作人組合 | 大10. 7 | 43 |
| 七本木村大字七本木字久保田新田小作人組合 | 大10. 10 | 30 |
| 七本木村大字七本木字四ツ谷小作人組合 | 大10. 12 | 21 |
| 七本木村大字堤小作人組合 | 大10 | 85 |
| 北泉村四方田，西富田，東富田小作人組合 | 大6. 12 | 70 |
| 藤田村大字鵝森小作人組合 | 大11. 2 | 49 |
| 〈大里郡〉 | | |
| 精農団 | 大10. 3 | 88 |
| 下郷小作組合 | 大10. 7 | 68 |
| 明戸小作人信用組合 | 大10. 10 | 不詳 |
| 小農組合 | 大12. 12 | 227 |
| 畠山小作人組合 | 不詳 | 127 |
| 〈北埼玉郡〉 | 大10. 11 | |
| 樋遣川村労働組合* | 大10. 2 | 約300 |
| 騎西町小作会 | 大10. 1 | 189 |
| 中種足小作人会 | 大10. 7 | 101 |
| 下種足小作人会 | 大10. 12 | 43 |
| 上種足小作人会 | 大10. 12 | 177 |
| 戸室小作人会 | 大11. 1 | 79 |
| 西ノ谷小作人会 | 大11. 1 | 19 |
| 中ノ目小作人会 | 大10. 11 | 36 |
| 三田ヶ谷村大字弥勒小作人組合 | 大10. 12 | 145 |
| 大越村労農会 | 大10. 12 | 380 |
| 井泉村小作人組合 | 大10. 12 | 476 |
| 太田村小作組合 | 大10. 11 | 不詳 |
| 三田ヶ谷村大字三田ヶ谷労農組合 | 大10. 10 | 173 |
| 岩瀬村小作人同盟会 | 大10. 12 | 約200 |
| 東村農事組合 | 大11. 3 | 約290 |
| 加須町大字久下労働会* | 大11. 5 | 約120 |
| 鴻茎小作組合 | 大11. 5 | 124 |
| 原道村農事奨励組合 | 大11. 5 | 415 |
| 〈南埼玉郡〉 | | |
| 菖蒲町小作人組合 | 大11. 7 | 約300 |
| 上木崎小作組合 | 大10. 10 | 約100 |
| 三箇村小農小作者経済救済組合 | 大11. 9 | 約70 |
| 〈北葛飾郡〉 | | |
| 杉戸町小作人組合 | 大11. 11 | 不詳 |
| 平野組合 | 大11. 12 | 36 |

注：*印は，それぞれ労働組合，労働会の名称が冠せられているが，これらは小作人組合である。なお本表は『農業争議調』により作成したものであるが，これがこの時期組織された小作組合のすべてであるという保証はない。

らして、ここでは〝事実〟のこの側面を重視しておくことがむしろ必要である。

それでは、以上で確認した小作争議の展開及び小作組合の広範な組織化は、如何なる内実を伴なっていたのか、その歴史的性格は如何なるものであったのか、この問題について考察をすすめよう。

## Ⅲ

前述のように、小作争議の圧倒的多数は、小作人の高額小作料の軽減要求に端を発している。したがって、争議が高額小作料収取体制＝地主的土地所有に対する批判を意味し、農村における階級矛盾・対立の噴出であったことはいうまでもない。

それでは、かかる地主・小作の階級対立の噴出は、どのような政治的内容をともなっていたのか。

この問題を考えるうえで、まず注目すべき点は、該時期の小作争議＝地主的土地所有批判の行動が、これに先行する日露戦後から大正初期に広汎に創出された、軍事的国民統合組織たる在郷軍人分会や官製青年団の幹部によって起こされている事例が、例外的にではなく、むしろごく一般的に検出されるということである。

二、三の事例を紹介しよう。

〈事例Ⅰ〉

北足立郡野田村における小作争議では、大正一二年一〇月に、自小作農一〇二名、小作農一三八名をもって野田村農友同志会が組織された。その契機は次の如くであった。

「本村ハ這般ノ震災ニ於テ直接間接ノ被害甚大ニシテ就中大字高畑ノ如キハ戸数三十余戸中二十七戸ノ倒壊家屋

アリ其ノ大半ハ小作者階級ニシテ今日ニ至ルモ天幕生活ノ止ムナキ状態ナリ而シテ村当局ハ之ヲ顧ミル処ナク今回陛下ヨリノ御下賜金ノ伝達ニ過キス何等救済ノ途ヲ講セス故ニ是等下層小作人ノ惨状ヲ見ルニ忍ビズトテ青年会在郷軍人分会員中ノ自作兼小作農ニ属スル者（中農階級）数名ノ発起ニ係ルモノナリ」(19)

〈事例Ⅱ〉

北足立郡安行村大字領家の場合。「在郷軍人分会長タル仝大字中山元三郎ハ去ル十日字内小作人四十五名ニ対シ通知ヲ発シ仝字内地蔵堂ニ会シ本年ノ不作ニ徴シ従来田壱反ノ小作料二俵ニ対シ本年ハ一俵ガ適当ナラント主唱」(20)して争議に至った。

〈事例Ⅲ〉

第2表中、(元) 在郷軍人分会長ないし幹事が組合長となっている小作組合は、平方村小作人組合、樋遣川村労働組合、上木崎小作組合、大越村労農会、下郷小作組合などであり、これらの村々では、彼らが中心となって争議が起こされている。たとえば、大正一一年九月五日、北埼玉郡加須警察分署長は、県警察部長への報告の中で、「部内樋遣川村ニ於テハ昨年小作争議ノ際ハ小作団体タル樋遣川労働組合ナルモノ組織セラレ多数ノ力ヲ以テ地主ニ対抗シ近村中最モ熾烈ヲ極メタルモノニシテ其後同組合ハ益々結束ヲ固メ多少ノ教育アリ又小作人等ノ人望ヲ有スル福島徳三郎組合長トナリ牛耳ヲトリ専ラ地主ニ対スル地歩ヲ固メ居リ」と述べているが、この福島徳三郎は元在郷軍人分会長に他ならない。

大江志乃夫は、日露戦争後の農村支配の帝国主義編成がえの運動ともいうべき地方改良運動の展開期において「在郷軍人分会こそは、地域社会のなかに軍事的秩序にもとづいた巨大な軍事組織のくさびをうちこみ、それを中核として全国民を軍事的に組織化し、日本の社会を総体として軍事的に編成がえしていくための中核組織であった」(21)としている。大江がこのように規定した日露戦後の在郷軍人分会の中心人物が、第一次大戦後の幾多の村々で、小作争議＝地主的土地所有批判の中心となっているのである。

この事実は、地主的土地所有への批判と軍国主義・国家主義的意識が、小作農民にあって矛盾なく共存していることを示すものである。のみならず、既に鈴木正幸が指摘したように[22]、彼ら在郷軍人分会長らが小作争議・小作組織化の先頭にたっているということは、むしろ彼らが国家的に保障された組織・秩序、或いは、国家的に許容された権威・イデオロギーをもって、地主批判のテコとしたことを客観的には示すものである。

このような天皇制国家への忠誠と反地主意識の平和共存、あるいは天皇制国家体制擁護＝「尊王愛国の大義を奉ず」るが故に地主批判を展開するという、いわば天皇制国家の価値体系内での運動の論理は、初期小作争議段階で先駆的な役割を果した、須貝快天を中心とする下越農民協会（大正一一年）、その影響のもとに結成された横田英夫を中心とする中部日本農民組合（大正一三年）、或いは能義八束小作連合会（大正一三年）等々にみられるところであって[23]、多かれ少なかれ、この時期の農民運動一般が共有した性格である。

農村における地主・小作の階級対立の噴出＝小作争議の展開が、地方農村に一大衝撃を与え、地主的秩序を後退させ、支配層内部に体制再編の動きを生じせしめる決定的契機たりえたことは、従来指摘されているとおりである。だが、他方、以上にみたように、この時期の小作争議＝農民運動には、天皇制国家という「国家価値と訣別した社会価値の確立[24]」→新しい国家価値への見とおしの確立、という方向は未だ生じておらず、運動の論理は、天皇制国家の価値体系内で完結しているといえよう。むしろ、そこには、かつて、明治末期から大正初期に、国民統合政策として展開された農村を中心とする地方改良運動の国家的論理をひきずりこんでいるという側面を指摘しうるのである[25]。

だが、小作農民の、人間らしく生きるための要求のなかからあらわれた、高額小作料減免運動＝地主批判が、以上のようなものであったとしても、激しい運動の現実の展開それ自体が、新しい視野をきり拓く可能性をもつことを見落してはなるまい。切実な現実こそは、旧い支配の論理を超克し、新しい運動の論理を獲得する可能性を内包させる。

再び埼玉県に眼をやれば、小作争議における反地主意識が、反体制意識へと連結していく萌芽をも検出しうる。大里郡太田村における争議は、同村の社会主義者とされる長島新八の指導によって惹起した。彼は争議の中心となるとともに、「東京市在住社会主義者四、五名ヲ招致シ仝夜半（大正一〇年八月二七日——引用者）ヨリ翌朝ニ亘リ自転車ヲ駆ッテ仝地方奈良、長井、太田ノ三ケ村附近ニ別紙写本ノ通リ檄文ヲ散布」したという。

檄

奮起せよ小作人同胞!!

俺達小作人は今日まで何も云はずに横暴な地主の心のままに苦しめられて来た。然し俺達小作人も自由と正義を熱愛する神はあるから黙っては居られない。俺達小作人は血を流し祖先の受けた屈辱と子孫の自由の為めに結て奴等地主共に戦ふ!!!

さうする事が俺達の本当に生る《ママ》ゝ事なのだ。俺達は貧乏だ俺達には権力はない。然し俺達にはあらゆる苦痛と戦って来たこの鉄腕がある其鉄腕を振り上げて奴等地主の横暴を打ち破ろう!!!　自由な平和な社会を造るには俺達小作人団結して奴等地主共にぶちあたり戦ふこと、奮起せよ、小作人兄弟!!!(26)

この檄が、どれほどの、そして、どのような意味での反応を小作農民に与えたかは知るすべはない。だが、この檄それ自体のうちに、地主に対する反抗、憎悪が体制そのものの変革を志向し、反地主意識が反体制意識に連結する方向を内包することを読みとることはできる。

しかし、このような方向は、当該小作争議段階では顕在化してはいない。よし、反地主意識が反体制意識と連結する側面があったとしても、それは先の国家的論理内での地主批判の運動と、二つの流れとして分化、相反発するのではなく、政治的未分化のままに共存して、全体として小作争議過程を形成していたというべきであろう(27)。

## Ⅳ

ところで、各地において普遍的状況化した小作争議の展開が、地主的秩序を基調とする農村支配構造に変動を与え、農村社会の流動化を促進し、政治的領域でも地方政治を左右せずにおかなかったとすれば、必然的に注目せざるをえないのは、小作調停法施行前において、小作争議の事実上の調停機関としての役割を担った、地方末端の行政機関としての町村役場及びその補助的機関と、それらを人格的に代表する町村長、助役、農会長の動向である。

『農業争議調』中の小作争議について、その結末をみるに、滝沢前掲論文に依れば、小作人の要求貫徹は三〇件、完全敗北は四件であるが、地主・小作人の妥協で「円満解決」をみている場合が一六五件と圧倒的に多いのであって、この妥協＝調停のほとんどに役場・農会がかかわっているのである。この時期の小作争議展開の今一つの特徴は、このように、町村長、農会長らが争議の当事者（地主）である場合をもふくめて、争議における地主、小作間の仲介者としての機能を、それなりに効果的に発揮しているということである。

しかし、ここでとくに重視しておきたいのは、行政町村機構一般ではなく、明治三二年の農会法改正以降、農事改良政策において国家的利益と地主的利益の媒介環たる組織として展開しきたった農会の位置である。けだし、農会こそは、明治後期以降、「官僚的地主的農政」と称される如き国家的支配と地主的支配を接合させ、かかる支配を地方農村社会へ具体化する機関としての役割を担ってきたからである(28)。したがって、小作争議の普遍化という状況に直面して、この農会が如何なる対応を迫られていったかを検討しておくことは、小作争議下の農村状況を把握するための必要な経過点であろう。

そこでこの点につき、まず県レベルでの対応をみよう。

堀内秀太郎埼玉県知事は、大正一〇年一一月に開かれた郡農会役職員会において次のように訓示している。

農会ノ任務ハ多岐多様ナリト雖モ就中農業経済関係考究ハ最モ急務ナリト信ス茲ニ例年開催シツツアル各郡農会役職員会議ヲ開キテ諸君ノ忌憚ナキ意見ヲ聴取シ以テ本活動ノ資ニ供セントス茲ニ当面ノ問題タル農業争議ノ解決方法ニ関シ一言所思ヲ述ヘテ諸君ノ御盡力ヲ迄《ママ》ハントス

近時社会ノ風潮ニ伴ヒ団体交渉ノ事実漸ク頻出シ本県ニ於テモ小作者連合シ地主ニ対シテハ小作料ノ軽減ヲ要請シ応諾セサル場合ハ小作地ヲ返還スルカ如キ不詳《ママ》事ヲ惹起セルハ産業発展上甚遺憾トスル所ナリ……産業団体タル郡町村農会理事者ハ産業組織ノ現情ニ鑑ミテ居仲《ママ》調停以テ地主小作人間ノ利益ノ分配ヲ適切ナラシメテ融和親善ノ実ヲ挙ケ以テ円満ナル自治ノ発展ヲ期シ産業改良上ニ寄与セラル丶所アルヘシ(29)

この知事訓示は、農会に課せられた諸任務のうち、当面、最も重要なものが「農業争議ノ解決」であるという認識のうえにたってなされたものである。すなわち、従来、地方官僚機構と結んで地主的色彩の濃厚な農事改良の勧業団体としての役割を担ってきた農会に、小作争議の本格的展開という事態に直面して、小作争議を如何に「解決」するかという政治的機能＝争議調停機能の期待を表明したものに他ならない。

更にすすんで、県当局は、翌大正一一年七月、次のごとき訓令第三三号をもって、市町村農会内部に農業委員会なる機構を設置せしめ、これに争議の予防・調停の役割を付与した。

近時経済上竝思想上ノ変化ニ伴ヒ昨年来小作料ノ軽減小作地ノ返還ナル農村問題ヲ惹起シ地方産業ノ発展ヲ阻害スルノミナラス延テハ町村ノ自治ヲ破壊シ其ノ影響スル所甚大ナルモノアラムトス而シテ之カ円満ナル解決ヲ期スルハ当事者ノ互譲協調ニ俟タサルヘカラス是ヲ以テ地主自作小作ノ三方面ヨリ成ル可ク同数ノ委員ヲ選出シ左記準則ニ據リ町村農会内ニ農業委員会ヲ設置セシメ紛議ノ調停予防ニ備フルト共ニ農村問題ニ関スル諸般ノ運行ニ支障ナカラシムルコトヲ期スヘシ

第3表　農業委員会設置状況

| 郡　別 | 委員会数 | 委員数 |
|---|---|---|
| 北足立 | 14 | 231 |
| 入　間 | 16 | 323 |
| 秩　父 | 2 | 19 |
| 児　玉 | 7 | 116 |
| 大　里 | 9 | 166 |
| 北埼玉 | 11 | 147 |
| 北葛飾 | 2 | 24 |
| 比　企 | 1 | 14 |
| 計 | 62 | 1,040 |

出典：小島利太郎「埼玉県に於ける農業委員会制度の概要」(『社会政策時報』昭和3年4月号）より作成。

この訓令によって県内に設置された農業委員会は、大正一二年四月頃までの間においては、第3表の如くであり、また、そのほとんどは、地主・自作・小作の各層より構成されている（地主・自作・小作より構成＝五一、地主・小作より構成＝九、その他＝二)。

埼玉県の場合、注目すべきことは、この農業委員会それ自体が独立機関としてではなく、あくまで町村農会を母体としてその内部に設置されたものであるということである。したがって、農業委員会の設置は、小作争議調停において、農会長らの個人的仲介ではなく、農会そのものが調停機関として制度的に機能する役割を課せられたことを意味する。

ところでこの農業委員会は、史料に依っては、小作委員会とも称され、昭和四年の農林省農務局『小作委員会の概要及其の成績事例』によれば、「小作委員会（従来農業委員会と称せり）とは、一定区域内の地主側及小作人側又は之に加ふる自作人其の他の者の中より一定数或は一定比率を以て選出せる代表者を以て組織し、小作条件の維持改善其の他農業経営、農村生活等に関する事項を協議し地主小作間の利害の調和、農業の発達を目的とするものを総称す」とされている。組織的には、独立の機関として組織されたり、地主小作の協調組合を母体に設置されたり、あるいは、農会や産業組合の内部に設置されたりして、多様な組織形態をとっているようであるが、必ずしもその全体は明らかにされていない。

しかし、この農業委員会が、第一次大戦後の地主、小作の階級対立の激化を背景に、その対立の協調、和解をねらって組織されたものであることは明白であり、第4表の如く、その数は、農民運動の質的発展によって、このようなかたちでの協調が不可能になってくる、大正一三年末の小作調停法施行までは、小作争議件数の増加とほぼ正確に比例しているのである。

次に、埼玉県において、農会内に設置されたこの農業委員会が、実際の争議において、どのように機能したのかが問題となる。

第4表　小作争議件数と農業委員会数

| 年　次 | 小作争議件数 | 農業委員会数 |
|---|---|---|
| 大正7 | 256 | 2 |
| 8 | 326 | 3 |
| 9 | 408 | 17 |
| 10 | 1,680 | 23 |
| 11 | 1,578 | 165 |
| 12 | 1,917 | 297 |
| 13 | 1,532 | 125 |
| 14 | 2,206 | 68 |
| 15 | 2,751 | 76 |
| 昭和2 | 2,052 | 76 |
| 3 | 1,866 | 64 |
| 4 | 2,434 | 8 |

出典：小作争議件数は『農地制度資料集成』第2巻，278頁，農業委員会数は，同第3巻，447頁。

昭和三年の小島利太郎の調査報告（第3表註参照）では、北埼玉郡三ケ村（すべて「某村」とされている）の争議において農業委員会の果した役割が簡単に述べられており、三ケ村とも、小作人の小作料軽減要求に対して、農業委員会の調停で「円満解決」したとされているが、第3表の農業委員会の実態を全県的に検討することは史料上むずかしい。そこで、ここでは、『農業争議調』で確認できる比企郡小見野村と同郡八ツ保村の事例をあげておこう。

〈小見野村〉

この村では、大正一〇年一二月、小作人約四〇〇名が地主約二〇名（主な地主は、三角惣蔵＝一七町、松崎良七＝一五町、小林作平＝一三町、なお三角惣蔵は村長である）に対して、田小作料の減免を要求して小作争議が勃発した。県知事にあてた比企郡長の報告は次のようにのべている。

部内小見野小作人四百名ハ本月初旬以来小作料軽減方ニ付寄々協議ヲ遂ケ各字二、三名ノ総代ヲ選ヒ本月七日村長ニ面談シ小作料二割（大字加胡、松永、下小見野ハ四割）ヲ減額セラル、様村内地主ニ交渉セラレ度旨申出有之、村長ハ地主ヲ招致シ再三協議シタルモ其意見一致ヲ見ズ（減額ノ止ムナキハ何レモ了得シ居レリ）今日ニ至レリ(30)

小作人側は、対する村内最大の地主が村長であることもあって、要求貫徹のため納税不納決議をもってたたかい、結局、大正一〇年度小作料に関しては次のごとき協定で決着した。

甲　反当四俵半ノ収穫ノ土地　三升減
乙　反当四俵ノ収穫ノ土地　五升減
丙　反当三俵半ノ収穫ノ土地　一斗二升減
丁　反当三俵ノ収穫ノ土地　二斗二升減(31)

だが、この協定には、「明年度ヨリ小作料改定スルコトニ尽力スルコト」という項目が附されており、小作料減免闘争は大正一一年にもちこまれ、同年四月、小作組合の小作料永久減免要求に至り再燃したのである。

これより先、小作人側はそれまで四組合に分れていた小作組合を、小見野村小作組合（第2表参照）として全村統一し、組合長に、村会議員で「小作人側ノ信望最モ厚[32]」い若山龍吉（耕作反別＝自作地一町四反七畝、小作地五反三畝）を擁して団結をかためた。

小作人の要求に対して、地主側は、現行小作料より二升ないし五升の範囲で引下げるとの回答をおこなったが、小作人側は「如何ニモ軽減ノ程度少キ故満足スル能ハス[33]」とて、これを拒否した。対する小作組合は、再び村税不納決議をおこない、更には、小学校児童の同盟休校や消防団員の総辞職をも計画して村政全体への批判にまで及び、対立は尖鋭化した。事態の深刻化を憂えた村内有力者松崎和重郎（元県議）、比企郡長らが調停のために奔走し、県内務部長も調査のため同村へ出張した。

ところが、大正一一年六月に至り、「村長ヨリ若山組合長ニ対シ植付季節切迫セル今日粗成解決ヨリモ収穫迨ニ両方ヨリ委員ヲ挙ケテ細密ナル調査熟考ノ上公平ナル改正ヲ実行[34]」したいとの提案がなされ、小作人側はこれをうけ入れ、争議は秋の収穫後まで一時休戦となったのである。

農業委員会が、地主、自作、小作の三者より委員が選出されて農会内に設置されたのは、この間（九月二七日）の出来事であった。その構成などの詳細は判明しないが、これまでの小作組合対地主＝村役場の対立は、農業委員会内にもちこまれ、争議は一一月に至って、農業委員会を主要な舞台として連日の話し合いによって、結局一二月一日、第5表の如き決定小作料で「円満ナル解決」をみたのである。

第5表より確認できることは、第一に、小作組合の、納税不納決議や小学校児童の同盟休校など村政そのものに対抗する戦術を背景とした大正一一年四月における小作組合第一次要求より、農業委員会が設置され、ここでの話し合いの開始された段階での第二次要求が、大幅に後退していること、第二に、小見野村小作争議の場合、小作人階級の利益のための小作組合が独自の戦闘的組織として確立しているため、農業委員会の決定がそのまま争議の解決基準とはなっていないのであるが、それでもなお、決定小作料は、農業委員会調停案に非常に近いものになっているという

第５表　小見野小作争議における小作料比較表

| 田地等級 | 現行小作料 | 農業委員会調停案 | | 小作組合案 | | 決定小作料 |
|---|---|---|---|---|---|---|
| | | 第１次 | 第２次 | 第１次 | 第２次 | |
| 4 | 1.075石 | 1.075 | 1.075 | 1.000 | 1.075 | 1.075 |
| 5 | 1.075 | 1.075 | 1.050 | 1.000 | 1.050 | 1.050 |
| 6 | 1.075 | 1.075 | 1.030 | 1.000 | 1.020 | 1.030 |
| 7 | 1.075 | 1.075 | 1.000 | 900 | 980 | 1.000 |
| 8 | 1.075 | 1.050 | 980 | 900 | 930 | 980 |
| 9 | 1.075 | 1.020 | 970 | 800 | 880 | 950 |
| 10 | 1.075 | 1.000 | 950 | 800 | 800 | 900 |
| 11 | 1.075 | 950 | 900 | 800 | 740 | 850 |
| 12 | 1.075 | 900 | 850 | | 700 | 800 |
| 13 | 1.075 | 850 | | | | |
| 14 | 1.020 | 800 | | | | |
| 15 | 950 | 700 | | | | |
| 16 | 900 | 700 | | | | |
| 17 | 850 | 700 | | | | |
| 等外 | 600 | 600 | | | | |

出典：県行政文書大1486より作成。農業委員会第一次案は大正11年11月，第二次案は同12月（解決当日），小作組合第一次案は大正11年４月，第二次案は同11月，なお，上記表中，空白部分の小作料は，「地主小作人トニ於テ取リ極メル」。田地等級１～３等は軽減要求なし。

ことである。特に小見野村の田地を地価等級別にみれば、五〜八等地が大部分を占めており、この等級田地の決定小作料がすべて農業委員会第二次調停案の通りに決められていることからみて、小作争議はほぼ農業委員会調停基準に沿って解決したということができる。

しかし、何よりも重要なことは、小作人自らの団結によって、全村的小作組合を統一・確立し、村税不納同盟、小学校児童同盟休校、消防団員の総辞職という対抗手段を背景に、村政の根本的変革への闘争へと発展する可能性を内包した小作人の運動を、農業委員会の設置を画期として、話し合いと協調体制にくみこむことに成功し、「地方産業ノ発展ヲ阻害スルノミナラス延テハ町村ノ自治ヲ破壊」せんとする脅威を氷解させたということである。このようにみてくると、小見野村小作争議の場合も、農会―農業委員会の調停は、小作争議鎮静にきわめて有効な役割を発揮したと結論できる。

〈八ツ保村〉

この村の争議については、史料的に断片的にしかその実態は判明しないが、大正一二年一〇月以降一二月末までの小作争議過程に画期をなしているのは、やはり農会附属の農業委員会設置であったと考えられる。以下、確認しうる範囲でその経過をみよう。

大正一二年一〇月、この村の小作農民二七一名は、小作料軽減と標準小作料の設定を要求して小作争議を起こし、同時に、八ツ保農業小作組合を組織した。だが村長（農会長）と地主側は、小作人側との軽減交渉の前提として、小作組合幹部に組合の解散を迫るのである。以下の如くである。

八ツ保村ニ於ケル小作人組合ハ本月（一〇月――引用者）十五日別帋ノ通リ同村友光惣太郎外弐百七十一人ヨリナル小作人組合ヲ組織シ同村長ト同意方申出シタリ依テ村長ハ其ノ内容ヲ調査シタルニ文面中面白カラサル個所アルヲ以テ同意シ難キノミナラズ此如組合ヲ組織スルハ村トシテ面目上困入ル次第故解散スル様懇諭シタルモ聞入レズ遂ニ其侭トナリ依テ村長ハ其旨地主ニ図リタルニ地主ハ組合組織ニテハ面白カラザルヲ以テ之ヲ解散シ其他総会等ハ開カサル様セラレタキ旨申出ラレシニ依リ村長ハ此旨本月廿一日小作人ニ図リタルニ小作人ハ然ラバ小作組合ヲ耕作組合ト改称シ組合ハ其侭存置セラレタキ旨地主ニ申出タルニ地主ハ組合ノ名目ノ何タルヲ問ハス組合ヲ組織シテ地主ニ対抗ストハ面白〔カ〕ラサルニ依リ解散セラレ度村長ニ申出ラレタリ(35)

しかし小作人側は、「軽減ノ実現ヲ期スヘク一層組合ノ結束ヲ強ムルニ至レリ(36)」、小作組合解散を画策する地主、村長側の試みは失敗に帰したのであった。これが、大正一二年一〇月中の経過であった。ところが、翌一一月に入ると、「農会長（村長）ハ農会役員ヲ召集協議ノ結果農会附属トシテ別紙規程ノ如キ農業委員会ヲ設ケ以テ小作問題ノ解体ヲ図ラント(37)」したのであった。「農業委員会規程」の第一条、二条を示せば、次の如きである。

第一条　本村農会内ニ農業委員会ヲ置キ農業ノ利益分配其他農村福利ノ増進ニ関スル諸般ノ事項ニ付調査研究ヲ行フ

第二条　本会ハ委員十八名トス但シ各区共地主自作小作ノ三方面ヨリ各一名宛選出スルコト(38)

以上の過程は、八ツ保農業小作組合を解散させることに失敗した村長（農会長）＝地主側が、新たな対応策として、地主・自作・小作からなる農会附属の農業委員会を設置することによって、村におけるむきだしの階級対立を農会という村政機構内部に吸収せんとしたことを示すものである。

この村の小作争議は同年一二月末に「解決」する。その解決の条件は明らかではない。だが、小作争議＝地主・小作の階級対立が、農会内部の農業委員会における地主・自作・小作の話し合い協調体制にもちこまれることによって変質させられていったことは十分に予想できる。

以上、小見野村、八ツ保村の事例は、「町村農会内ニ農業委員会ヲ設置セシメ紛議ノ調停予防ニ備フルト共ニ農村問題ニ関スル諸般ノ運行ニ支障ナカラシムルコトヲ期スヘシ」とした県訓令第三三号に模範的に対応した例であるが、この他、農会長個人が争議に積極的に介入し、事実上調停に大きな役割を果している事例は、北足立郡野田村、入間郡毛呂村、川角村、仙波村、比企郡福田村、北埼玉郡井泉村などひろくみられ、村レベルでも農会が、小作争議↓階級対立の激化の収束に現実に効果的に機能したのであった。このように、農会が、小作争議に調停の実際的効果を発揮しうる条件が存在したことは、該段階小作争議の特質として指摘することができよう。

ところで大正一一年の農会法の改正は、農会のかかる調停実績を確認したうえで、小作争議調停への農会の機能発揮を制度化したものにほかならない(39)。

新農会法はその第三条で、「農会ハ其ノ目的ヲ達スル為左ノ事業ヲ行フ」として、「一、農業ノ指導奨励ニ関スル施設　二、農業ニ従事スル者ノ福利増進ニ関スル施設　三、農業ニ関スル研究及調査　四、農業ニ関スル紛議ノ調停又ハ仲裁　五、其ノ他農業ノ改良発達ヲ図ルニ必要ナル事業[40]」をあげているが、このうち新農会法の特徴の一つは、農会の事業として「農業ニ関スル紛議ノ調停又ハ仲裁」を付加したことにある。

この法案審議において、石黒忠篤政府委員（農商務書記官）は、「従来農会ガ此方面（小作争議調停――引用者）ニ付テヤリマシタ所ヲ実際調査イタシマシタ結果ニ付テ申上ゲマスト、ヤリ方ハ表面立ツテ調査ヲ致シタモノモ岐阜、鳥取、神奈川、三重等諸県ニ於テゴザイマス……尚ホソレ迄ニ行キマセヌデモ解決上ニ付テ色々調査スル、坪刈ヲスルトカ云フ根本調査ヲ農会ガスルトカ、或ハ小作料ノ率ガ年ニ拘ラズ高イカ安イカト云フヤウナ調査モスツカリ農会ガヤリマシテ、之ガ紛議ガ一旦起ツタ際ニ於ケル有力ナル調停ノ根柢ヲ為シタト云フヤウナ事例モ随分沢山アルノデゴザイマス」と、各地の農会の調停実績を示したうえで、次のように新法案の目的を述べている。

将来小作問題ガヤカマシクナッテ参リマスレバ此方面ノ仕事ニ付テ農会ガ働クベキ余地ト云フモノハ相当大キナモノト考ヘラレルノデゴザイマス……故ニ新シイ法案ト致シマシテ、此方面ノコトヲ殊更ニ一項トシテ掲ゲマシテ、地主ニモ小作人ニモ適当ノ解決ヲ与ヘサセルコトニ付テノ方面ニ力ヲ注ガセタイト云フコトガ、新法案ノ一ツノ目的デアルト云フコトハ争ヘナイコトデアリマス[41]

新農会法案は、補助金の増額（第七条）、総代の設置（第二十六条）、農会費の強制徴収制の採用（第三十条）など他の重要な内容をも伴ないながら、小作争議調停仲裁事業を公認して、大正一一年四月、議会を通過したのである。

新農会法の成立過程は、初期小作争議の展開に対して、「農会ガ働クベキ余地」を認め、調停の実効的機能を農会に期待したことを示すものである。このように農会の事業に「事業ニ関スル紛議ノ調停又ハ仲裁」を法認したこと、すなわち官僚的地主的勧業団体としての農会に積極的に政治的機能を付与したことは、まさに農会それ自体が政治的領域に定置せられ、その政治的階級的性格を顕在化させたことを意味する。

ところで、大正一一年農会法改正段階で期待された農会の小作争議調停機能は、大正末期から昭和初期にかけて喪失していくことを確認しておこう。このことは、第4表の農業委員会数が大正一四年以降、激減していくことをみても推察できる。更に、昭和三年の農林省農務局の『農会ニ関スル調査』中、「農業ニ関スル紛議ノ調停又ハ仲裁ニ関スル施設」では、「従来農会カ農業争議ノ勃発当時其ノ調停ノ労ニ当リタルモノモ多々アリシカ近時其ノ問題多岐ニ亘リ其ノ範囲モ拡大セルト共ニ農会ノ之ニ関スル施設モ亦漸次増加シツ、アリ各種紛議調停ノ内小作ニ関スルモノハ其ノ内容益々複雑ヲ極ムル結果農会ハ直接之ニ当ル場合ヨリ寧ロ農業経営ノ改善指導、生産費ノ調査、小作料調査又ハ土地ノ共同管理組合ノ奨励等其ノ紛議解決上ノ基礎的事項ニ努力セルモノ多シ」とのべ、争議そのものに対する農会の調停機能の後退を認めているのである（ちなみに、昭和八年版『農会ニ関スル調査』では、小作争議調停仲裁事業の項目自体がみられない）。このように、大正末期から昭和初期にかけて、農会は既に争議調停者としては機能しえなくなってきていたのであり、ここに国家権力による小作争議への本格的介入＝調停基準の法制化、すなわち小作調停法への必然的コースが存在する。[42] この背景には、農民運動＝小作争議の性格変化があり、逆に、国家権力そのものによるむきだしの警察的弾圧の激化とあわせて、かかる国家的介入がなされはじめたことにより、地主的土地所有の廃絶をめざす農民運動は、体制の政治的変革運動として成長することなしにその発展をかちとりえないという新しい段階をむかえ、ここに政治的階級的対抗をより鮮明にするのである。[43]

# V

それでは、大正末期から昭和初期にかけて小作争議調停機能を喪失させていった農会が、それ以前の初期小作争議段階において、前述の如き「働クベキ余地」を有した歴史的条件はいかなるものであったのか。この問題を解くカギは、先に指摘した初期小作争議＝小作組合の中心的担い手の経済的社会的地位と村内における政治的位置、そして彼らがもたらしたところの農村社会の政治的状況をいかに理解するかということにあろう。

まず、第Ⅲ章でみた小作争議＝小作組合組織化の中心的担い手を、判明する限りでみればその階層性は多様であるが、争議が全村的規模で、即ち小作人の全階層を包摂し、しかも長期的に闘われた小作争議の場合、その指導層（組合長、副組合長クラス）は、少なくとも村内下層ではなく、相対的には村内中上層に属する小作農、自小作農であると断定することが出来る。

前述の北足立郡野田村農友同志会の場合、これは、大震災の被害をうけた「下層小作人ノ惨状ヲ見ルニ忍ビズト テ」、小作一二三八名、自小作一〇二名を組織して結成されたのであるが、その際、中心となったのは「惨状」の中にあった村内下層人自身ではなく、在郷軍人分会や青年団幹部の自小作中農層であった。

また、北埼玉郡で、きわめて激しく闘われた樋遣川村小作争議の場合も、元在郷軍人分会長の組合は、「教育アル」自小作農であり、更に第Ⅳ章でみた小見野村小作争議において小作人三二一名を組織した小作組合の組合長は、二町歩を経営する村内ではむしろ上層に属するであろうとおもわれる自小作農であり、しかも彼は村会議員であった。

最も典型的な事例は、北埼玉井泉村の場合である。該村小作争議は、この時期の埼玉県内の争議としては、最も大規模に、しかも、「五百余名ノ民衆集合シテ地主ノ集合セル村役場ヲ包囲(44)」するが如き激しい形態をもってたたかわれたものである。小作人組合に組織された小作人も、四七六名と第2表中最も多いのであるが、その指導層は、『農業争議調』によれば、

組 合 長　塩田　慎助（四〇）、中、農業兼牛馬商
副組合長　保宗扇之助（二八）上、農業兼米穀商
副組合長　柿沼　富蔵（二九）上、物品販売業、在郷軍人(45)

とされており、その経済的社会的地位はあきらかに村内上位に属する人物である。

またこの他、第2表中、南埼玉郡三箇村小農小作者経済救済組合幹部の場合も、その経歴は次の如く多様であるが、経済的には富裕な階層である。

組 合 長　森山　七蔵　後備騎兵上等兵、財産中位、生活良好
副組合長　長谷川専一　常ニ「キリスト」教ヲ信シヌ「レニン」「トロツキー」等ノ書籍ヲ読シ生活富裕ナリ
副組合長　遠藤長一郎　青年会支部長、一時鈴木文治氏宅ニ入リ社会主義ノ学説ヲ研究セシコトアリトカ云フ
副組合長　小山福太郎　元青年会支部長(46)

以上の事例から判断できることは、この時期の農村社会に大きな影響力をもった小作争議について、その中心的担い手＝指導者層の階層構成からみれば、彼らは、村内では中以上層のクラスに属し、併せてその社会的地位も相対的に高いものであったということである。

なお、前掲鈴木正幸論文では、初期小作組合の指導者層は、「村内中下層」に位置するものとして把握されているが、これは日露戦後から大正初期における在郷軍人分会の幹部が村内「中等以下ノ職業」についているという史実と、大正期の初期小作組合の指導層に在郷軍人分会幹部が多く検出されるという史実を短絡させた結論であり、そこには論理上の飛躍があり、また実証的にも、事実に沿っていない。本稿第Ⅲ章で指摘した在郷軍人分会幹部で小作組合指

導者層は、むしろ村内中以上層が一般的であり、鈴木論文中の「表6」の南埼玉郡菖蒲町小作人組合主幹経歴における「生活程度」も、所有田畑でしか示されていないが、この場合も、むしろ、彼らのほとんどが五反前後ではあるが自己の田畑を所有していること、即ち純小作農ではなく自小作農であるという側面に注目すべきである。『農業争議調』全体は、初期小作争議の中心的担い手が、彼らが在郷軍人分会等幹部である場合をもふくめて、村内中下層ではなく、小所有者的、小商品生産的性格をきわめて濃厚にもった村内中以上層であることを基調としているのである。

以上の事実は、冒頭で確認した初期小作争議の中心的担い手についての、栗原百寿の「中富農的ライン」、西田美昭の「商品生産小作農」の検出にみられるところであり、既に研究史上に指摘されている事柄であるから多言を要しない。しかし、このことは、下層小作人＝貧農が小作争議へ結集したという事実を排除しない。先の野田村農友同志会の場合も、「惨状」にある下層小作人をも包摂して組織されており、また小見野村小作争議、井泉村小作争議の場合も、指導層に上層の小作人を据えながらも、小作人は全階層的に小作料軽減という統一要求のもとに小作組合に結集したのである。したがって、ここに、初期小作争議における小作農民諸階層の統一の事実を指摘することはできる。

だが、この統一行動を、西田のように「事実上の統一戦線の形成」として評価できるであろうか。統一戦線とは、一定の政治的対抗関係のうちに使用さるべきすぐれて政治的戦略的概念である。しかし、初期小作争議における小作料軽減をめぐる地主・小作間の階級対立が、その対立に即した政治的に意味ある対抗関係を農村社会に生成せしめていたかといえば、それはきわめてあいまいな、むしろ政治的未分化の状況であったとするほうが適切である。

小作争議の中心的担い手の多くは、経済的には、小所有者的、小商品者的性格を濃厚にもった村内中以上層であったことはすでにみたが、政治的にも、第Ⅲ章で指摘した如く、在郷軍人分会幹部である事例に典型的に示されるように、体制補完機能を担うべき階層にあったのである。

小作組合の結成は確認できないが、北埼玉郡村君村小作争議の場合、小作人代表者の政治的経歴は次の如くである。

栗原　平　前区長
平井　喜作　在郷軍人
天笠根三郎　前村会議員
村沢儀三郎　前助役(47)

農村の政治体制を維持、補完する機能を負わされていたことは、彼らにもみられる。彼らの地主批判は、この機能を逸脱するものではありえなかったというべきであり、国家的統治機構における距離関係でいえば、彼らは村政の担い手とそれほど隔絶した関係にはなかったのである。

小作争議の当事者が上述の如き政治的地位にない場合でも、小作組合に、一定の政治的地位をもつ顧問をおくという事例も存在する。北埼玉郡加須町大字久下労働組合は、同町農会長を顧問とし、また小作人四一五名を組織した原道村農事奨励組合には、次の四名の顧問をおいている。

田代　徳次　小学校訓導、川辺村小学校長
小野田武右衛門　前同村第二区長、現村議
中沢三右衛門　前助役
松村　邦吉　前村長(48)

以上から指摘しうることは、経済的には、高額小作料軽減をめぐって、地主層と厳しい対抗状況を形成しながらも、政治的には、初期小作争議の中心的担い手が、農村社会の政治的秩序と対抗関係を形成していったとはいいがたく、村政の担い手とは、むしろ一定の親近性さえ内包していたともいえるのである(49)。そしてまさに、このような初期小作争議＝小作組合指導層に内在した政治的主体構造にこそ、先にのべた農会による小作争議調停機能発揮の条件があったというべきであろう。

第Ⅲ章で述べた事実と併せ考えるならば、初期小作争議の指導層が、地主的土地所有の批判者でありながらも、その批判の政治的あり方は、既存の体制の政治的変革の展望を内包するものではなく、むしろ彼らの運動と組織の論理は、その経済的、政治的位置からしても、第一次大戦後、とくに米騒動以降日程にのぼってきた天皇制国家の体制的再編の運動に収束・還元さるべき要素と可能性を内包していたということができる。

地主、小作間の対抗のかかる政治的性格こそ、該対抗が、ただちに既成の体制を変革する展望をもつ政治的対抗を農村社会に生成せしめていくのではなく、当時進行していたいわゆる政党政治体制の創出過程において、農村を中心に展開された既成政党の政党間対抗を止揚できず、むしろこれに吸収されていく側面をもった歴史的条件でもあった。次にこの点についてのべる。

## Ⅵ

この時期、学校建設問題、治水問題などの地域的利害をめぐって、政友、非政友の政党の争いが、農村を舞台に地方名望家をまきこんで華々しく展開されていたことは埼玉県も例外ではなかった(50)。

しかし、重要なことは、この政党間の政争過程が、既に述べてきた小作争議の広範な展開過程と重層的にかさなりあって、全体として当該段階の農村政治過程を形成していたことである。

大正一一年から一二年にかけて、地主四四名に対し、小作料永久減一割減、小作料の統一をかかげ、熾烈に闘われた大里郡御正村の場合、同村地主総代は、政友会所属の衆議院議員長谷川宗治であったが、対する小作人側は、同郡深谷町在住の憲政会の衆議院議員高田良平を訪問し、小作人集会への来合を依頼した[51]。小作人側の高田招待は結局実現しなかったが、ここには地主・小作の階級対立が、同一選挙区内における政友・憲政の既成政党の対立へと転化する可能性をみることができる。

実際、大正一一年『知事更迭引継書類』は次のように報告している。

管内政党ノ勢力歩合ハ政友六分五厘憲政三分五厘ナリシカ憲政派ハ近年擡頭シ来リタル小作争議ハ政友会内閣ノ政策カ其ノ当ヲ失シタル結果ナリト政談集会其ノ他凡有機会ヲ利用シテ宣伝セル為農業争議ノ多数アリタル北埼玉郡大里郡ノ一部小作人階級ハ痛ク是レカ刺激ヲ受ケ両郡ニ於ケル非政友熱昂騰シ来リタルト雖モ一面政友会ニ在リテハ学校道路等ノ諸問題ヲシテ党勢拡張ニ努メツ、アルニ因リ県下ヲ通覧シタルトキハ必スシモ憲政派ノ勢力増大セリト断定スルヲ得サルナリ[52]

ここにみられるように、県下に普遍状況下した小作争議のエネルギーを巧みに吸いあげ、党勢拡張のためにマヌーバー的に利用しようとする対応は、非政友派＝憲政会の専売特許であったわけではない。

北足立郡平方村では、大正一〇年一一月、小作争議が発生すると同時に小作組合が結成された。組合の結成大会には、同村出身の政友会永島英智県会議員が出席し、「忠君愛國ノ基礎」と題した講演をおこなっている[53]。ところで、この永島県議臨席のもとでの小作組合結成大会において決議された要望書（内容は不明）を、小作人代表者がたずさえて県内務部の鈴木社会課長を訪ねたが、鈴木課長が面会を拒否したことから、問題は、県政の舞台にもちこまれることになった。すなわち、「代表者が社会課に鈴木課長を訪ねると、確かに来客があって応接室に対談中であったにも係らず、留守だと云ふて会はない、已むを得ず代表者は、然らば代理の方に面談したいと申出たが、同課員等は孰れも言葉を濁して面会をさけ、終に代表者は要領を得ずして帰村し此の事実を永島県議に訴えた[54]」のである。

永島は、一一月一六日の県議会でこの問題をとりあげ、「斯くの如く無産階級に対する理解がなく、却て其の反感を買ふ様なことで、どうして社会事業が出来るか[55]」とせまった。

社会課長批判はこの問題にとどまらなかった。更に、憲政会の小杉政雄議員の、社会課の事業内容と共済会の事業成績についての質問にたいして、鈴木社会課長が「本年ニ於テハ主トシテ部落改善ノ助成、又青年団、処女会ノ指導、図書館ノ奨励ノ辺ニ向ツテ力ヲ注ギ、又県下ノ農村、社会事業ノ共済会事業ニ向ツテモ指導奨励ヲ与ヘタイト考ヘテ居ル[56]」（傍点引用者）と述べた答弁中に、「指導」という言葉のあったのをとらえ、社会課長への総攻撃がはじまった（この間、議場より、指導という言葉を取り消せ、指導とは何ごとか、との発言があったという）。政友会宮崎一議員は、「其様ナ官僚思想デハ我県ノ思想ヲ指導スルノニ大ナル妨ゲトナルコトヲ申上ケタイ、吾々ノ中ニハ斯ウ云フ考ヘヲ有シテ居ル者ハイナイ、能フ限リ最モ平民的ニ最モ自由ニ然モ開放的態度ヲ執ラレンコトヲ希望スル[57]」と鈴木課長の「官僚思想」を指弾した。否、鈴木課長攻撃は、政友会議員のみによっておこなわれたのではない。政友、憲政両派議員こもごも、われ先をあらそう如く、起って鈴木課長批判をはじめ、議場騒然、審議はストップしたのである。

この問題は、しかし、一一月二八日に至って、宮崎一の「紳士トシテノ態度ヲ逸脱シテ居ツタ」との発言と、堀内知事の、社会課長も「大イニ反省ヲ致シテ世ノ中ノ非難ノナイ様ニ努メル事デアラウト存ジマス[58]」という弁明によって一応落着した。

だが、この事件は、当時の社会的政治状況をよく伝えて、象徴的である。すなわち、小作争議の発生と、それに伴なう小作農民の組織化＝小作組合の結成が既成事実化することによってもたらされた地方農村社会の動揺は、体制内既成政党の従来からの伝統的な地域的利益還元方式による地方有力者層の包摂のみによっては自己完結しえない地方レベルでの政治過程の矛盾を表出させ、既成政党は、したがって、小作争議過程にも照準をあわせ、小作争議下の小作農民大衆をも政治過程にくみこむことなしに、党勢拡張もなしえない事態に直面していたのである。政友・憲政両派が、〝吾々こそは、無産階級を「指導」するなどという官僚思想の持ちぬしではない。吾々こそが、「最モ平民的ニ最モ自由ニ然モ開放的態度」をとるものである〟ということを、名乗り先番を競うが如き政治状況は、まさに「民衆が一定の社会勢力をかたちづくっていたという事実」「民衆が社会過程においてだけではなく、政治過程をゆさぶるにいたったということ(59)」を示すものであろう。

にもかかわらず、他方、注意すべきことは、この段階の小作争議に結集した小作農民大衆の勢力が、金原左門の指摘する如き「政治過程をゆさぶ」り、体制再編を促迫する社会勢力であっても、既成の体制内政党間の対抗を止揚し、政党間対抗状況そのものに脅威を与える独自の政治勢力としては、自己を確立しえていなかったことである。既成政党が、小作争議勢力に対決するのではなく、これを利用して自己の影響力を拡張しようとする対応それ自体、無産農民の運動としての小作争議過程と、政党政治創出過程にあらわれた体制内政党の抗争過程が、それぞれ独立した政治過程としてではなく、この二つの過程が重層的にからみあって全体としての農村政治過程をかたちづくっていたことを示すものである。

創立まもない日本農民組合も次のように指摘せざるをえなかったのであり、ここにも小作争議勢力の政治勢力としての自己確立の未熟さがあらわれている。

小作人が政党の争ひにまきこまれて、やれ政友会だやれ国民党だ、やれ憲政会だと分れて馬鹿を見てゐる。熊本県下のある地方では、小作人が政友会にそゝのかされて、反対党員の居宅を襲撃したさうであるが、こゝまでお目度くては話にならない。小作人諸君は一日も早く政党の手先に使はれることをやめるがよい(60)。

初期小作争議の政治勢力としての過渡的性格をついている点で、注目に値するのは、大正九年現在、内務省嘱託天野藤男の指摘である。彼は、小作争議に席捲せらるる農村社会を次のようにのべている。

> 所謂温情主義を以て融和せる地主小作関係は、いかに平和静穏なりとも、必ずしも推称するに値せぬ。一日早き煩悶は、一日早き解脱を伴ふ。寧ろ今にして覚醒し根本の改造に向って突進するを賢策とする。其が為の多少の人心動揺不安は、必ずしも深く憂ふるに足らざるのみならず、其の動揺は改造に達する階程（ママ）にして、却って喜ぶべく、慶すべき現象であると思われる。
>
> 従って今全国農村労資状態を俯瞰し、其の温情を以て終始せる東北山間地方の必ずしも優秀であると断言することが出来ないと同時に、現今両者の間に思想の懸隔を生じ、多少の衝突を来しつつある地方が、必ずしも危険であり、警戒を要するとも限らない[61]。

「多少の人心動揺不安」、地主小作の「思想の懸隔」「多少の衝突」は、「必ずしも深く憂ふるに足らず」とする天野には、小作争議による農村社会の動揺を、むしろ農村の根本的「改造に達する階程」として把握し、小作争議過程に体制再編の契機を見出そうとする意図が存在する。そして、その前提には、この時期の小作争議＝地主的土地所有への批判が、必ずしも体制そのものの批判を意味するものではないという認識を指摘しうるであろう。かかる認識が、決して時代錯誤的・日和見的（もちろん支配の側からみて）なものではなかったことは行論のうちに示してきたところである。

だが、大正九年現在において、温情主義必ずしも推称するにあたわず、とした天野の如き認識は、昭和初期、たとえば昭和三年の三・一五共産党弾圧に際して山本達雄農林大臣が、農林省全職員に対して、「吾にも大いに自覚覚醒して、此の今日尚ほ純朴なる所の農民をして、再び斯様な渦中に捲き込まれないやうに常に注意し、指導する所の方針を以て進んで行かなければならぬと思ふ……農民地方民の思想の賢実なる発達を達成したい[62]」と述べた訓示中には、もはや、まったくみられない。ここに、小作争議のるつぼに在る農村政治過程の段階的差異、したがって、小作争議そのものの歴史的性格の段階的差異が看取せられなければならない。

## Ⅶ

以上、本稿は、初期小作争議展開と農村政治過程を分析してきたが、大正末期から昭和期の農民運動への展望をもふくめて、まとめを述べておこう。

暉峻衆三は、大正期農民運動の組織体としての小作組合には、「高額現物小作料を収奪する地主とするどく対立する階級闘争組織としての性格」と「天皇制国家体制の底辺をささえるにふさわしい小作農の相互共済・親睦・修養（道徳的意味にとどまらず技術修養＝生産力的意味をももった）組織としての性格」という「矛盾する二つの性格が相互にからみあいながら存在していた[63]」と指摘している。そのうえで、大正末年から昭和初期にかけて、小作組合は、第一の性格から第二の性格へとその主要な側面を転換させていったとして、そのような小作組合ならびに指導層の性格転換の根拠を、次の三点にまとめている。第一に、中農層や貧農上層部分を中心とした小作農民の小商品生産者としての前進、ならびに地主の凋落＝土地売却とむすびついた小作農民の自作化＝小所有者化、第二に国家の側からする、第一の側面に積極的に対応した政策的助長（自作農創設維持政策、価格政策、産業組合政策など）、第三に、一方における権力の運動に対する規制と弾圧の強化、他方における勤労農民のエネルギーの体制内への政治的吸収（国、地方レベルでの選挙権拡大など)、以上である。

筆者は、暉峻のこの指摘をほぼ妥当なものと考える。だが本論で述べてきたように、大正期小作組合がもったところの、地主・小作の階級対立を反映した「階級闘争組織としての性格」(第一の性格)と、天皇制国家体制の底辺をささえるべきものとして国家の側から期待された性格(第二の性格)は、密接不可分の関係をもっていたというべきである。暉峻のいう「小作組合ならびに指導層の性格転換の根拠」は、むしろ「第一の性格」すなわち階級闘争組織としてのあり方、換言すれば、天皇制国家体制の変革を担う労農同盟の戦略配置にふさわしい農民運動側の階級闘争としての未熟性にあったのである。農民運動における初期小作争議段階は、このような運動と組織の発展段階を示すものである。

大正期小作争議はたしかに、地主的土地所有を決定的に後退させ、農民の解放の第一歩をしるした。だが、大正末期から昭和期にかけての農民運動は、「耕作権確立」更には「土地を農民へ」を主たる要求内容として、より下層の小作人を中心的担い手とする運動へとつきすすみ、従来の小作争議＝小作料減免運動の枠をこえた、地主的土地所有の全面的否定を主張するに至る。このことは、農民運動に質的に新たな性格を付与したことを意味する。けだし、地主的土地所有の意味は、高額小作料収取体制それ自体で完結するのではなく、天皇制国家によってすぐれて機構的に保障された地主的土地所有権としての性格をもつものであり、したがって、地主的土地所有そのものの革命的否定、すなわち、「労働者農民の政府をつくり大土地所有の無償没収と農民に土地を与えること」を課題とする運動の登場は、農民運動及びその組織と国家との対抗のあり方に質的にあらたな段階をもたらしたのである。だが、この段階の分析は別稿を期するしかない[63]。

註

(1) 拙稿「農民運動史研究の課題と方法」『歴史評論』第三〇〇号、一九七五年〔本書収録〕。

(2) 本稿が使用する〝初期小作争議〟の対象とする時期は、第一次大戦直後の小作争議の急速な増大から、国家権力の側で本格的にこれに対する対応姿勢をととのえはじめる大正末期頃までである。このように初期小作争議期なる画期を設定しようとするのは、従来の農村政治史研究における、日露戦後から大正初期＝農村の帝国主義的再編成（地方改良運動展開）期、大正中期以降＝本格的小作争議展開期という図式理解では、農民運動史を歴史的連続性のうちに把握しえないと考えるからである。その意味については行論の裡に示す。

(3) 山田盛太郎「農地改革の歴史的意義」東京大学経済学部『戦後日本経済の諸問題』有斐閣、一九四九年、一七〇頁。

(4) 栗原百寿「岡山県農民運動の史的分析」農民運動史研究会編『日本農民運動史』東洋経済新報社、一九五九年、五七二頁。

(5) 酒井惇一「昭和恐慌期における『貧農的』農民運動の研究――山形県村山地方の運動史から――」東北大学農学部農業経営学研究室『農業経済研究報告』第六号、一九六五年。

(6) 西田美昭「農民運動の発展と地主制」『岩波講座日本歴史18 近代5』一九七五年、一七六頁。なお、西田のこの他の諸論文については、前掲拙稿で言及した。

(7) 稲岡進『日本農民運動史』青木書店、一九五四年、一七二頁。

(8) 地主的土地所有解体の進行との関連のみを、農民運動の評価軸にするならば、結論では、筆者はむしろ稲岡説を採る。前掲拙稿参照。

(9) 金原左門『大正デモクラシーの社会的形成』青木書店、一九六七年、一五頁。

(10) 暉峻衆三『日本農業問題の展開』上、東京大学出版会、一九七二年、参照。

(11) 金原前掲書、二六八頁。

(12) 同右、五八頁。

(13) 同右、二六八頁。

(14) 同右、二六九頁。

(15) 埼玉県には、大正一〇年から一二年にかけて、県内に発生した小作争議について、県庁、郡役所、町村役場、警察、穀物検査所などがおこなった調査報告の書類を集成した『農業争議調』（県文書館蔵行政文書大一四八六～一四八八）が残されている。本稿はこの史料を中心に分析をすすめる。

ただ、この『農業争議調』については、既に滝沢秀樹が、県統計書をも駆使しながら、地主的土地所有と養蚕・製糸、織物業との構造連関から分析しているが（「大正末期埼玉県における農民闘争——埼玉県『大正十—十二年農業争議調』を中心に——」『甲南経済学論集』第一一巻第一号、一九七〇年）、本稿では、滝沢が問題にした、日本資本主義の「基柢」としての地主的土地所有の構造それ自体にはふれない。

(16) 大正一一年一二月七日川越警察署長報告（県行政文書大一四八六）。

(17) 大正一〇年一二月一三日各郡長宛県通達（県行政文書大一四八八）。

(18) 大正一三年農商務省農務局長宛知事報告「農業争議概況」（県行政文書大一七三七）。ここには、もちろん初期小作争議が西日本を中心に展開されたこと、したがって当時の日農も、大阪、香川、岡山など西日本における小作争議先進諸県を中心に組織化され、関東近県にはいまだその影響がおよんでいないという事情もある。だが、以上の先進県でも、日農に包摂されなかったきわめて多数の自然発生的な小作組合が存在しているのである。「系統的組合」、「地方的単独組合」は、史料用語であるが、農務局がこの二つを常に区別して調査していることに注目しなければならない。たとえば、農林省農務局「地方別小作争議概要」（『農地制度資料集成』第二巻、御茶の水書房、一九六六年）参照。

(19) 大正一二年一二月一〇日、県警察部長宛高等課巡査部長報告（県行政文書大一四八六）。

(20) 大正一二年一〇月一七日県警察部長宛鳩ケ谷警察分署長報告（県行政文書大一四八六）。

(21) 大江志乃夫『国民教育と軍隊』新日本出版社、一九七四年、三三七頁。

(22) 鈴木正幸「日露戦後の農村問題の展開」『歴史学研究』別冊特集、一九七四年。

(23) 各組合綱領を参照せよ（農民組合史刊行会編『農民組合運動史』日刊農業新聞社、一九六〇年）。

(24) 宮地正人『日露戦後政治史の研究』東京大学出版会、一九七三年、一二七頁。

(25) 地方改良運動については、宮地前掲書、第一章「地方改良運動の論理と展開」を参照。

(26) 県行政文書大一四八六。

(27) このような傾向は、新潟県蒲原平野を対象にした金原の分析にもみられる。すなわち、「大正一〇年ごろから各地に設立される小作組合は、組織過程で、一方では階級的な自己運動を展開する闘争主義的組織と、他方、協調主義的なものとがみられ、さらにこの両者の複合的な性格をもつものが出現し、運動の底流を形成していた」(金原前掲書、一四九頁)。

(28) 栗原百寿『現代日本農業論』上、青木文庫、一九六一年、四四〜四六頁、金原前掲書、六九〜八六頁、参照。

(29) 大正一〇年一一月八日「郡農会役職員会々議顛末通牒」(県行政文書大一四八八)。

(30) 大正一〇年一二月二三日県知事宛比企郡長報告(県行政文書一四八六)。

(31) 大正一一年一月九日県知事宛比企郡長報告(同右)。

(32) 大正一一年六月一三日警察部高等課長「性行調査回答」(同右)。

(33) 大正一一年六月五日比企郡長「復命書」(同右)。

(34) 大正一三年六月一三日県警察部長宛松山警察署長報告(同右)。

(35)(36) 大正一二年一一月一日県内務部長宛比企郡長報告(同右)。

(37) 大正一二年一一月一二日県警察部長宛松山警察署長報告(同右)。

(38) 大正一二年一一月一五日県知事宛比企郡長報告(同右)。

(39) この農会法改正については、小倉倉一「第一次大戦以降の農業経済及び農会」『日本農業発達史』中央公論社、一九五五年、第七巻、参照。

(40) 『大日本帝国議会誌』第一三巻、一二五一頁。

(41) 大正一一年三月一一日「農会法案特別委員会議事速記録第一号」(『第四五回帝国議会貴族院委員会議事速記録』)。

(42) 小作調停法については、安達三季生「小作調停法」『講座日本近代法発達史』7、勁草書房、一九七三年、金原左門「小作調停法実施状況の政治史的分析のための覚え書」中央大学法学会『法学新報』第七二巻第九・一〇号、一九六六年、などを参照。

(43) この意味で、「農民運動は本質的に小ブルジョアの運動である。それは小商品所有者としての農民の生活の安定なり向上なりを目的とした運動であって、けっして小商品所有者たる存在を止揚しようとする運動ではない」けれども、「農民の側からいえば、彼らの欲する土地問題の解決が、こうして資本主義体制のもとではのぞめないとすれば、土地問題の解決——地主の土地の没収とその農民への分与——を約束する社会主義運動にそれを期待するのはとうぜんのなりゆきである」という指摘は、その視点につき、注目に値する（『日本資本主義の没落』Ⅰ、東京大学出版会、一九六〇年、一八九～一九〇頁）。だが、筆者がここでいう体制の政治的変革とは、ただちに社会主義的変革を意味せず、地主的土地所有を残存させている日本資本主義の当該段階が生みだした独自の国家形態としての天皇制国家の変革を意味する。

(44) 大正一〇年一二月六日県知事宛北埼玉郡長報告（県行政文書大一四八七）。

(45)(46)「小作組合関係綴」（県行政文書大一四八八）。

(47)「北埼玉郡村君村ニ於ケル争議ノ状況」（県行政文書大一四八七）。

(48)「小作組合関係綴」（県行政文書大一四八八）。

(49) 奈良県法隆寺村小作争議の場合も、基本的に同一の性格をもつ（金原左門他「下部指導者の『思想』と政治的役割」『近代日本思想史講座』第五巻、筑摩書房、一九六〇年）。

(50) 青木平八『埼玉県政と政党史』、飯野喜四郎手記「埼玉県政友会支部記録」（『埼玉大学紀要』社会科学編、第一二・一三号別刷）参照。

(51) 大正一二年一二月三日県警察部長宛熊谷警察署長報告（県行政文書大一四八六）。

(52)「高等警察事務引継書類」（県行政文書大一三九九、大正一一年『知事更迭引継書類』）。

(53) 大正一〇年一一月二八日大宮警察署長報告（県行政文書大一四八六）。

(54) 青木平八『埼玉県政と政党史』四四〇頁。

(55) 同右。

(56)『埼玉県議会史』第三巻、一七二頁。

(57) 同右。

(58) 同右、一七三頁。

(59) 金原左門「政党政治の展開」『岩波講座日本歴史18　近代5』岩波書店、一九七五年、二七八頁。

(60)『土地と自由』一〇号、一九二二年一〇月二五日。

(61) 天野藤男『地主と小作人』二松堂書店、一九二〇年、六五頁。

(62)『大日本農会報』一九二八年三月号。

(63) 暉峻前掲書、二七四頁。
(64) この点に関する筆者の仮説的見解は前掲拙稿を参照されたい。

〈付記〉

昨春、拙稿の内容を、筆者の恩師であった鎌田永吉氏に話したことがある。先生が永眠されたのは、その直後であった(一九七六年六月三〇日)。まずい出来だが、本論文を先生の霊前に捧げたい。

# 4 農民自治会論
## ——一九二〇年代農村状況の把握のために——

## I

日本近代の歴史過程にいろいろなかたちで表われたいわゆる農本主義なる思想を如何に評価するかということについては、論者によってさまざまであり、その視角と方法もまた多様である。だがその大勢——私がここで念頭においているのは、農本主義思想を天皇制国家の支柱たりし半封建的地主制の擁護イデオロギーであったとする桜井武雄氏や奥谷松治氏の研究、[1]あるいは日本ファシズム・イデオロギーのもっとも主要な特質の一つとして農本主義思想を指摘した丸山真男氏のすぐれた分析などであるが[2]——は、この思想が結局のところ、天皇制国家支配の統治イデオロギーとして機能していることを承認する見解といってよいであろう。岩波『経済学辞典』が「農本主義」の項で、「農本主義はさまざまのあらわれ方をしたが、機能としてもっとも大きく、かつ永続的だったのは、農政思想の根本にあってそれを方向づけ、また農業保護政策に正当化の根拠を提供したという面と、農民教化のイデオロギーとして、零細農業の狭隘な生活条件のなかでおのずから育まれた農民の伝統的な思考と行動の様式をさらに固着させるのに役立てられたという面とである」と記して、この思想の体制イデオロギーとしての役割を強調しているのも右の研究史的蓄積にてらせば妥当なまとめかたであろう。

筆者もまたこのような見解に基本的には異論をもたない。しかし、農本主義が体制イデオロギーに帰結せざるをえない思想であることを認めたうえで、なおかつこの思想が「支配階級の側に奉仕したばかりでなく、時には人民の側にもっていかれて成果をあげた一面も存在するのであって、この思想のもつ多方向性をふまえた上での農本主義思想のとりだしかたが必要である[3]」という安達生恒氏の提言に注目したい。氏の主張は、農本主義思想の受容基盤とその変化（とくにその階層的下降）の中から芽ばえた変革的契機を重視すべきであるということに尽きるが、同様なことは藤田省三氏によっても主張されている。藤田氏は「もし福本イストの分裂活動がなくて、逆の方向に運動がすすめられていたならば、農本主義のもつエネルギーがファシズムと結びつくことはあるいはずっと困難であったかも知れない。農本主義者で戦後共産主義に近寄ったものが多いところから考えれば、この路線の展開が――完全に成功し得たかどうかは別として――全く不可能であったとはいえない」としたうえで、「変革とは変革すべき対象を、つまり変革目的と逆の存在を把握することによって始り、それを今と別の形態の組織に組み込むことによって意識的に変形して行く過程であるとすれば、戦前日本の社会革命運動が農本主義を把えないで、他に把えるべきいかなる主要勢力をもっていただろうか[4]」と述べている。

筆者は、小経営的生産様式にその最奥の基盤をもつこの思想それ自体は変革的思想たりえないという限界を認めたうえで、なお具体的な歴史過程で農本主義思想に変革的契機を見出そうという文脈で安達氏や藤田氏の問題提起を受けとめたいと思う。

だが、安達氏や藤田氏の問題意識の延長が、最近の一部の研究潮流、たとえば、「『体制的』であるとか『反体制的』であるかとかということを、いまわれわれは問うているのではない。問題は人間が感情、エモーション、欲望などをもっていることは今も昔もかわらないにもかかわらず、合理主義文明を信仰対象としてしまい、人間性の暗い、悪魔的な力は知識の欠如によるものとか、欺瞞的な支配者の狡猾な陰謀によるものであると説明してしまうその『かたくなな精神』である」(5)という叙述に典型的にみられる如き、分析対象としての農本主義思想へののめり込みにつながるならば、筆者はその反合理主義・反近代主義をとうてい首肯できない。

前おきが長くなったが、農本主義を直接論ずるのがこの小文の課題ではない。ただこれからとりあげる農民自治会が、次に述べるように、明らかに農本主義思想を内在させた組織と運動であったことは事実であり、その意味で、右の作業は、この運動の性格を分析するさいの筆者の基本的視点を明らかにしておく必要のうえでのことであった。

農民自治会とその運動は、一九二〇年代後半、すなわち大正末期から昭和初期にかけて長野県と埼玉県を中心として展開された農民運動である。この農民自治会の組織的発足は、一九二五(大正一四)年一二月一日、東京・神田の平凡社において、下中弥三郎、石川三四郎、中西伊之助、渋谷定輔、竹内愛国、大西伍一、川合仁、高橋友次郎らの参加のもとに創立委員会がもたれ、会の趣意書、標語、綱領が討議・決定されたことにはじまる。(6)奇しくも、この日はちょうど、一九二二(大正一一)年に創立された日本農民組合(以下、日農と略す)が、組織を挙げて準備してきた、「幾千万の労働者および農民の意志を政治の上に直接反映せしむることを目的」(農民労働党綱領)とした無産政党=農民労働党が同じく東京・神田で結成(即日結社禁止)した日でもあった。創立当初、地主制の変革にはきわめて妥協的であった日農は、激しい小作争議を通じて、実際の耕作者たる小作農民に土地利用の完全な権利を確保する具体的政策化、すなわち「耕作権の確立」という地主的土地所有の根幹にふれる政策要求をかかげるにいたり(日農第五回大会における綱領改正及び「小作法案骨子」)、他方では、この政策要求を政治的に保障する組織としての、労農提携による無産政党の樹立が計画されたのである。

つまり、日農を中心とする農民組合運動は、この段階で、第一に、地主的土地所有変革の闘争は必然的に政治闘争たらざるをえないという思想、第二に、その闘争は都市プロレタリアートとの提携を結ぶことによってのみ勝利の展望が得られるという労農同盟の思想、この二つの思想を、未熟ではあるが獲得しつつあったのである。

　農民の全国的組織としての日農とその運動が既にこのような水準に到達していたとき、農民自治会は創立委員会で「一、農耕土地の自治的社会化　二、生産消費の組合的経営　三、農村文化の自治的建設　四、非政党的自治制の実現」[7]を柱とする綱領を決定したのであるが、戦前日本農村を支配した地主的土地所有の問題を不問にしているこの綱領の内容からして、その組織と運動が、この時期に到達していた日農を中心とする運動の戦略とは異なるものとして受けとめられたのはけだし当然であろう。

　実際、東京における創立委員会をうけての埼玉県南畑村での農民自治会結成をつたえる『東京日日新聞』（一九二六・五・五）は次のように記している。

「入間郡南畑村渋谷定輔氏ら有志の主唱で中西伊之助、下中弥三郎、石川三四郎、土田杏村氏らと協力し、純なる農民運動の実際団体として農民自治会というのを組織し、農業労働者――農民の運動は最近の傾向であるマルキシズムの指導精神による中央集権的な運動に反し、地方分権的な農民自治主義に立脚して、新重農主義の主張のもとに、農村文化の新社会実現のために……との全人類解放を叫んで、全国的運動を開始（略）、新重農自治主義に立脚するこの堅実な運動は、日本で最初のものである」と。

　農民自治会運動が日農系の運動とは異質な性格をもち、農本主義的思想を内在させていたことは、この運動の担い手であった渋谷定輔も「そのような（農民自治）思想の中には、たぶんに〈農本主義〉的傾向も含まれていたと思います」[8]と述べているところである。

　だが、農民自治会をただ一般的に農本主義的運動と規定してみせることが本稿の意図ではない。以下での課題は、一九二〇年代後半という時期にたち表われた農本主義的傾向をもった当該運動を、この時代の歴史過程とつきあわせながら検討するという方法によって、この運動および運動に内在した思想の歴史的性格を考察するということであり、そのような作業を経ることによって、逆に一九二〇年代後半における農村の固有の状況を解明するための手がかりをえるということである。

## Ⅱ

さて農民自治会運動がもった特徴の第一は、農本主義の裏がえしとしての反都会主義である。彼らの批判の眼は、農村における地主・小作関係にたいするよりも、より強く都会＝資本主義にむけられている。創立趣意書は左記の如く、地主に対する一言の批判もないかわりに、都会とその文明を激しく非難する。

「帝劇、ラジオ、三越、丸ビル、都会は日に日に贅沢に赴くのに引きかえ、農村は相かわらず、かびた塩魚と棚ざらしの染絣、それさえ、もぐらのように土まみれ、寒鼠のように貧苦に咽ぶ無産農民の手には容易にはいらない。そもともと、都会は、農村の上まえをはねて生きている。農民の汗と血の魂を横から奪って生きているのである。その都会と都会人とが日に日に栄え、日に日に贅沢になってゆくに、それを養い生かしている方の農民が飢えて死のうとしておる。何という謂われのないことであろう。このように馬鹿にされ、こきつかわれ、しぼりとられながら、我等農民はなおいつまでも黙って居ねばならぬだろうか(9)」。

このような農民自治会の反都会主義は、その農民運動論によってより鮮明になる。機関紙『自治農民』創刊号（第二号より『農民自治』となる）に掲載された渋谷定輔の「第二期農民運動の方向」をみよう。

「小作争議以来、小作人は地主の無理解を鳴らし、地主は小作人を恨んで来た。だが、小作人は地主の無理解を鳴らすこと盛んなるも、一向都会を恨むことを知らず、地主は、小作人を恨むも、都会資本家の手先たる政治屋どもを恨むことを知らず、自作農は唯々この問題を、対岸の火災視して、都会搾取を知らなかった。

もちろん、農民運動の第一歩として、地主と小作人の争議をみることは、理の当然であり、毫も不思議なことはない。私はこれを以て第一期農民運動と名づけている。

しかし小作米の軽減には一定の限界があり、小作米の二割、三割、否、五割、六割を地主から割引させたとて、それで決してこの問題の根本的解決を見ることはできない。この問題は農村問題として、只地主と小作人のみの問題ではなく、農業耕作者全体の問題である。故に地主と小作人の問題は、実に一家内の問題に過ぎないのである。この問題が長ければ長いほど、われわれ農民の、否、農業耕作者全体の戦闘力の減少を来すのみである。今や農業耕作者は、小作人も、自作農も、打って一丸となり、近代商工主義、都会中心主義に対して弓を引かねばならない秋に直面しているのである」。

右にみた農民自治会創立趣意書と渋谷の論文における農村問題把握の基本的枠組は、一言でいえば〝都市と農村の対立〟によって与えられており、地主・小作人の対立＝小作争議は副次的問題、すなわち「一家内の問題」と認識されている。のみならず、小作争議の長期化は農村を分裂にみちびき農民の結束に不利であるとされているのである。このような認識は、しかし、農民自治会のみに特有なものであったわけではなく、第一次大戦後の農村内部にかなり広汎に形成されたものであることは、鈴木正幸氏が「彼らの小作争議観の特徴は、小作争議を、地主的土地所有の問題としてよりも、一層深刻化してきた農業の不利化の、資本主義的商工業によってもたらされた農業一般の危機の顕現形態として認識していくところにあった(10)」と述べているところである。

だが、このような反都会主義的農本主義は、農村内部からのみでなく、一九二三（大正一二）年の関東大震災以降の「社会思潮」として広汎に抬頭し国民全体をとらえつつあったものである。

「小作人問題の根本義は小作人の分前の大小の問題であろうか。言葉を変えていえば、地主の搾取の程度の問題であろうか。地主は慥かに搾取者である。小作人は得るところはあろう。しかも小作人は何ほどをえるであろうかを思へ。（略）地主対小作人の問題だけが重大であるのではない。もっと根本的問題がある。農村対都会の問題がそれである」(11)。

右の文章は、当時、驚異的なベストセラーとなった『文明の没落』（一九二三年刊）の著者室伏高信のものである。これを先の渋谷の「第二期農民運動の方向」と比較してみよ。室伏の議論と渋谷論文は全く軌を一にしている。渋谷が室伏の著者を読み、また室伏本人とも直接交流のあったことは渋谷の日記『農民哀史』に散見するところである。農村青年たる渋谷の意識は、彼自身の農村生活の中から体験的に獲得された認識に併せて、室伏らの都会文明否定＝農村文明擁護論の影響をより直接的にうけて形成されたといえよう。このように反都会主義的農本主義は、都市のインテリ層と農村内部とが相互に呼応しつつ増幅していったのである。

ところで、農民自治会運動の思想に大きな影響を与えたと考えられるこの室伏高信、あるいは、農民自治会創立の中心人物の一人下中弥三郎などは、のちに（一九三二年）、唯物文明の超剋、農本文化の確立、自治社会の実現、のスローガンをかかげて結成された「農本主義ニ立脚スル聯合団体」(12)＝日本村治派同盟の創立発起人となり、昭和恐慌下の右翼的農本主義の担い手となっていく。だが、この事実をもって、一九二〇年代後半に展開された農民自治会運動とその農本主義的性格が一九三〇年代のファシズム抬頭期に表われた右翼的農本主義に直接系譜するものととらえるのは速断にすぎる。かつて指摘しておいたように、(13)他方では、農民自治会の少なくない担い手の中から、一九三〇年代の左翼的農民運動（とくに全国農民組合全国会議派）の活動家を輩出させていったのであって（たとえば渋谷定輔、長野県の竹内愛国、羽毛田正直）、むしろこのような事実に、大正末期から昭和初期にかけての農民自治会がもった反都会主義的農本主義の多方向性を注目しておきたい。

確認しておかなければならないことは、この時期の日農を中心とする農民運動の本流も、小作料減免運動の形態をとる地主的土地所有批判を中心とした初期小作争議段階から一歩ふみ出し、農業・農村問題の矛盾の全局面が地主・小作の対抗にのみ収束されえないことを認識しつつあった事実である。

たとえば、日農第六回大会（一九二七年）の宣言は次のように述べている。

「資本主義社会においては農民は消費者として金融資本家、商工資本家のために抵当、高利利子、商業利潤の形態をとって資本主義的に搾取されているのである。農村の疲弊、農民の窮乏の根源は実はここに存在する。（略）かくして今や我々の地位は対地主の狭隘なる領域から対政府、対金融資本家、対商工資本家にまでその限界を拡大し考察するに至ったのである(14)」。

ここにみられる論理は、先にみた農民自治会のそれと共通性をもっている。もちろん日農を中心とする農民運動が対地主闘争の旗をおろしたというわけではない。地主的土地所有は、依然として農民の貧困と隷属を規定する基本問題であったことにかわりはなく、先に指摘した如く、日農はむしろこの時期に、「耕作権の確立」という地主的土地所有に対するより根本的な批判を展開するに至っていたのである。だが同時に、農民運動の全体が、反資本主義的性格を付与しつつあったことは、特に注目されてよいことであって、右に引用した日農第六回大会宣言がマルクス主義陣営における方向転換論の影響をうけていたにせよ、農民運動全体に表われた反資本主義・反商工主義は、それが戦略的に正しかったかどうかは別として、一九二〇年代における独占資本主義の確立、慢性不況下における農産物価格の低落（シェーレの拡大）等による農業の危機の顕在化を反映した農民意識における反都会主義、反商工主義的意識の広汎な形成[15]とつらなっていたことは否定できないであろう。農民自治会にみられる反都会主義もまたこの時代の農民の意識状況全般から説明しうるのである。

## Ⅲ

農民自治会運動の第二の特徴は、「非政党的自治制の実現」という綱領に表現されているように、無産政党をもふくむすべての政党への不信と批判である。この思想は、農民自治会による非政党同盟結成となって具体化された。埼玉県の場合をみると、一九二七（昭和二）年一二月、深谷町に農民自治会主催の農民代表者会議を開き、埼玉非政党同盟結成の方針を決め、翌一九二八年一月の県議会議員選挙には、非政党運動なるものを実際に展開した。それは次のような形態をとった。

渋谷定輔らは、県議会議員選挙に際して約四〇名の自転車隊を組織して左記のビラを県下に配布した。

「△県会の選挙が目の前にやってきた。今度は初めての普通選挙で、どんな貧乏人でも選挙権がある！
△だが貧乏なわしたち百姓はいったい誰に投票したらいいか？　金持側の政党は、政友会、民政党。貧乏人側の政党は四つもある。
△だが金持側でも、貧乏人側でも、政党というものは選挙を踏み台にして自分たちだけがうまい汁を吸う会社み

たいなものだ。

△いくら貧乏人や百姓の味方のようなことをならべたてようと、わが党こそはと力んで見せたところで、百姓の目からみれば一つ穴のむじななのだ。『議員に出られさえすればどこを百姓、貧乏人の風が吹く』だ。

△わしたちは悟った。わしたちはもうあの腹黒い政治屋どもにだまされまい。そうだ、わしたちにとっては、政党が何であろうと、候補者の人格がどうであろうとかまわない。

△わしたちは、さしあたりつぎのような要求をだしてそれをあくまで実行させよう。

一、穀物生産検査規則の改正

(イ) 産米の複俵《うわが》と等級制度を廃止

(ロ) 産麦制度を廃止すること

二、農家用諸車税並に自転車税を廃止すること

三、農家家屋税を廃止すること

△まず候補者が名のりをあげたら、その一人一人にわしたちの要求に賛成し尽力するかしないかを点検し、しない候補者は名前を公表し、みんなして投票しないのだ。

△これが非政党同盟だ。一文の金もいらない。わしたちの要求は清き一票よりも一俵の米だ！　千円の空手形より五円の小切手だ。

百姓は一人残らず埼玉非政党同盟へ！」(16)

このビラは一〇万枚が県下に配布されたという。しかし、このビラにある三ケ条の要求にたいする県議立候補者の賛否者氏名の公表は、選挙妨害として禁止され、氏名公表を予定した第二回ビラの配布は不可能になった。彼らは戦

術を変更し、一方ではポスター一万枚を県下に貼りめぐらせ、非政党同盟運動に動員した未組織農民を農民自治会に組織しようとし、他方、県議立候補者に対して書信で要求条件の賛否回答を求めたのであった。

次いで、一九二八年二月実施の、普通選挙法成立後第一回の総選挙では、「耕作権の確立、地代金納制の制定、自作農創定農地法案反対」等を各候補者に示し、賛否の回答を求めた。

全県下に波及したというこの運動の詳細な経過、特に運動の担い手がどのような階層にあり、またこの運動にたいして政党や農民諸階層がどのような具体的反応を示したかは、『農民哀史』の叙述以上には明らかでない。

だが、一九二八年という普選実施のまさにその最初の段階で、概略右のような内容をもって展開された非政党同盟運動は、次の三つの政治的批判をふくんでおり、この時期の農村政治状況と深くかかわっていたということができる。それは、第一に、大正中期以降の農民運動＝小作争議の展開を背景に結成された幾多の自然発生的な小作組合を基盤として地方議会に進出をとげていった小作人議員に対する批判であり、第二に、「金持ち側の政党」すなわち政友・民政の既成政党の農村支配に対する批判であり、第三に、「貧乏人側の政党」＝無産政党のあり方に対する批判であって、これらは一体となっていわゆる政党政治体制に対する不信と批判を形成しているのである。以下この三点についてややたちいって検討してみよう。

## Ⅳ

まず第一の批判の意味について考察するために、一九二五（大正一四）年の町村議会議員選挙の調査についてみよう（第1表、第2表参照）。

等級選挙廃止（一九二一年における町村制改正）後の地方町村議会選挙での小作人代表の議会進出はめざましく、

第１表　埼玉県町村議員小作人当選者数（1925年）

| | a．日本農民組合 | b．日本農民組合以外の小作組合 | c．未組織小作及自小作 | a＋b＋c | 小作人旧議員数 |
|---|---|---|---|---|---|
| 北足立郡 | 0 | 0 | 3 | 3 | 1 |
| 入間郡 | 0 | 4 | 54 | 58 | 43 |
| 比企郡 | 0 | 7 | 19 | 26 | 2 |
| 秩父郡 | 0 | 0 | 23 | 23 | 17 |
| 児玉郡 | 0 | 0 | 40 | 40 | 3 |
| 大里郡 | 0 | 11 | 44 | 55 | 27 |
| 北埼玉郡 | 0 | 33 | 43 | 76 | 12 |
| 南埼玉郡 | 0 | 3 | 13 | 16 | 2 |
| 北葛飾郡 | 0 | 14 | 9 | 23 | 0 |
| 全県 | 0（ 0%） | 72（22.5%） | 248（77.5%） | 320（100.0%） | 107 |
| 全国 | 339（6.2%） | 409（ 7.5%） | 4,704（86.3%） | 5,452（100.0%） | — |

出典：埼玉県の数値は，県立文書館行政文書大1737。全国の数値は松村勝次郎「日本農民組合と町村議会選挙」（帝国地方行政学会『地方』第34巻第11号）。

第２表　小作人当選率

| | 全国 | | | 埼玉県 | | |
|---|---|---|---|---|---|---|
| | 当選者数 | 立候補者数 | 当選率 | 当選者数 | 立候補者数 | 当選率 |
| a | 339 | 408 | 83.1 | 0 | 0 | 0 |
| b | 409 | 603 | 67.8 | 72 | 82 | 87.8 |
| c | 4,704 | 5,672 | 82.9 | 248 | 298 | 83.2 |
| a＋b＋c | 5,452 | 6,683 | 81.6 | 320 | 380 | 84.2 |

出典：a，b，cは第１表に同じ。史料典拠も第１表参照。

全国町村議会の小作人当選者は五、四五二人に達している。これを埼玉県についてみれば、小作人側議員数は三二〇名（県下一四五町村の議員定数一、七七〇名の一八・一％）におよび、一九二五年以前の小作人議員数一〇七名の三倍もの議員を出している。小作人側は、埼玉県下一四五町村のうち一二七町村で議員を出し、しかもこのうち、小作人が議員定数の三分の一以上を占めた議会は二五町村、過半数を制した議会は六村に及んでいる。

このような小作人の地方議会への大量進出が、地主層に脅威を与えない筈はなく、旧来の町村政治体制に重大な変動を促さずにおかなかったことは想像に難くない。だが同時に、改正町村制に依る町村議会選挙の調査をみずから行なった国家権力側は、この調査結果を意外と醒めた眼で分析していることに注目しておかなくてはならない。

内務省社会局の調査は、「所謂無産階級を背景として選出された議員の町村会に入り来れることそれ自体が、所謂有産階級の議員に相当の自覚と緊張を与え、従来の弊害を除去したもの、又、一般小作人に好感情を与へて、村治は寧ろ円満に進行しつつあるを見るものもある」[17]として、むしろこの事態を積極的に肯定しているほどである。

国家権力のこの「冷静さ」の根拠はどこにあるのか。再び第1表を検討しよう。

注目すべきことは、小作人側の町村議会への大量進出にもかかわらず、彼らの大部分が未組織小作人（全国では八六・三％、埼玉県では七七・五％）であり、逆に、この時期、急速に政治的階級的に自覚した組織として自己を確立しつつあった日農を母体として選出された小作人議員は、全国的にみて六・二％、埼玉県では皆無であるということである。

とりわけ埼玉県の特徴は、日農の全くの弱体性の反面、「日農以外の小作組合」つまり、いわば自然発生的な単独小作組合組織を背景とする小作人議員数の比率の高さ（全国七・五％に比し、二三・五％）である。しかも、第2表でその当選率をみると、全国的には自然発生的小作人組合を背景とするそれが六七・八％であるのにたいして、この県では八七・八％と格段に当選の確率が高いのである。この事実は、埼玉県の特質としての、大正中期以降の小作争議過程で全県的に簇生した自然発生的な単独小作組合勢力の強さを示すものであろう。

だが、別稿で指摘したように[18]、これら小作組合の主要な担い手は、階層的には村内中・上層に位置し、政治的意識のレベルでも未組織小作人との画然たる差異は存在しないと考えるのが妥当である。協調会松村勝次郎もこの調査結果を分析して次のように述べている。

「右の如く其大半即八割六分以上は未組織小作人であり、且未組織小作人竝に日本農民組合員の幾何かは所謂階級意識に目覚めざる小作人と見なければならないから、結局地主と対抗して町村自治を論ずるものは、小作議員の一小部分に過ぎないものと考へなければならぬ[19]」。

権力側の「冷静さ」の根拠はここにある。「冷静さ」だけではない。彼らは、これら無産階級議員の、「明確なる小作人代表意識の欠如により、実態として、経済的にも、心理的にも、体制側に転化するかれらの姿勢[20]」をいち早くとらえ、体制補完の新しい担い手として機能せしめようとする巧緻さえ併せもっていたのである。

渋谷定輔ら農民自治会――非政党同盟運動の、「議員に出られさえすればどこを百姓、貧乏人の風が吹く」という批判の客観的根拠と意味の一端はここにある。渋谷は一九二八年、非政党同盟運動のため、北葛飾郡田宮村の小作組合長を訪ねた際、その組合長の話を『農民自治』に書いている。小作組合長は次のように語ったという。

「わたしたちの組合の創立は大正十一年三月でした。小作組合の創立と共に地主組合が創立され、村会議員改選のときは両組合が対立して猛烈に戦い、地主九名に対し、小作七名の当選者を見ました。それには、今までただ一人の小作人の議員もなかったところ、とにかく七人の議員を出したのだから、とても容易ではありませんでした。けれども七人の議員を出した小作人側は、とにかく小作人の代表者であるから、小作人の利益のためにキットつくしてくれることを信じていました。ところがどうです？ もう丸三年にもなりますが、これ一つとして、小作人の不利であればとて、有利なことなどやったことがありません。それにしても以前の地主側ばっかりのときは、小作人の不利を盛んに鳴らすことができましたが、今度は、小作人側から七人も出ているので、村会に対して不平も言えませんし、つくづく閉口しました[21]」。

以上のように、農民自治会による非政党同盟運動は、大正期小作争議の展開を背景に町村議会へ進出していった小作人層が「かれらの闘争の進展という有利な条件を主体的に政治的次元にまで連繋せしめ」「そこにおける政治状況の変容と条件を効果的に活かしえなかった[22]」ことへの批判としての意味をもっていたということができる。

非政党同盟運動の第二の意味は、この時期の農村社会が政党化を促進され「政友か民政か」という華々しい政争の坩堝と化している状況に対する批判である。埼玉県においても全県下に三七社もの政友系、非政友系の政社・公社が存在し（一九二二年現在）、学校、道路の建設、河川改修などの地域的利害をめぐって農村住民をまきこんでのドロ試合が展開されていた。しかも重要なことは、一九二〇年代に入っての小作争議勃発が普遍的なものになるにしたがって、小作争議そのものがこの既成政党の対立に吸収される場合が少なくなかったということである。

しかし反面、小作人層をも包摂せんとする地方農村社会の政党化の進行過程で、既成政党のドロ試合の醜悪さと腐敗現象が露呈されるにしたがって、民衆の政党に対する反感と憎悪が次第に増幅されていった。一九二六（大正一五）年一二月七日付『東京朝日新聞』〈鉄箒〉欄（現在の『朝日新聞』の「天声人語」欄に相当）は、「政党亡国」と題して次の如き記事を載せている。

「村に火事があった。郵便局の外数戸焼失した。ところが奇妙な事には程遠からぬ部落からだれも消防に来なかった。それは見えぬでも無く、知らぬでもない。全くの政党の争ひの結果だった。焼失家屋は政友系で不参部落は憲政派なのであった。

村民大会とやらがあった。事件はさ細な事であったが、事あれかしと願っていた憲政派の主唱で村民大会と来た。中央から〇〇幹事長〇〇代議士が出張して盛んに反抗心をあふり立てて帰った。間もなく政友派はこれ又負けじと演説会を開き、多忙な百姓をかり集めて争闘心をあふり立てている。（略）

隣の八王子では小道問題では政友と憲政が長年手を換え品を換えて争い市民大会だ、デモンストレーションだの

で、流血を見、刑事問題までも引き起している。(略)
冠婚葬祭から部落から町村から青年団などまでわれわれの日常は政党による大なる損害を受けてゐる。中央における朴烈問題とか泥試合とか各種疑獄とかによって国家国民の損失も又ばく大なるものだろう。政治の倫理化とかいふ事を少年団総裁が叫びつつあると聞くが、私は政党亡国を叫ばずにはいられない。〇〇《ママ》のろうべき政党を砕けよ。」

右の文を書いたのは、実は、農民自治会全国連合委員であった東京府南多摩の橋本義夫である(23)(『農民自治』一一号はこの記事をそのまま転載している)。農民自治会――非政党同盟運動の政党批判は、このような「金持ち側の政党」としての既成政党の無力と腐敗にたいする民衆の不信・反発をも反映していたのである。

非政党同盟運動を特質づける第三の点は、無産政党批判であり、「貧乏人側の政党」も、「金持ち側の政党」と「一つ穴のむじな」であると指弾されていることである。彼らの批判は、水とともに生まれたばかりの赤ん坊(人民の変革手段としての無産政党)をも流し去ってしまうのであった。

だが、農民自治会の無産政党への不信の念をもふくむ一切の政党批判は、鹿野政直氏が長野県で分析してみせた一九三〇年代農村青年の「既成政党・無産政党すべてへの不信感」と同質であっただろうか(24)。鹿野氏は、農村青年の政党不信に、「農民の絶望感のふかさが、外来的な価値・都会的な価値への反感を誘発し、国粋的な価値・農本的な価値への吸引をもたらしつつある状況をよみとることができ」るとしている(25)。しかし、農民自治会の非政党同盟運動を政党不信から日本ファシズムへの傾斜、という線上でみるのはやや短絡的にすぎるようにも思われる。非政党同盟による無産政党批判は、政党の即時的否定ということよりも、「貧乏人側の政党が四つもあること」、すなわち無産政党が一九二六年以降、その分裂関係を定着せしめるにいたったことに対する批判としての性格をもっていたことに着目しておきたい。渋谷定輔は次のように述べて無産政党の分裂を激しく非難している。

「日本の労働運動（社会運動といってもよい）はかつて、山川均氏の方向転換論以来一意無産階級の全面的政治運動へと進出し、かつ、多くの知識階級をその指導者とする各派の無産政党が出現し、分裂また分裂をとげ、ついに農民労働者の解放運動の主体たる『組合』の分裂まで見るに至った。実にわれわれ農民労働者の多くの仲間は、かかる誤られた無産知識階級？　を指導者とする政治運動によって、いかに農民労働者自身の力を減少せしめられたことか！(26)」

無産政党の分裂は、普選実施段階における既成政党によるいわゆる政党政治体制という新しい人民把握の方式の下で、労働者農民を組織する無産政党がかかる政治体制の下からの変革の任務をもっていたにもかかわらず、逆に労働者農民の自主的集団の分裂をもみちびいた。渋谷の右の批判にはこのことに対するいらだちと怒りがみられるのである。

だが非政党同盟運動における無産政党批判は、今一つ、異なったニュアンスをふくんでいた。『農民自治』第一一号掲載の「無産政党論」は次のように述べている。

「自ら産まずして衣食する者は消費者なる白手階級である。（略）白手階級の唯一哲学は政治である。然るに普選来るや自治を唯一哲学とせる生産階級に政治を認め政権を乗り取るを以ってこれを科学的なりとし生産階級をギマンしこれを政治圏内に引き入れもって第二の否それ以上の権力者たらんとする野心家の続出を見たり。これ即ち無産政党なり」。

この主張は、政治そのものを否定し、運動に「一切の政治的要素を排撃する」無政府主義の色彩が濃厚であり、「真の農民労働者自身の政治闘争とも称すべき、現実に即し、目的意識を明確に把握したところの日本非政党同盟の運動を起こさなくてはならない」[27]とする認識との間には微妙な相違・対立がある。事実、この対立は『農民哀史』にも次のように現われている。

「私は東京の『農自』の委員会の人びとと、私がいま立っている本当の農民の立場に、本質的な違いがあるのではあるまいかという疑問が湧く」[28]。

「〈農民自治会運動は如何にあるべきか〉をめぐって熱烈な議論が展開された。

論議の中心は日本農民組合と対立すべきものか否かという点であった。アナーキズムの立場をとる人びとは、日本農民組合はボルシェビキの指導精神が支配勢力をもっているから、ハッキリ対立すべきだという。しかし、私は農民自治会の会員も、日本農民組合の会員も、共に日本の小作人であり、農民である。日本の農民の解放運動のために必要な問題は、農自と日農は共同戦線を張るべきで、対立すべきではないと主張した」[29]。

右の日記から明らかなように、渋谷定輔にとっては、農民自治会＝非政党同盟における「非政党」それ自体が彼の行動原理ではなかった。下層小作農たる彼のこの運動のうけとめ方の重点は、むしろ先に引用した埼玉非政党同盟のビラにかかげられていた、農民の具体的要求の実現を課題とする大衆運動の展開というところにあったのである。

しかし、非政党同盟運動がかかるものとして、つまり、運動の展開過程で「無産政党支持の大衆や、各派農民団体（農民組合や単独小作人組合）の大衆と直接協力して、強大な統一戦線をつくることが絶対的に必要である」[30]という帰結に達する必然性を孕むが如きものとしてうけとめられたことは、「非政党主義」「非議会主義」それ自体を純化させていった無政府主義的農民自治会活動家との理念的対立を決定的なものにせざるをえなかった。こうして、農民自治会に当初から孕まれていた分裂の契機は、むしろ運動展開の過程でその対立を顕在化させ、一九二八年八月には、渋谷定輔、竹内愛国らは農民自治会全国委員会から脱退し、機関誌『農民自治』は廃刊に付され、その活動を事実上停止するに至るのである。

「農自全連脱退声明書」において、「過去三年間にわたる農自運動の経験による、自己批判と清算が、必然的に政治運動と全無産階級運動の統一戦線を肯定するにいたり、私の思想的進出を余儀なからしめた[31]」とのべた渋谷定輔を中心とする農民自治会埼玉連合は、非政党同盟運動から得た「強大な統一戦線をつくることが絶対的に必要であるという結論」から、すでに結成されていた全国農民組合との合同運動を提唱し、一九二九（昭和四）年五月、全国農民組合埼玉県連準備委員会と農民自治会埼玉連合との無条件合同が成立し、ここに「全貧農の先頭隊としてその利害のためにたたかう[32]」埼玉県農民運動の統一が実現されたのである。いわゆる〝一九三〇年代〟前夜のことであった。

## V

本稿で考察してきたように、農民自治会の実質的な活動の時期は、たかだか三年間にすぎない。その意味でも、この組織と運動は、きわめて過渡的な、しかも矛盾にみちた性格をもっていた。だがこの「過渡的性格」は、一九二〇年代後半固有の農村状況をかなり正確に反映していたのであり、その歴史的意味を「大正デモクラシーから日本ファシズムへ」というような、いわば日本ファシズムへの歴史前提論的視角のみでとらえるのは歴史の一面的理解であろう。

本論で述べたように農民自治会運動の展開の過程は、経済的には独占資本主義の確立、政治的にはいわゆる政党政治体制の成立という一九二〇年代後半の複雑な農村状況を反映したものであって、しかもそのような体制下で、いかに自主的に農民運動における統一戦線を実現させていくかという模索の過程でもあった。農民自治会のもった農本主義的性格は、いわゆる日本ファシズムへ直接系譜するものではなく、一九二〇年代後半、すなわち「平和と民主主義の道」への「選択の余地はいまだ残されていた」[33]段階での歴史的可能性の問題として評価されなければならない。このような運動が一時的にせよ歴史の表面に現われたことは、未だ農村における体制再編の道が定着しえず、「協調主義・体制順応主義→国家主義の線で構造化し、一本化」[34]したとはいいきれない当該時期の農村の流動的性格を示しているのである。

註

(1) 桜井武雄『日本農本主義――その歴史的批判――』白揚社、一九三五年、同「昭和の農本主義」『思想』第四〇七号、一九五八年、奥谷松治「日本における農本主義思想の流れ」同上。
(2) 丸山真男「日本ファシズムの思想と運動」『増補版　現代政治の思想と行動』未来社、一九六四年、所収。
(3) 安達生恒「農本主義論の再検討」(『思想』第四二三号、一九五九年)。
(4) 藤田省三「昭和八年を中心とする転向の状況」思想の科学研究会編『転向』上、平凡社、一九五九年、所収。
(5) 綱沢満昭『日本の農本主義』紀伊国屋書店、一九七一年、一四三頁。
(6) 『自治農民』創刊号、一九二六年、参照。
(7) 同右。
(8) 渋谷定輔『農民哀史』勁草書房、一九七〇年、六九九頁。
(9) 『自治農民』創刊号。
(10) 鈴木正幸「大正期農民政治思想の一側面――農民党論の展開とその前提――」『日本史研究』第一七三、一七四号、一九七四年。
(11) 室伏高信「農村問題と諸政党」『改造』一九二三年三月号。
(12) 内務省警保局『社会運動の状況　昭和七年』九一一～九一四頁。
(13) 拙稿「三〇年代日本ファシズムと現代――戦前日本農村におけるファシズムと反ファシズムの論理について」『世界政経』第二九号、一九七四年。
(14) 青木恵一郎『日本農民運動史』第四巻、日本評論社、一九五九年、二七頁。
(15) このような意識の一般的形成については鈴木前掲論文が論証している。
(16) 前掲『農民哀史』五六六～五六七頁。
(17) 社会局労務課調査「議員改選後の市町村会に於ける所謂無産者の勢力と地方自治」『斯民』第二二篇第七号、一九二七年。
(18) 拙稿「初期小作争議の展開と大正期農村政治状況の一考察」(『歴史学研究』第四四二号、一九七七年) 参照 (本書収録)。
(19) 松村勝次郎「日本農民組合と町村議会選挙」帝国地方行政学会『地方』第三四巻第一一号。
(20) 金原左門他「下部指導者の『思想』と政治的役割」『近代日本思想史講座』第五巻、筑摩書房、一九六〇年。
(21) 「日本非政党同盟の理論――一農民の経験から生まれた農民自身の政治への闘争機関――」『農民自治』第一五号、一九二八年二月。
(22) 金原左門『大正デモクラシーの社会的形成』青木書店、一九六七年、二六九頁。
(23) 橋本義夫については色川大吉『ある昭和史』中央公論社、一九七八年が詳しく触れている。
(24) 鹿野政直『大正デモクラシーの底流』日本放送出版協会、一九七三年、一三七頁。
(25) 同右。
(26) 註 (21) に同じ。
(27) 同右。
(28) 前掲『農民哀史』三三八頁。
(29) 同右、三七八頁。
(30) 同右、五七〇頁。

(31) 同右、五七七頁。
(32) 渋谷定輔氏所蔵「旧農民自治会・全国農民組合　埼玉県連合会合同に干する声明書」。
(33) 松尾尊兊「政友会と民政党」『岩波講座日本歴史19　近代6』岩波書店、一九七六年。
(34) 金原前掲書、二七〇頁。

# 5 昭和恐慌下小作争議の歴史的性格
## ――五加村小作争議の分析――

### Ⅰ はじめに――課題の所在とその意味――

本章は、昭和恐慌期の長野県でいわゆる三大小作争議[1]の一つと称された埴科郡五加村争議の構造およびその歴史的性格を明らかにすることによって、従来、研究史的蓄積の少ない当該時期の農民運動史研究に一個別分析を提出することを直接の課題とする。

右の課題の意味はさしあたり次の二点にある。

第一は、小作争議の研究史的問題であるが、昭和恐慌下小作争議を直接の対象とした個別分析の代表的業績に、山形県村山地方の争議を分析した酒井惇一の研究[2]と山梨県英村争議を分析した西田美昭の研究[3]がある。だが、いずれも水田養蚕地帯を対象としたこの二論文の方法と結論は全く対照的であり、前者は養蚕＝商品生産の発展による農民層分解の進行は「小作貧農・中農下層」にこそ地主的土地所有の矛盾を拡大させたとしてこの階層を争議主体と規定するのにたいして、後者は、「小作争議は、半封建的地主的土地所有と小商品生産の進展の矛盾の発現なのであ」るから「養蚕を中心に、最も商品生産的性格をもつ上層の自小作・小作層こそ」地主的土地所有をもっとも桎梏とする階層であるとしてこの階層に争議主体を求めるのである。

このようにこの二つの論文は、地主的土地所有と小作農民との矛盾をいかなる視角から把握するかという方法において基本的相違が存在している。

だが、恐慌下小作争議を分析するためには、恐慌期固有の農民層分解の特質（筆者は、これを農民諸階層の全般的落層傾向と、それによる彼らの絶対的窮乏化を基調とすると考える）を視角にいれる必要がある。両論文は、この点で必ずしも十分でない。本書では、昭和恐慌下の農民層分解の動向をみきわめたうえで、そこでの地主・小作対抗の性格を考察する。

課題の意味する第二の問題は、五加村争議が当時の左翼農民運動のもっとも革命的と評価された争議であったということにかかわる点である。この争議は、コミンテルンによっても注目されており、一九三二（昭和七）年の『共産主義インタナショナル』誌掲載の「日本の情勢と日本共産党の任務」では、この争議が「日本農民大衆闘争の成長しつつある闘争、ますます鋭い、ますます組織された革命的形態をとりつつある闘争」[4]の一つとして紹介されている。だが他方、当該争議がこのような評価をうけたという歴史的事実があるにもかかわらず、争議そのものの内部構造は今日まで明らかにはされてこなかった。

このような事情から、したがって、五加村争議の客観的構造とその歴史的性格を分析しておくことは、逆に日本ファシズムの農村制覇の過程でもあった一九三〇年代の、左翼農民運動の歴史的意義を検討する一つの素材を提供することになると考える。

なお本章の分析の舞台である五加村の概況については、すでに序章〔大江志乃夫編『日本ファシズムの形成と農村』編者注〔〕。以下同〕で言及されているのでここでは触れない。この村は序章〔大江編同右書〕で述べられているように、長野県でもとりわけ地主的土地所有の展開度の高い養蚕水田地帯という基本的枠組を与えることができる。だがこれは、五加村全体の枠組であって、このような枠組内での具体的構造が検討されねばならない。

そのさい、本章における分析の具体的対象は、五加村全体ではなく、この村の五つの大字（内川、上徳間、小船山、中、千本柳）のうち内川部落のみをとりあげる。

というのは、五加村では第1表にみられるように、昭和恐慌期を前後して多数の小作争議が惹起しているのであるが、その中心地は常に内川部落であり、また一般的に五加村争議というとき、それは一九三〇（昭和五）年末から翌年にかけてたたかわれた内川小作争議（第1表では関係地主二四人、小作人六七人、関係面積田二四・七七町）を意味するのであって、先述の如き評価をうけた五加村争議の革命性は、直接的にはこの内川争議に与えられているからである。

したがって、本章でとりあげる五加村争議はこの内川争議に限定され、農民層の存在形態と地主的土地所有の構造の分析も内川部落に限定される。

**第1表　五加村における小作争議**

| 大字 | 期間 | | 関係人員 | | 関係面積 | |
|---|---|---|---|---|---|---|
| | 開始 | 終了 | 地主 | 小作 | 田 | 畑 |
| | | | 人 | 人 | 町 | 町 |
| 内川 | 昭2　10/22～ | 12/7 | 38 | 68 | 40.00 | 30.00 |
| 〃 | 昭4　10/26～ | 12/17 | 22 | 25 | 4.40 | |
| 〃 | 〃　6/25～ | 12/25 | 1 | 1 | .15 | |
| 上徳間 | 〃　10/14～ | 12/26 | 22 | 35 | 12.95 | 9.42 |
| 中 | 〃　10/1～ | 11/16 | 5 | 85 | 50.00 | |
| 内川 | 昭5　11/12～ | 昭6　1/29 | 24 | 67 | 24.77 | |
| 〃 | 昭6　2/27～ | 3/18 | 1 | 1 | .14 | |
| 〃 | 〃　10/20～ | 昭7　1/17 | 24 | 67 | 24.77 | |
| 〃 | 〃　12/10～ | ? | 18 | 25 | （不明） | |
| 小船山 | 〃　12/9～ | ? | 4 | 8 | .95 | |
| 内川 | 昭7　4/2～ | 11/16 | 1 | 1 | .09 | .03 |
| 〃 | 昭8　2/17～ | 6/19 | 1 | 1 | 田畑 | .10 |
| 〃 | 〃　4/17～ | 5/27 | 1 | 1 | 田畑 | .09 |

出典：協調会『小作争議地に於ける農村事情』（1934年）より作成。

## II　恐慌期五加村における農民層分解の特質

### ——内川部落を中心に——

ここでの課題は、小作争議における地主・小作の対抗の性格を考察する前提作業として、昭和恐慌時の内川部落における農民層

**階層構成**

| 営地 | | | | | | | | | 貸付地（c） | | | | |
|---|---|---|---|---|---|---|---|---|---|---|---|---|---|
| 小作地（b） | | | 合計（a＋b） | | | 1戸平均 | | | 田 | 畑 | 計 | 貸付地率 c／(a＋c) | |
| 田 | 畑 | 計 | 田 | 畑 | 計 | 田 | 畑 | 計 | | | | 田 | 畑 |
| 反 | 反 | 反 | 反 | 反 | 反 | 反 | 反 | 反 | 反 | 反 | 反 | % | % |
| 101.3 | 55.1 | 156.4 | 101.3 | 55.1 | 156.4 | 2.1 | 1.1 | 3.2 | 0 | 0 | 0 | 0 | 0 |
| 46.4 | 31.7 | 78.1 | 52.2 | 44.0 | 96.2 | 1.7 | 1.4 | 3.1 | 0 | 0 | 0 | 0 | 0 |
| 28.2 | 21.4 | 49.6 | 52.4 | 46.1 | 98.5 | 1.9 | 1.7 | 3.6 | 2.2 | 1.2 | 3.4 | 8.3 | 4.6 |
| 10.9 | 9.0 | 19.9 | 49.9 | 50.2 | 100.1 | 2.4 | 2.4 | 4.8 | 2.0 | 2.2 | 4.2 | 4.9 | 5.1 |
| 0.9 | 7.8 | 8.7 | 41.8 | 52.8 | 94.6 | 2.8 | 3.5 | 6.3 | 20.1 | 4.7 | 24.8 | 33.0 | 9.5 |
| 0 | 2.5 | 2.5 | 20.8 | 25.8 | 46.6 | 3.0 | 3.7 | 6.7 | 34.2 | 15.7 | 49.9 | 52.2 | 40.2 |
| 0 | 0 | 0 | 13.4 | 14.7 | 28.1 | 4.5 | 4.9 | 9.4 | 18.6 | 4.8 | 23.4 | 58.1 | 24.6 |
| 0 | 0 | 0 | 6.9 | 14.6 | 21.5 | 3.5 | 7.3 | 10.8 | 27.7 | 4.8 | 32.5 | 80.1 | 24.7 |
| 0 | 0 | 0 | 2.6 | 6.8 | 9.4 | 1.3 | 3.4 | 4.7 | 44.1 | 16.3 | 60.4 | 94.4 | 70.6 |
| 187.7 | 127.5 | 315.2 | 341.3 | 310.1 | 651.4 | 2.2 | 2.0 | 4.2 | 148.9 | 49.7 | 198.6 | 49.2 | 21.4 |

分解の特質を解明することにある。

第2表は内川部落における争議段階での耕地所有規模別の階層構成をしめしたものである。

この表の耕地をしめす数値の単位が「反」であることに注意していただきたい。無所有・無耕作の一〇戸を除く一五七戸のうち、一町以下層は一四三戸で全戸数の実に九〇％以上を占め、五反以下でも一二八戸と八〇％をこえる。一戸平均の所有耕地面積は三・四反（経営では四・二反）でしかない。このように所有における農民の極端な零細性がこの地域における顕著な特徴である。だが、その所有関係はけっしてフラットなものではない。そこで次に、この所有関係の具体的な内容、ならびに所有規模序列を軸にした経営地の関係を第2表に即して検討してみよう。

(1)　五加村全体の田畑の比率はほぼ相半ばするのにたいして（「大江編前掲書」序章、表序・一参照）、内川部落では田三〇二・五反、畑一三二・三反と、田の面積の占める比率がかなり高いことがまず注目される。このうち田は、二〇％に満たない所有五反以上層である二九戸が二二九・三反（七五・八％）を、畑でも一五〇・七反（六四・九％）を所有している。

ところでこの耕地所有関係は、所有五反前後の階層を分岐点とし

**第２表　所有規模別**

| 所有規模 | 戸数 | | | | | | 所有地（a＋c） | | | 経 自作地（a） | | |
|---|---|---|---|---|---|---|---|---|---|---|---|---|
| | 地主 | 地自作 | 自作 | 自小作 | 小作 | 計 | 田 | 畑 | 計 | 田 | 畑 | 計 |
| | | | | | | | 反 | 反 | 反 | 反 | 反 | 反 |
| 無所有無耕作 | — | — | — | — | — | (10) | — | — | — | — | — | |
| 無所有 | — | — | | — | 49 | 49 | 0 | 0 | 0 | 0 | 0 | 0 |
| 0.1～ 1.0反 | — | — | 4 | 27 | — | 31 | 5.8 | 12.3 | 18.1 | 5.8 | 11.3 | 18.1 |
| 1.1～ 3.0 | — | 2 | 4 | 21 | — | 27 | 26.4 | 25.9 | 52.3 | 24.2 | 24.7 | 48.9 |
| 3.1～ 5.0 | — | 3 | 8 | 10 | — | 21 | 41.0 | 43.4 | 84.4 | 39.0 | 41.2 | 80.2 |
| 5.1～10.0 | — | 9 | 4 | 2 | — | 15 | 61.0 | 49.7 | 110.7 | 40.9 | 45.0 | 85.9 |
| 10.1～15.0 | 1 | 5 | — | 1 | — | 7 | 55.0 | 39.0 | 94.0 | 20.8 | 23.3 | 44.1 |
| 15.1～20.0 | — | 2 | 1 | — | — | 3 | 32.0 | 19.5 | 51.5 | 13.4 | 14.7 | 28.1 |
| 20.1～30.0 | — | 2 | — | — | — | 2 | 34.6 | 19.4 | 54.0 | 6.9 | 14.6 | 21.5 |
| 30.1～40.0 | — | 2 | — | — | — | 2 | 46.7 | 23.1 | 69.8 | 2.6 | 6.8 | 9.4 |
| 計 | 1 | 25 | 21 | 61 | 49 | 157 | 302.5 | 232.3 | 534.8 | 153.6 | 182.6 | 336.2 |
| | 26 | | 131 | | | | | | | | | |

出典：『五加村所得調査簿』（1931年）より作成。

て、その上層二九戸とその下層一二八戸とでは対照的な特徴をしめしている。すなわち、上層の二九戸の所有地（a＋c）では、第一に畑よりも田の所有地の方が大きくなっているのにたいして、下層では田よりも畑の方が大きいという傾向がみられる。だが第二に、上層二九戸の所有耕地における田の占める比率の大きさは、彼らの経営する自作地（a）については表現されず、むしろ畑の占める比率の方が大きくなっている。この二つの事実は、所有五反以上層にあっては畑所有地を自作地として残し、田所有地は主に貸付地（c）として小作に出していることを物語っている。実際、田の貸付地率（$\frac{c}{a+c}$）は、五反以上層になると畑貸付地率をはるかに凌駕し、しかも上層にいくほど高くなっているのである。

(2)　右にしめされる田畑の所有関係は、経営地の相互関係にも反映して、所有三～五反層を分岐点としてその上層と下層で明白な対照をしめす。すなわち所有三～五反層の一戸平均経営地は田二・四反、畑二・四反と田畑比率が同一であるのにたいして、この層の下層では畑よりも田の経営が、この層の上層では田よりも畑の経営が、それぞれ大きな比重を占めている。上層二九戸は、地主・地自作の二一戸と自作・自小作八戸からなるが、所有三町以上層を除いて、上層にいくほど畑を重視するかたちでその経営を拡大しているので

内訳　I　地主層

| その他 | | | | | | 総所得 | 1戸平均所得 |
|---|---|---|---|---|---|---|---|
| 給料 | 株式配当 | 貸家 | 自営業販売業 | その他 | 計 | | |
| 円 | 円 | 円 | 円 | 円 | 円　% | 円　% | 円 |
| 245 | — | 192 | 100 | 5 | 542(86.0) | 630(100.0) | 315 |
| — | — | — | — | 124 | 124(11.0) | 1,128(100.0) | 376 |
| 2 | 45 | 4 | 122 | 242 | 415(19.1) | 2,173(100.0) | 241 |
| 61 | 184 | 18 | 1,660③ | 371 | 2,294(56.7) | 4,048(100.0) | 674 |
| 753 | 65 | 47 | | 223 | 1,088(63.7) | 1,708(100.0) | 854 |
| 209 | 30 | 39 | 7 | 97 | 382(26.3) | 1,450(100.0) | 725 |
| — | 23 | 60 | — | 54 | 137(10.9) | 1,256(100.0) | 628 |
| 1,270 | 347 | 360 | 1,889 | 1,116 | 4,982(40.2) | 12,393(100.0) | 476 |

ある（一戸平均六・三反→六・七反→九・四反→一〇・八反）。この点は、小作地の関係についてもいえることであって、所有三～五反以下層では田小作地が大きく、しかも下層にいくほど経営における田依存率は高い。所有ゼロ、すなわち純小作農四九戸では、その小作地一五六・四反のうち一〇一・三反は田小作地である。これにたいして、所有五反以上層になると、この階層の自小作層三戸の借りている小作地一一・二反のうち一〇・三反が畑であることにみられるように、田よりも畑を借りうけて耕作する傾向が顕著となる。五加村における畑のほとんどは桑畑（大江編前掲書）序章、表序・一参照）であるから所有五反以上層の右のような傾向は、所有五反をボーダーラインとする上層では、商品生産的な養蚕経営をおこなうための桑栽培が重視されていることを表現するものにほかならない。

だが、このような商業的農業部門により大きな経営的比重をもつ所有五反以上層については注意しなければならないことは、この層に属する二九戸のうち自作・自小作層は、わずか八戸（自作五、自小作三）であって、この階層を構成する大部分である二〇戸は田を中心に貸付地をもつ耕作地主（地自作）であるということ、すなわち小作争議において小作、自小作層（そのほとんどは所有五反以下に属する）が敵対した階層であるということである。

第3表　所有規模別所得

| 所有規模 | 戸数 | 貸付地収入 | | | 経営地収入 | | | 繭 |
|---|---|---|---|---|---|---|---|---|
| | | 田 | 畑 | 計 | 田 | 畑 | 計 | |
| 反 1.1～ 3.0 | 戸 2 | 円 34 | 円 13 | 円 % 47( 7.5) | 円 3 | 円 22 | 円 % 25( 4.0) | 円 % 16( 2.5) |
| 3.1～ 5.0 | 3 | 31 | 24 | 55( 4.9) | 113 | 56 | 169(15.0) | 780①(69.1) |
| 5.1～10.0 | 9 | 320 | 53 | 373(17.2) | 589 | 476 | 1,065(49.0) | 320(14.7) |
| 10.1～15.0 | 6 | 543 | 169 | 712(17.6) | 378 | 298 | 676(16.7) | 366②( 9.0) |
| 15.1～20.0 | 2 | 297 | 52 | 349(20.4) | 111 | 100 | 211(12.4) | 60( 3.5) |
| 20.1～30.0 | 2 | 443 | 52 | 495(34.1) | 213 | 232 | 445(30.7) | 128( 8.8) |
| 30.1～40.0 | 2 | 705 | 178 | 883(70.3) | 80 | 108 | 188(15.0) | 48( 3.8) |
| 計 | 26 | 2,373 | 541 | 2,914(23.5) | 1,487 | 1,292 | 2,779(22.4) | 1,718(13.9) |

出典：前表に同じ。
　註：①780円中708円は蚕種（1戸），②366円中166円は蚕種（1戸），③1,660円すべて開業医（1戸）。

つまり畑＝桑生産を基盤として養蚕経営という商品生産的農業部門への前進的志向をもつ経営的上層は、自作・自小作層ではなく、基本的には耕作地主層であるということを指摘できるのであり、したがってこの地主層は、一方では田を中心とする高額小作料に寄生し、他方では右の如き性格を有する農業経営者であるという二重の性格をもっていたということができる。この点についてはさらに後述するが、いずれにせよ内川部落における所有五反以上層のこのような性格は、後に展開する小作争議のあり方を規定する重要な論点として注目しておく必要がある。

さて次に第2表でみた一五七戸の所有規模別階層を、貸付地をもつ地主・地自作層二六戸と自作・自小作・小作層一三一戸に区別して、それぞれの所得内容を検討するために作製したのが第3表および第4表である。第2表と併せ検討することによって大体次のような分類をおこなうことができる。

### (1)　地主層二六戸について（第3表）

①　所有三町以上層（二戸）

この階層は、総所得のうち貸付地からの収入が七〇・三％を占め、しかもこのうち八〇％は田貸付地からの収入である。つまり総所得の過半は田よりの小作料収取に依って構成されている。また畑についても、この層のみは、畑を自作地として残して経営を拡大させている所有三町以下の耕作地主とは異なった傾向をみせており、畑貸付地率も七〇％と格段に高くなっている（第2表）。つまりこの階層は、基本的に地主的土地所有＝高額小作料に依食するという意味で、いわばもっとも地主らしい「地主的地主」(5)に近い存在ということができる。

ただし内川部落における最大の土地所有者である所有三町以上は二戸にすぎない。このうち一戸は、近隣の坂城町の小学校教員であるが（犬塚昭治はこのような地主を「職員兼業農家的半寄生地主」と表現している(6)）、この地主は小作争議における地主側の前衛部隊ともいうべき内川地主同盟の一員でありながら、まっさきに小作人側の要求を受け入れ地主側から「裏切分子」として追及をうけることになる（後述）。

自小作・小作層

| その他 | 総所得 | 1戸平均所得 |
|---|---|---|
| 円 % | 円 % | 円 |
| 543( 9.2) | 5,926(100.0) | 121 |
| 443( 9.3) | 4,751(100.0) | 153 |
| 488(11.1) | 4,399(100.0) | 176 |
| 591(17.8) | 3,316(100.0) | 184 |
| 442(25.7) | 1,722(100.0) | 287 |
| 32( 4.7) | 676(100.0) | 676 |
| 100(15.5) | 644(100.0) | 644 |
| 2,639(12.3) | 21,434(100.0) | 164 |

② 所有五反～三町層（一九戸）

内川部落の地主層の大部分はこの階層に属している。したがって内川地主層の基本的性格は、この階層の性格に体現されているといえる。

この階層では、田を中心とする貸付地よりの収入は総所得の二〇～三〇％を占めている。だが、同時に、この階層は田畑経営地がもっとも大きく、田畑の経営と繭収入をあわせた農業経営収入が、貸付地収入に匹敵ないしこれを凌駕しているのである。

経営地収入における田畑の比率はほぼ同率であり、これに繭を加えると、この層の農業経営における畑作＝桑生産と養蚕経営が特別重要な意味をもってくる。要するに田を中心とする小作料依食者としての地主的性格と、小商品生産者への志向をもつ農業経営者としての性格、この二

第4表　所有規模別所得内訳　II　自作・

| 所有規模 | 戸数 | 経営地収入 | | | 繭 | 賃労働 | 自営販売業 |
|---|---|---|---|---|---|---|---|
| | | 田 | 畑 | 計 | | | |
| 反 | 戸 | 円 | 円 | 円　% | 円　% | 円　% | 円　% |
| 無所有 | 49 | 1,544 | 253 | 1,797(30.3) | 622(10.5) | 1,360(22.9) | 1,604(27.1) |
| 0.1～ 1.0 | 31 | 865 | 338 | 1,203(25.3) | 740(15.6) | 1,916(40.3) | 449( 9.5) |
| 1.1～ 3.0 | 25 | 1,173 | 427 | 1,600(36.4) | 606(13.8) | 1,027(23.3) | 678(15.4) |
| 3.1～ 5.0 | 18 | 1,269 | 640 | 1,909(57.6) | 552(16.6) | 264( 8.0) | — |
| 5.1～10.0 | 6 | 686 | 278 | 964(56.0) | 264(15.3) | 52( 3.0) | — |
| 10.1～15.0 | 1 | 263 | 85 | 384(51.5) | 56( 8.3) | — | 240(35.5) |
| 15.1～20.0 | 1 | 303 | 122 | 425(66.0) | 119①(18.5) | — | — |
| 計 | 131 | 6,103 | 2,143 | 8,246(38.5) | 2,959(13.8) | 4,619(21.5) | 2,971(13.9) |

出典：前表に同じ。
註：①119円のうち64円は蚕種。

重の性格を併せて内包しているのがこの階層の基本的特徴であるといってよい。

持田恵三は、愛知県朝日村において、このような内川部落におけるのと同様な二面的性格をもつ「自作地主」の存在を指摘したうえで、次のように述べている。

自作地主はその地主的性格にもかかわらず、完全に寄生地主となりうるだけの土地所有は持たない。それゆえに経営は依然として彼らの主要な経済的基盤であった。（中略）彼らの所得は、小作料収入より経営によるものが大きいのである。しかし自作地主は小作料負担がなく、逆に多少の小作米収得者であるから、彼らは経営を畑作に集中できる条件を持っていた。（中略）自作地主は水田貸付、畑自作の形態によって地主的な面でも経営者的な面でも、その利益をくみ取ることができるのである。(7)

持田はここで、このような地主層を、「自作地主の上層農家＝中農層としての確立」＝中農層の上からの形成としてとらえているのであるが、この指摘は内川部落における耕作地主の基本的性格にもほぼそのままあてはめることができよう。後述する内川小作争議に、単純に地主・小作

第5表　収繭高所有規模別戸数　Ⅰ　地主層

| | ～20貫 | ～40貫 | ～60貫 | ～80貫 | 蚕種農家 | 計 | 養蚕農家率 |
|---|---|---|---|---|---|---|---|
| 反<br>1.1～ 3.0 | 戸<br>1 | 戸<br>— | 戸<br>— | 戸<br>— | 戸<br>— | 戸<br>1 | %<br>50.0 |
| 3.1～ 5.0 | — | 1 | 1 | — | 1 | 3 | 100.0 |
| 5.1～10.0 | 1 | 3 | 2 | 2 | — | 8 | 88.9 |
| 10.1～15.0 | 1 | — | 4 | — | 1 | 6 | 100.0 |
| 15.1～20.0 | 1 | — | 1 | — | — | 2 | 100.0 |
| 20.1～30.0 | — | | — | 2 | — | 2 | 100.0 |
| 30.1～40.0 | 1 | 1 | — | — | — | 2 | 100.0 |
| 計 | 5 | 5 | 8 | 4 | 2 | 24 | 92.3 |

出典：前表に同じ。
註：蚕種農家２戸を除いた22戸の平均収繭高は46貫。養蚕農家率は地主層26戸に占める比率である。

の階級対立としてのみ律しきれない深刻さを付与することになった条件の一つは、内川地主層のかかる性格に求めることができるのである。

ただし、ここで注意しておかなければならないのはこの階層における養蚕経営の規模である。第5表は貸付地所有者、つまり地主層二六戸のうち養蚕経営を営む二四戸（蚕種農家二戸をふくむ）の収繭高をしめしたものであるが、収繭高八〇貫をこえるものは一戸も存在しない。たしかに、養蚕農家率がほぼ一〇〇%に近いという事実は、この層の農業経営内において養蚕経営が欠かすことのできない位置を占めていただけでなく、彼らの商業的農業への前進的志向を表現している。だがその内実は、平均収繭高四六貫（第5表註）にしめされるように、むしろ栗原百寿の指摘する「三反・八枚・四〇貫」[8]という、耕種農業との結合によってはじめて存立しうるところの養蚕副業農家の規模水準に近いのであって、養蚕大経営はもちろん、「六反・二〇枚・一二〇貫」[9]という養蚕本業農家の規模水準にもほど遠いのである。

しかしいずれにせよ、この階層が内川部落においてもっとも商品生産者的性格をもった農業生産力の主要な担い手でもあり、しかも小作争議において小作人が敵対したところの地主層のもっとも中堅的部分であったのである。

③　所有五反以下（五戸）

この階層にふくまれる五戸は、農外所得（俸給所得、販売業）に生計の基盤をもち、自己の所有する零細耕地をわずかながら貸し付けている二戸、蚕種農家一戸、少々の貸付地をもつがむしろ自作農家的性格をもつ零細経営農家二戸、からなっており、したがって、一つの階層的まとまりをもって地主的性格を表現するものではない。

### (2)　自作・自小作・小作層一三一戸（第4表）

①　所有一町以上層（二戸）

この二戸の所有規模はそれぞれ一三・一反、一八・二反、経営規模はそれぞれ一五・六反、一八・二反であり、前者は自小作、後者は自作であるが、前者の小作地（畑二・五反）は他村のものであり、全体の経営規模からいって事実上の自作農家と考えてよい。

この二戸の農家は、耕種農業と養蚕経営（一戸は蚕種を営む）による農業経営収入が総所得の過半を占めるという点では、次にのべる所有一反～一町層と共通するが、その所有と経営の規模において他の自作・自小作農家群とは格段の差を有し、田における耕種農業と養蚕経営（収繭高はいずれもこの部落最高の八〇貫）の結合によるその農業経営は、先述の耕作地主の経営水準に近似している。したがって、この二戸の総所得も六〇〇円台にたっして、所得水準でも他の自作・自小作層からの飛躍をしめしており、耕作地主のそれに匹敵しているのである。

このようにこの二戸の農家は、内川部落ではきわめて稀な専業的自作農上層ともいうべき階層に位置している。にもかかわらず、実はこの二戸は、小作争議勃発時には貸付地をもつ地主層になっており、内川地主同盟のメンバーとして先述の耕作地主層と階級的行動を共にするのである（後掲第13表のｅおよびｈがこの二戸である）。このことは、この地域における家族労働力による自作経営の上限が約一町五反であり、それを超えるばあいには、貸付地所有者へ転化する必然性をもっていたことを意味するものである。

第6表　収繭高所有規模別戸数　Ⅱ　自作・自小作・小作層

| | ～20貫 | ～40貫 | ～60貫 | ～80貫 | 計 | 養蚕農家率 |
|---|---|---|---|---|---|---|
| 無所有 | 戸<br>15 | 戸<br>11 | 戸<br>4 | 戸<br>— | 戸<br>30 | %<br>61.2 |
| 0.1～ 1.0 | 7 | 9 | 4 | — | 20 | 64.5 |
| 1.1～ 3.0 | 7 | 13 | 2 | 1 | 23 | 92.0 |
| 3.1～ 5.0 | | 12 | 5 | — | 17 | 94.0 |
| 5.1～10.0 | 1 | — | 3 | 2 | 6 | 100.0 |
| 10.1～15.0 | — | — | — | 1 | 1 | 100.0 |
| 15.1～20.0 | — | — | — | 1※ | 1 | 100.0 |
| 計 | 30 | 45 | 18 | 5 | 98 | 74.8 |

出典：前表に同じ。
註：※印農家は蚕種をも営む。養蚕農家率は自作・自小作・小作131戸に占める比率である。

② 所有一反～一町層（四九戸）

この階層、すなわち自作・自小作層は、田畑それぞれ二反前後の経営耕地をもつが、その内容は田における耕種農業経営を基軸とし、養蚕を副業とするという形態をとり、この二者の結合による農業経営収入が、総所得の五〇～七〇％を占めている。この階層における養蚕経営は、第6表の養蚕農家率九〇％以上という数値からもうかがえるように農業経営成立にとって必要不可欠のものである。

だが、同時にこの副業としての養蚕経営の実態は、副業標準規模とされる収繭高四〇貫にも満たない零細規模農家が大部分であって、この階層の過半を占める所有一・一～三・〇反層二五戸では、農外部門へ収入の多くを求めざるを得なくなっており（賃労働＋自営販売業＝三八・七％）、農業部門における経営からの落層傾向があらわれている。このように中堅農家群と目されるはずの、これら内川部落の自作・自小作層の農業経営成立基盤は、きわめて不安定なものであり、この階層の下層では次に述べる階層と紙一重の状態である。

③ 所有一反以下および無所有層（八〇戸）

無所有＝純小作四九戸をふくむこの階層は、内川部落においてもっとも厚い農家群を形成している。この階層を他の階層から区別する基本的指標は、農外部門における所得が農業部門のそれを上回っているということである。第4

表における製糸女工、日雇、出稼ぎからなる賃労働収入四六一九円のうち三二七六円（七〇・九％）、日用品販売業、蔬菜・果物行商などからなる零細自営販売業収入二九七一円のうち二〇五三円（六九・一％）がこの層に帰属する所得である。

このようにこの階層の再生産は農外部門を基軸とし、農業部門は従属的意味しかもたない。だがこのことは彼らにとって農業経営部門が不必要であったことをまったく意味しない。この層の農業経営はいちじるしく水田耕作に傾斜している。

すなわち、第2表によれば、内川部落における田三四一・三反のうち一五三・五反はこの層によって耕作されており、小作地でいえば、一八七・七反のうち一四七・七反（七八・七％）がこの階層によって借りられているのである。だが、このことは、田耕地がこの階層の農業経営成立の基盤であったことを意味するものではなく、飯米確保の手段つまり生存のための不可欠の基盤であったことを表現するものである。

以上、内川部落におけるいわば基幹的生産者たるべき自作・自小作・小作一三二戸について、所有規模別に階層区分をおこなってみたわけであるが、この全階層を通じて指摘しうることは、所有規模が所得水準を規定しているという関係、換言すれば、所得水準における所有規模階層序列の貫徹である（第4表における一戸平均所得参照）。

しかし他方、とくに注目されねばならないことは、所有規模が所得水準を規定しているこの直接生産者間で、耕作規模序列については、それが所得水準を必ずしも規定していないという関係である。

第7表および第8表は第4表において所有規模別で区分した所有一反以下層八〇戸（前述(2)の③に相当する）と所有一反～一町層四九戸（前述(2)の②に相当する）について、経営規模別に組み替えてその所得構成をしめしたものである。この両表より、経営三反以下層は、その所得の大部分を農外部門に求め（第7表では七九・七％、第8表では七三・六％）、農業経営は主として、彼らの飯米確保のために営まれているという、いわば半プロ的な階層であると考えられる。ところで、両表に共通して指摘できるのは、農業経営に基盤をもたない経営三反以下層の所得水準よりも、一応、農業経営の再生産の主要な基盤をもつ最下限の階層、つまり経営三〜五反層の所得水準のほうが低いということである。

この両者の関係、すなわち、半プロ的な階層とは異なって生計の途はあくまで農業経営にその基礎をもつ、農民の生活水準が半プロ層のそれと同一ないしそれ以下であったということは、両階層間の移動がきわめて流動的となる客観的条件であると同時に、内川部落における勤労農民のおかれていた地位をもっともよく表現するものである。右の経営三〜五反層を階級的に規定するとすれば、農業に生計の基盤をもちながら、その経営的発展の鎖ざされている貧農と規定する以外にない。

それでは次に、内川部落における中農的経営とも目される経営五反〜一町層のばあいはどうか。この階層になると、農業経営収入が総所得の大半（第7表では七四・〇％、第8表では七五・四％）を占め、しかも、繭収入部分の比重が各階層中最大であり（第7表では二八・三％、第8表では一七・九％）、もっとも商品生産者的性格がつよい。

所得内訳

| 自営販売業 | その他 | 総所得 | 1戸平均所得 |
|---|---|---|---|
| 円 1,885(33.4)% | 円 480(8.5)% | 円 5,649(100.0)% | 円 138 |
| 237( 8.0) | 200(6.7) | 2,966(100.0) | 118 |
| 72( 3.8) | 165(8.8) | 1,882(100.0) | 145 |
| 0 | 0 | 178(100.0) | 178 |
| 2,194(20,6) | 845(7.9) | 10,675(100.0) | 133 |

所得内訳

| 自営販売業 | その他 | 総所得 | 1戸平均所得 |
|---|---|---|---|
| 円 536(31.1)% | 円 214(12.4)% | 円 1,725(100.0)% | 円 216 |
| 302( 7.9) | 582(15.2) | 3,818(100.0) | 174 |
| — | 560(15.9) | 3,515(100.0) | 195 |
| — | 5( 1.3) | 379(100.0) | 379 |
| 838( 8.9) | 1,361(14.4) | 9,437(100.0) | 193 |

**第７表　所有１反以下層・経営規模別**

| 経営規模 | 自小作別戸数 | | | | 経営地収入 | | 繭 | 賃労働 |
|---|---|---|---|---|---|---|---|---|
| | 自作 | 自小作 | 小作 | 計 | 田 | 畑 | | |
| 反 | 戸 | 戸 | 戸 | 戸 | 円　% | 円　% | 円　% | 円　% |
| 0.1～ 3.0 | 5 | 9 | 27 | 41 | 782(13.8) | 114( 2.0) | 252( 4.5) | 2,136(37.8) |
| | | | | | └ 896(15.8) ┘ | | | |
| 3.1～ 5.0 | 0 | 12 | 13 | 25 | 868(29.3) | 234( 7.9) | 538(18.1) | 889(30.0) |
| | | | | | └1,102(37.2) ┘ | | | |
| 5.1～10.0 | 0 | 5 | 8 | 13 | 648(35.6) | 213(10.1) | 532(28.3) | 252(13.4) |
| | | | | | └ 861(45.7) ┘ | | | |
| 10.1～15.0 | 0 | 0 | 1 | 1 | 111(62.4) | 27(15.1) | 40(22.5) | 0 |
| | | | | | └ 138(77.5) ┘ | | | |
| 計 | 5 | 26 | 49 | 80 | 2,409(22.6) | 588( 5.5) | 1,362(12.8) | 3,277(30.7) |
| | | | | | └2,997(28.1) ┘ | | | |

出典：前表に同じ。

**第８表　所有１反～１町層経営規模別**

| 経営規模 | 自小作別戸数 | | | 経営地収入 | | 繭 | 賃労働 |
|---|---|---|---|---|---|---|---|
| | 自作 | 自小作 | 計 | 田 | 畑 | | |
| 反 | 戸 | 戸 | 戸 | 円　% | 円　% | 円　% | 円　% |
| 0.1～ 3.0 | 4 | 4 | 8 | 252(14.6) | 76( 4.4) | 128( 7.4) | 519(30.1) |
| | | | | └ 328(19.0) ┘ | | | |
| 3.1～ 5.0 | 8 | 14 | 22 | 1,268(33.2) | 598(15.7) | 600(15.7) | 468(12.3) |
| | | | | └1,866(48.9) ┘ | | | |
| 5.1～10.0 | 3 | 15 | 18 | 1,432(40.7) | 589(16.8) | 630(17.9) | 304( 8.6) |
| | | | | └2,021(57.5) ┘ | | | |
| 10.1～15.0 | 0 | 1 | 1 | 176(46.4) | 82(21.6) | 64(16.9) | 52(13.7) |
| | | | | └ 258(68.0) ┘ | | | |
| 計 | 15 | 34 | 49 | 3,128(33.1) | 1,345(14.3) | 1,422(15.1) | 1,343(14.2) |
| | | | | └4,473(47.4) ┘ | | | |

出典：前表に同じ。

しかしこのような性格をもつ彼らの経営もその所得水準は、先述の半プロ、貧農水準からの断絶をしめしているとはいいがたく、むしろ貧農に近い水準であるといわねばならない。すなわち、農民諸階層間における経営的性格に一定の差異がみられるにしても、それが階級的差別として表現しえない状況であったということに注目しなければならない。つまりここでは「昭和恐慌期に固有の現象としての農民諸階層の全般的窮乏の中で、中農がもはや中農でなくなりつつあり、実質的にはむしろ貧農へ転落していっている事実に注目しなければならない。（中略）中農の経営内容はきわめて悪化しており、むしろ貧農に近い生活水準におかれていた」[10]という指摘が妥当するのである。
以上、内川部落の無所有、無耕作一〇戸を除いた農家一五七戸の農民層分解のあり方を検討してきたわけであるが、全体をつらぬく基調は、極端な生産力基盤の狭隘性を反映して、農業生産力的にはきわめて退嬰的な構造を指摘できよう。

第一に、いわゆる「地主的地主」は二戸のみで、地主層のほとんどは、田を中心に貸付地をもつと同時に耕種農業と養蚕経営の結合による農業経営を営む耕作地主であり、これがこの部落の上層に位置する。これに小作争議時に貸付地所有自作農＝耕作地主に転化する二戸の自作および自小作農が加わる。この階層が、内川部落における農業生産力の経営的上層であると同時に、後述する内川小作争議における一方の「担い手」である。

第二に、この部落の圧倒的多数を占める自作・自小作・小作農家の大部分は、半プロ・貧農ないしこれに近い農家群である。この上層の一部には商品生産者的性格をもつ農家を析出することができるが、むしろそのような性格をより濃厚にもった中農的経営は耕作地主層によって体現されていた。

## Ⅲ　小作争議の展開とその歴史的性格

ここでは、前節で分析された内川部落における農民層分解の特質をふまえて、昭和恐慌期の小作争議がどのように展開されたのか、そしてその歴史的性格はいかなるものであったのか、が具体的に検討される。だがその前に、小作争議＝農民運動の〝前史〟を概観することからはじめよう。

### (1)　小作争議の歴史的前提

長野県における小作争議件数の変遷は第9表の如く、一九二七（昭和二）年の金融恐慌以降の時期にいちじるしく集中している。これに対して、いわゆる大正期小作争議（全国的には一九二〇年の反動恐慌を契機とし、一九二六年をピークとする）は、長野県ではきわめて少ない。

この事情について述べている若干の諸文献による分析を次にかかげてみよう。

① 本県ハ蚕糸業盛ニシテ米麦栽培ハ寧ロ農家副業タルノ感アリ且耕地ノ分配比較的均衡ヲ保チ教育ノ普及セル結果県民理智ニ富ミ加フルニ大都市ノ影響ヲ受クル事ノ比較的少ナキ等ノ原因ニ依リテ小作運動ハ往来盛ナラサリシナリ。(11)

② （長野県の）産業ノ状態ヲ見ルニ養蚕業盛ニシ繭及蚕種ノ産額ハ農産物生産ノ五割四分ヲ占メ米産価額ノ一倍半ニ当リ一般農家経済ハ穀菽生産ヨリモ養蚕業ニ主力ヲ置クノ状態ニ在リ従ツテ農村金融モ比較的発達シ一般ノ購買消費力モ高ク些々タル土地生産物ノ分配ノ多少ノ如キハ余リ問題ニセサルノ風アリ之レ従来紛争ノ多カラサル一因ニシテ又比較的短期間内ニ問題ノ落着スル所以ナリトス。(12)

③ 長野県で大正一〇年代に小作争議がまだ少なかったのは、大部分が零細な自作農または自作兼小作農で、水田単作地帯が少なく、水稲以外の養蚕などの商品作物に依存し、水田中心の小作料にあまり関心を払わなかったからである。(13)

④ 岐阜、兵庫の小作争議の展開が大正期に重点をおきながら、昭和期にもかなりの激しさを保っているのに対

**第9表　小作争議件数**

| | 長野県 | 全　国 |
|---|---|---|
| 1920（大9） | 6 | 408 |
| 1921（　10） | 4 | 1,680 |
| 1922（　11） | 15 | 1,578 |
| 1923（　12） | 13 | 1,917 |
| 1924（　13） | 22 | 1,532 |
| 1925（　14） | 13 | 2,206 |
| 1926（　15） | 21 | 2,751 |
| 1927（昭2） | 54 | 2,052 |
| 1928（　3） | 64 | 1,866 |
| 1929（　4） | 69 | 2,434 |
| 1930（　5） | 93 | 2,478 |
| 1931（　6） | 73 | 3,419 |
| 1932（　7） | 77 | 3,414 |
| 1933（　8） | 145 | 4,000 |
| 1934（　9） | 264 | 5,828 |
| 1935（　10） | 143 | 6,824 |

出典：『農地制度資料集成』（第2巻）より作成。

第10表　長野県小作争議の規模

| | 長野県 | | | | 全国 | | | |
|---|---|---|---|---|---|---|---|---|
| | 争議件数 | 関係地主 | 関係小作人 | 関係面積 | 争議件数 | 関係地主 | 関係小作人 | 関係面積 |
| | | 人 | 人 | 町 | | 人 | 人 | 町 |
| 1920（大９） | 6 | 76 | 817 | 169.3 | 408 | — | — | — |
| | | (12.7) | (136.2) | (28.2) | | | | |
| 1921（　10） | 4 | 84 | 250 | 241.5 | 1,680 | 33,985 | 145,898 | 99,201.3 |
| | | (21.0) | (62.5) | (60.1) | | (20.2) | (86.8) | (59.6) |
| 1926（　15） | 21 | 428 | 2,177 | 679.8 | 2,751 | 39,705 | 151,061 | 95,208.2 |
| | | (20.4) | (103.7) | (32.4) | | (14.4) | (54.9) | (34.6) |
| 1931（昭６） | 73 | 448 | 1,736 | 818.3 | 3,419 | 23,768 | 81,135 | 59,490.1 |
| | | (6.1) | (23.8) | (11.2) | | (6.9) | (23.7) | (17.4) |
| 1935（　10） | 143 | 227 | 568 | 97.5 | 6,824 | 128,574 | 113,164 | 70,244.6 |
| | | (1.6) | (4.0) | (0.7) | | (4.2) | (16.6) | (10.3) |

出典：1920年の長野県数値は農商務省農務局『小作争議ニ関スル調査　其ノ二』(1922年) 238〜239頁より作成。他は『農地制度資料集成』第２巻。カッコ内は１件あたりの数値。

し、群馬、長野は一義的に昭和期に集中しており、それも昭和期農民運動の波頭を生む東北、山形などに比べるとその劣勢は明白である。このことは、水田・米作と寄生的土地所有と農民運動の三身《ママ》一体的な相関関係を反面から実証するものである(14)。

右の諸文献の分析は、現象を説明しているようであるが、次の二点において問題がないわけではない。

第一に①〜④の文献をつらぬいている共通の論理は、④における「水田・米作と寄生的土地所有と農民運動の三身一体的な相関関係」という表現が典型的にしめしているように、水田米作地帯→地主的土地所有の展開→小作争議発生という脈絡でつなぐ単線的な論理である。このような論理では、小作争議が小商品生産の高度に展開した畿内先進諸県から起こったことや、養蚕地帯としての長野県(あるいは山梨県)にも小作争議が発生している事実とそのメカニズムを逆に説明しえないことになる。

第二に長野県小作争議が「一義的に昭和期に集中」しているというのは、争議件数にその指標をとるばあいにはほぼ正しいが、その内容を検討すればこの指標が必ずしも正確でないことがわかる。第10表は争議関係地主と小作人および関係面積をしめしたものであるが、この表から指摘しうることは、大正期の第一期小作争議と昭和恐慌期の第二小作争議の全国的・一般的特質が長野県小作争議のうちにも貫徹しているということである。すなわち、件数では一九二六（大正一五）年をピークとする大正期の第一期小作争議段階より恐慌以降の第二期小作争議段階のほうがはるかに多いが、一件あたりの争議人員、面積では第一期小作争議段階のほうが圧倒的に大きいという全国的特質は、長野県の争議にも存在しており、しかもこの県の争議規模は、関係面積でも全国平均にくらべてけっして小規模であるとはいえず、関係小作人ではむしろ全国平均以上の、一〇〇名を超える大規模な争議がたたかわれたことをしめしている（一件平均の関係小作人一九二〇年＝一三六・二人、一九二六年＝一〇三・七人）。

このように大正期小作争議の特質をなす大規模小作争議が長野県にも展開されたのであって、大正期において長野県で小作争議件数が少なかったことをもって、農民が養蚕業などの商品的農業に依存していたから、「水田中心の小作料にあまり関心を払わなかった」として、大正期における長野県小作争議を事実上無視してかかることは、事実問題としても正確ではない。また、現実に小作争議が闘われなくとも、「農民組合運動の著しく発展せし大正一一年頃より組合創立の機会及び有識階級の農民運動の侵入を防止する手段として行われたるもの少しとせず」とされる「小作争議によらざる（小作料）改定」[15]が大正期に多くみられるのであって、小作争議勃発の可能性が大正期のこの県にも普遍的に存在したのである。

この点は農民組織の側面からいっても、長野県における小作組合の結成と小作人の組織化は、第11表にみる如く一九二〇年代からかなりすすんでおり、しかもそれが一九三〇年代前半まで連続的に、停滞することなく進展しているのであって、そこにはむしろ大正期からの連続的側面が看取せられる。これは後述する五加村のばあいにもあてはまるが、このような大正期における農民の組織化の進展が恐慌期小作争議の歴史的前提となっていると考えられるのである。

第11表　長野県小作組合および組合員数

| | 組合数 | 組合員数 | | 組合数 | 組合員数 |
|---|---|---|---|---|---|
| | % | 人　% | | % | 人　% |
| 1920（大9） | — | — | 1928（昭3） | 116(314) | 9,695(290) |
| 1921（　10） | 18 | — | 1929（　4） | 124(335) | 10,362(311) |
| 1922（　11） | 29 | — | 1930（　5） | 138(373) | 11,621(384) |
| 1923（　12） | 37(100) | 3,336(100) | 1931（　6） | 144(389) | 10,753(322) |
| 1924（　13） | 51(138) | 4,690(140) | 1932（　7） | 158(427) | 11,692(350) |
| 1925（　14） | 64(173) | 5,086(152) | 1933（　8） | 168(454) | 12,481(374) |
| 1926（　15） | 74(200) | 6,103(183) | 1934（　9） | 165(446) | 12,863(386) |
| 1927（昭2） | 88(239) | 7,889(236) | 1935（　10） | 132(357) | 10,117(303) |

出典：農民組合運動史刊行会編『農民組合運動史』より作成。
註：カッコ内は1923年を100とする比率。

ところで第11表の小作組合の組織的展開が長野県のどのような地域におこなわれたかの詳細は定かでない。ただこのうち大正末期から昭和初期にかけて目的意識的な自覚的農民組合の組織化の中心となったのが、更級郡、埴科郡のいわゆる更埴地方であったことは明らかである。一九二七（昭和二）年四月二四日、埴科郡屋代町において日本農民組合長野県連合会が結成されるが、この時点での県内の各支部は第12表の如くである。二四組合、組合員三三七〇名のうち、一〇組合、一一五〇名が埴科郡、七組合八三〇名が更級郡に属している[16]。

さて、このような動きのなかで五加村は終始その拠点に位置し、長野県のなかでももっとも早くから農民の組織化がすすめられた村落であった。この村における昭和恐慌期の農民闘争の性格も、このような大正期からのいわば前史とは無関係ではなかったであろう。

五加村にはじめて小作組合が結成されたのは、一九二〇（大正九）年前後[17]、内川部落においてであった（組合員約七〇名、組合長中村浩）。その中心となったのは中村浩、中村武也など二〇歳前後の青年たちであった。この内川小作組合はのちの小作争議における小作農民の主体組織にほかならないのであるが、組合結成の前提には、第一次大戦後の五加村における青年たちのあいだでのさまざまな思想的・文化的活動の前史があった。青木恵一郎は第一次大戦前の五加村を、「村の実権は、昔からの造り酒屋・村医者・地主などによってにぎられ、困難のなかに働らく《ママ》農民たちを支配してきた。（中略）そして苦労の多い村人たちは村や区の仕事には口出しをせず、いっさいを支配者まかせにして、ただひたすらあくせくと働らくだけというならわしであった[18]」と述べたう

第12表　日本農民組合長野県連支部

| 郡 | 所在地町村 | 支部長 | 組合員数 | 郡 | 所在地町村 | 支部長 | 組合員数 |
|---|---|---|---|---|---|---|---|
| 上水内 | 右間村 | 黒田貞次 | 人<br>120 | 更級 | 村上村 | 竹内嘉太郎 | 人<br>130 |
| 〃 | 信濃尻村 | 平塚喜左衛門 | 50 | 〃 | 上山田村 | 田島三郎 | 200 |
| 上高井 | 須坂町屋部 | 北村万弥 | 800 | 〃 | 更級村 | 若林永隆 | 不詳 |
| 埴科 | 南条村 | 塩入豊治 | 300 | 〃 | 御厨村 | 林伝之助 | 120 |
| 〃 | 中之条村 | 塚田徳太郎 | 130 | 〃 | 西寺尾村 | 宮沢新太郎 | 200 |
| 〃 | 五加村内川 | 中村勘兵衛 | 70 | 〃 | 稲里村 | 多田幸男 | 80 |
| 〃 | 埴生村 | 中沢平馬 | 130 | 〃 | 中津村 | 久保勇太郎 | 100 |
| 〃 | 杭瀬下村 | 雄田穰 | 150 | 小県 | 塩尻村 | 倉科吉助 | 100 |
| 〃 | 屋代町粟佐 | 宮崎文治 | 70 | 〃 | 長瀬村 | 青柳藤作 | 120 |
| 〃 | 雨宮県村 | 小林杜人 | 70 | 北佐久 | 平根村 | 森泉半一郎 | 120 |
| 〃 | 清野村 | 酒井精二 | 80 | 南佐久 | 海瀬村 | 鳥川今朝治 | 80 |
| 〃 | 豊栄村 | 原永太郎 | 100 | | | | |
| 〃 | 寺尾村牧島 | 武田重義 | 50 | 合計 | 24カ町村 | | 3,370 |

出典：大原社会問題研究所蔵『全農長野』（未定稿）より作成。

えで、大戦後の変化の様相を次のように叙述している。

しかし第一次欧州大戦直後の諸情勢はこの羊のような村人、ことに青年たちの心のうちに、いやが応でも時代の風を吹きこまないではおかなかった。景気・不景気の荒波はもとより繭が上ったと喜んでいると、米や麦の値がさがり、つづいて繭は底なしに安くなり、稼ぐより貧乏のほうが先きにやってくる。生活ができないので、女の子は桂庵や女工集めのブローカーの手を通じて、わずかの手付けで製糸工場に女工として出てゆくが、青年たちは都会に出稼ぎに出ようと手をまわしてみても、そうそううまい仕事があるはずはなく、生活の不安と動揺がこれらの若き人々を焦躁に駆りたて、やがては旧来のしきたりや封建的な身分関係やその矛盾に目覚めしめる。かくておなじような疑惑をもった青年たちはついにあい集まって、短歌や俳句にその悩みをぶちまけようと『小春会』をつくった。そして酒や煙草をのまないことを申し合わせ、その金でまず同人雑誌『小春』を発刊して、なやめる青年たちによびかけた。その中心になったのが若き日の中村武也や浩であり、また後には対立抗争するにいたった地主の中村吉之助もこれに参加した(19)。

右の引用にあらわれる「小春会」などの青年たちの活動の実態は青木の叙述以上に明らかではない。だがここで述べられている中村浩、中村武也等五加村青年たちの動向は、鹿野政直が長野県塩尻村でえがきだした第一次大戦後の「大正デモクラシーの影響を一ぱいにうけた青年たちの、自由と解放への活動のたかまり」[20]とも軌を一にするものであったろう。

ここで付言しておくならば、五加村内川部落の青年を中心とするこの短歌、俳句の会を追跡すれば、日本近代の歴史をさらにさかのぼることができる。すなわち、明治末期には内川部落の中村戍子が近くの屋代町に居住していた無政府主義者新村善兵衛と親交し、中村浩をふくむ内川部落の青年に和歌の会をつうじて政治的啓蒙活動をおこなったという事実がある。[21]新村善兵衛とは、一九一〇（明治四三）年、大逆事件において、検挙され懲役八年の刑に処せられた人物である。したがって中村浩らの思想的過程をそのもっとも若い時代にたどれば、幸徳秋水らの明治無政府主義の洗礼をもうけているとも考えられるのである。

こうしてみてくると、内川部落の中村浩や中村武也には、明治末期の無政府主義の思想的影響→大正期のデモクラシー状況のなかでの「小春会」における活動と小作人組合結成→昭和恐慌期の人民闘争（小作争議）の中心主体→農地改革＝戦後変革の担い手、[22]と日本近代のそれぞれの段階におけるもっとも進歩的・変革的軌跡をみてとることができよう。

さて内川小作組合は先述した一九二七年の日農長野県連結成にあたって中心的組合としてその支部となり、内川小作組合結成当時の組合長中村浩は県連常務理事に選出され、[23]内川支部長には中村勘兵衛が就いた（第12表参照）。この内川支部は翌一九二八年には分裂していた日本農民組合と全日本農民組合が合同して全国農民組合（以下、全農と略す）が創立されることによって全農長野県連内川支部となった。五加村ではこの内川支部に加えて、一九二七年一〇月には大字小船山に組合員三〇名をもって、一九三〇年一月には大字上徳間に組合員四二名をもって小作組合が結成されたが、これらがそれぞれ全農支部となった。[24] こうして五加村にはもっとも早く結成された内川支部を軸として五部落のうち三部落に全農支部が組織されることによって、一九三〇年末から翌年にかけて闘われる小作争議における小作農民の組織的基盤が形成されたのである。

以上、概観してきたように、昭和恐慌期の五加村＝内川小作争議における小作農民の組織的前提となった小作組合は、第一に争議発生時にはすでに組織それ自体が長年の思想的歴史的蓄積をもっていたということ、第二にそれは、単に小作料減免要求の貫徹手段としての即席的な自然発生的組織ではなく、「農民組合を小作争議の一時的機関に終らしめることなく不断の教育によって組合員の定着をはかり真実の農民階級の組織たらしむる」[25] という明確な階級的組織方針をもった全農の指導のもとにおかれていたということ、を確認しうるのである。

さて、このような内川部落を中心とする小作組合の組織的強化の中で、一九三〇年の大恐慌の波及＝農産物価格の暴落を直接の契機として小作争議が勃発するのであるが、地主・小作の階級対立は恐慌下で突然激化したのではない。詳細は明らかではないが、一九二〇年代、小作組合結成後の内川部落では何回かの小作人による小作料軽減要求がおこなわれ、いずれも小作人の要求がほぼ貫徹している。[26] このような中で「ややおされ気味となった地主一八名は対抗措置として、ここにあいより、地主組合を結成し、組合長には後世に悪名をとどめた中村吉之助がすわった。これから地主と小作人との対立はするどく、慢性的になり、小作人も嘆願から要求へと態度をあらためた。大正の末期には四割減の要求をも出すようになり、しかも天引して残りを地主にくれてやるという態度に変っていった」[27]。

このようにすでに一九二〇年代後半から地主・小作の対立は「慢性的になり」、年ごとに激しさを増していたことは、一九三〇〜三一年内川争議における次の如き特高報告によっても裏付けられる。

　地主側ニ在リテハ（中略）小作組合組織以来何等理由ナキニ小作人ハ殊更ニ団結シ年々小作料ノ軽減方ヲ要求サル、ヲ嫌忌シツヽアリ然モ其ノ所有耕地ハ何レモ自作シ得ル程度ノ小地主ニアル関係上本争議ヲ楔機《ママ》トシテ所有耕地全部ヲ引上ケ繁雑ナル小作争議ヲ根絶セント決意。(28)

したがって、一九三〇～三一年の争議は、地主・小作いずれの側からもなみなみならぬ決意をもって開始されたので、その当初から総力戦的闘争になる必然性を内包していたのである。次に争議の経過とその特徴を述べよう。

## (2) 小作争議の経過と特徴

内川部落における争議は、一九三〇年一一月一七日、小作組合（全農内川支部）がこの年の田小作料二割ないし四割軽減を関係地主に要求することに決定したことから始まる。次の如くである。

　小作組合側ニ於テハ（略）小作料減免要求ニ付キ協議シタル結果畑小作料ハ問題トセズ田小作料ニ於テノミ二割乃至四割ノ要求ヲ場所ニ応ジテ為スコトニ決定（略）同日中ニ幹部タル瀬在清雄、中村浩、飯島繁春、北沢多賀治、羽田義栄等ハ同区地主南沢袈裟平方ヲ訪問シ交渉ヲシタルモ拒絶セラレ本月十八日中ニハ瀬在大助、瀬在淳子、中村多蔵、中村治助方ヲ訪問スル等比較的小地主ヨリ交渉ヲ開始シタルモノニシテ之亦拒絶セラレタリ(29)（傍点引用者）。

以後、争議は次の如き経過をたどる。

一九三〇（昭和五）年
一一月二三日　小作組合幹部、農家小組合「解消声明書」。小作人側赤地孫之蒸（代表）、農会所属農家小組合である興進農家組合（組合員二一名、組合長は地主中村吉之助）を解散させるべく、臨時総会開催要求。
一一月二四日　興進農家組合総会（出席二〇名、欠席一名）。解散賛成派（小作人側）多数を占め、解散決議（一一月二六日解散）。
一一月二七日　地主側、争議対策協議（出席一一名）。
一一月三〇日　地主側、争議対策協議（出席一〇名）、「内川小作農組合ノ小作料軽減要求ニ対シテハ共同歩調ノ下ニ飽迄抗争スルコト」(30)を申合わせ「契約書」(31)をとりかわすとともに「不納同盟中ニアル小作者ニ対シテハ内容証明郵便ヲ以テ納入方催告」シ、「尚納入セザル場合出訴法廷戦ニ依リ抗争スルコト」(32)を決定。
一二月三日　小作組合、争議対策協議（出席二〇名）、小作料未納同盟決行。
一二月五日　地主側、小作組合幹部六名（中村武也、中村市朗、赤地孫之烝、北沢多賀治、飯島繁春、赤地完雄）にたいして一二月一〇日を指定日として小作料納入勧告書を発送すると同時に、小作料納入拒否にそなえて右六名のうち三名（中村武也、赤地孫之烝、飯島繁春）にたいして土地返還訴訟を提起すべく長野市在住の弁護士舟坂恒久に依頼。小作組合、争議対策協議（出席三〇名）、内川部落にて示威運動。
一二月七日　小作組合に共同保管の小作米一〇〇俵を居村米穀商北河原源之助に売却、代金三五〇円を郵便貯金とする。
一二月八日　小作組合、売却小作米を荷車二〇台に積み、赤旗を立て示威行進。
一二月九日　小作組合幹部会。地主の小作料納入催告書にたいして拒否回答。争議日報第一号発行。
一二月一三日　地主側、内川各地主に激励文郵送。全農長野県連幹部若林忠一、町田惣一郎、地主中村吉之助宅を

訪問、小作料軽減要求、拒否さる。小作組合、地主南沢介雄にたいする運動として、南沢の勤務先坂城小学校児童にたいしてビラ配布。

一二月二二日　警察、五加村長竹内万太郎（大字千本柳居住）にたいし争議調停の発動を勧告。

一二月二三日　地主側、中村吉之助宅にて村長、助役、消防組頭と懇談（出席地主五名）、具体案出ず。

一二月二四日　小作組合主催農民総会において争議持久戦宣言。のち演説会（弁士全農長野県連幹部若林、町田他）。

一二月二五日　小作組合支部長瀬在清雄辞任、支部長代理に中村浩、支部長補佐に飯島繁春、北沢多賀治就任。地主瀬在すい、地主同盟を脱退し小作人側要求に応ずる。

一二月二六日　地主側、前記小作組合幹部三名にたいする土地返還請求訴訟を上田区裁判所へ提起。

一二月三〇日　小作組合臨時総会。「地主中村吉之助等ノ出訴ニ係ル土地明渡並小作料支払請求裁判ハ来ル一月二十日開廷サル、ノ模様ニツキ当日ハ全国農民組合県下各支部ト連絡ヲ採リ多数出席傍聴スルコト[33]」を確認。

一二月三一日　地主中南沢介雄、個人的に小作人の要求する小作料二割軽減を承認、ために「地主同盟委員ハ同同盟結束崩壊ヲ慮リ協議ノ結果囊ノ契約ニ基キ破約者タル地主南沢ニ対シ違約金二千円ノ即時提出方ヲ迫[34]」るも南沢はこれを拒否し、地主相互間にて係争。

一九三一（昭和六）年

一月八日　地主側総会、先に提起した小作組合幹部三人に引きつづいて、土地返還訴訟を提起する予定であった北沢多賀治、北沢貞男にたいする訴訟は、「都合ニヨリ当分見合スコト」および「地主同盟員南沢介雄ノ単独解決ニ伴フ違約金ノ請求ハ一時見合スコト[35]」を確認。

一月一六日　小作組合主催地主批判演説会（弁士中村浩、弁護士上村進他、参加二〇〇名）、小作組合員にて消防

組員たる瀬在清雄ら一六名、連名で消防組を辞職。
一月一七日　消防組出初式。瀬在清雄ら小作組合員たる消防組員二一名、五加村消防組頭塚原栄にたいして抗議書提出。
一月二〇日　小作組合員二一名、消防組第二部長中村広省にたいし「五加消防組第二幹部ヲ信任セズ[36]」との決議書提出。上田区裁判所における地主側提訴の土地返還訴訟の第一回公判予定、屋代警察署長の警告によって地主側公判延期の申請。
一月二八日　争議は県特高課長菊池盛登および屋代警察署長仙石美名登の調停により、左記条件により「急転直下的ニ解決ス[37]」

「　内川小作争議解決契約書

（略）

第一条　昭和五年度小作料ハ現時ノ世相ニ鑑ミ右地主ハ右小作人ニ対シ平等ニ二割ノ割引ヲナスコト

第二条　地主ノ要求スル土地返還ニ関シテハ当該地主及当該小作人両者ノ労働力等ヲ対比参酌シ実情ニ則シ円滑ナル耕地融通ノ趣旨ノ下ニ個別的ニ公正妥当ナル決定ヲナスモノトス（略）

第三条　地主側ニ於テハ現ニ提起中ナル小作料納入土地返還訴訟ヲ直ニ取下ゲ小作人側ニ於テハ争議団ヲ即日解散スルモノトス[38]」

以上、争議は右のような経過をたどり、その帰結は、「解決契約書」にみられる如く、第二条のうちに抗争の火種は残されてはいるものの、小作人側が当初提出した小作料二割軽減要求がそのまま通り、しかも地主側の土地返還訴訟を取り下げさせていることからして、小作人＝小作組合側の全面的勝利であった。しかるに、以上の経過から摘出しうる当該争議の特質は次の点にある。

第一に、争議は小作人の田小作料減免要求にはじまり、その要求貫徹に終っているが、この小作争議を単に小作料減免闘争とすることはできない。先に引用した史料（註28）にある如く、地主側は「本争議ヲ楔機トシテ所有地全部ヲ引上ケ繁雑ナル小作争議ヲ根絶セント決意」して、小作地取上げ＝自作化をもくろんでいたのであり、争議は、はじめから土地闘争として展開する契機を孕んでいた。それは争議経過の裡にもみてとることができるのであって、一一月二七、三〇日の争議対策協議と申し合わせ、一二月五日の土地返還訴訟の準備、一二月二六日の訴訟提起という地主側の一連の動きは、小作人の小作料減免要求にたいする折衷的軽減案を対置させることは一切考慮せず、ただ所有地を引きあげることのみを企図していたことをしめすものである。すなわち、この争議は、その当初から、小作人の生存の手段としての田小作地における高額小作料の軽減要求と、地主の田小作地引上げ＝自作化要求という二重の契機を内在させていたということができる。そして内川争議におけるかかる特質が地主・小作の対立をきわめて激しいものとし、争議解決後においてもむしろその抗争を深刻化させるのである。

しかしながら第二に、争議それ自体の抗争過程は、小作人＝小作組合側の圧倒的攻勢に終始し、結果も小作人の全面勝利に帰している。このことにかんしては、次の二点が注目される。まず、争議における関係小作人は七〇名であるが、この数字が内川小作組合（全農内川支部）員のそれと一致することからみて、争議関係小作人のほとんどが組合員であると考えられる。すなわち、争議主体の小作人は、争議勃発時に即席的に団結したのではなく、従来より組合員として組織的日常的に団結し来たった小作人であったがゆえに、彼らはきわめて高度な組織的統一を持続しえたのであり、特高報告が、「県下争議中本争議ハ其ノ団員ノ結束ニ於テ又闘争意識ノ高度化ニ於テ他ノ追随ヲ許サズ」(39)と述べているのはけっして誇張ではなかったのである。次に注目すべき点は、小作人＝小作組合の政治的力量についてである。彼らは小作料軽減を地主側に要求すると同時に、村農会所属の農家小組合（内川部落の農家小組合は八組合）の解散を提起した。一一月二三日、中村浩他小作組合幹部は連名で、次の如き農家小組合「解消声明書」を出している。

系統農会廃止ノ件ハ既ニ区民大会ニ於テ可決確定セルモノニシテ之カ前提トシテ当然農家組合ノ解消ハ時ノ問題トシテ今日ニ及ビ今ヤ我々ハ正シキ主張ニ基キ御用機関タル以外ニ何物ヲモナキ反動的農家小組合ノ即時解消ヲ提唱ス。(40)

右史料にあらわれる区民大会において決定したという農会廃止云々の詳細は不明であるが、これらの動きの中で、現実に解散されたことが明らかなのは、地主同盟の中心人物中村吉之助が組合長の興進農家組合である。この組合は、一一月二四日、小作人側の要求による総会開催の結果、解散賛成派が多数を占め、一一月二六日に解散している。また消防組についても、同村大字上徳間の全農支部員村山一らの復職問題(41)をめぐって抗争が生じ、内川小作組合員は連名で消防組を脱退し、その機能を麻痺せしめた。さらに、この争議後の一九三一年末には、小作組合がみずから消防ポンプなど一式を購入し、私設消防組（いわゆる赤色消防組）を編成するに至った。

小作組合の政治的力量は争議後の村会議員選挙にもしめされた。すなわち、「農民組合運動が本村に於て漸次旺盛となるに伴ひ、農民代表者の村会進出が計画される様になり、本期村会議員選挙に於ては本村内川区より農民組合代表者二名の立候補者を出したのである。本村各区では予め選出議員数を案分し内川区よりは二名の選出をなすこととなつたのであるが、地主派は二名を独占せんとし、無産派二名と計四名が相対抗し、結局無産派地主派各一名が当選の栄を捷ち得たのである。而も無産派一名は最高点（六十五票）を獲得し、他の一名は次点三十九票(42)」であった。すなわち一位、三位が小作人、二位、四位が地主であったのである。この最高点当選者が小作組合の中心人物中村浩である。

以上のような事実は、内川小作組合が政治的にも地主的勢力に対抗して、部落の政治的諸機関を直接左右しうる力量を保持していたことをしめすものにほかならない。

さて、このような小作組合側の攻勢にたいして、地主側の対応は、「一層団結を強め全農的小作側を打破し以つて将来の禍根を絶滅[43]」せんとする非妥協的な決意と姿勢にもかかわらず、終始、守勢にまわらざるをえなかった。のみならず地主同盟は南沢介雄などの脱落者を出し、小作組合によって「全組合の諸君我々は今日より身を以つて南沢君の身辺を擁護して遣らねばならぬ」（争議日報第12号）「頑迷地主同盟南沢君を弾圧す」（同第13号）などと書かれるありさまで、内部抗争も生じ、その結束は事実上崩壊したのであった。これが争議経過における第三の特質である。この点については今さしあたり次の事実を指摘しておく。すなわち、地主同盟にあって、最後までもっとも強硬にして非妥協的であったのは、貸付地をもち小作料に寄食すると同時に、みずからの農業経営にもかなりの比重をもってたずさわる耕作地主（たとえば地主同盟の中心中村吉之助はその典型）であり、これにたいして、地主同盟からの脱落者あるいは比較的早期に小作人の要求に応じた地主は、第一節で検出した数少ない「地主的地主」（たとえば南沢介雄）および内川部落中唯一の不耕作地主（管野一志＝長泉寺住職）においてあらわれたということである。このことについてはさらに後述しよう。いずれにせよ、地主同盟の盟約は、小作組合の攻勢のまえに事実上崩壊し、彼らの提起した土地返還訴訟は延期の申請を余儀なくされたうえ（一月二〇日）、結局は訴訟を取り下げ、小作料二割減の要求を受け入れざるをえなかったのである（一月二八日「解決契約書」）。

一九三〇（昭和五）年末から三一年初めにかけて展開された内川小作争議の経過から以上のような特徴が指摘されるのであるが、さて、このような特徴をもった小作争議の歴史的性格とその意義は如何なるものであったか。このことを解明するために、次には争議における地主および小作双方の闘争主体とその対抗の性格が分析される必要があろ

**第13表　争議主体（指導者層）所有・経営相関表**

| 所有＼経営 | 0反 | 0.1～1.0反 | 1.1～3.0反 | 3.1～5.0反 | 5.1～10.0反 | 10.1～15.0反 | 15.1～20.0反 |
|---|---|---|---|---|---|---|---|
| 反 0.0 | — | — | — | ㋑㋒㋕㋗ | ㋝㋞ | ㋟ | — |
| 0.1～ 1.0 | — | — | — | ㋔㋖㋘㋙ | — | — | — |
| 1.1～ 3.0 | — | — | ㋐ | — | ㋚㋛㋜ | — | — |
| 3.1～ 5.0 | — | — | — | ㋓ | — | — | — |
| 5.1～10.0 | — | — | — | — | ⓚⓛ | ㋠ | — |
| 10.1～15.0 | ⓙ | ⓖ | — | ⓘ | — | ⓗ | — |
| 15.1～20.0 | — | — | — | — | ⓕ | — | ⓔ |
| 20.1～30.0 | — | — | — | — | ⓓ | ⓒ | — |
| 30.1～40.0 | — | — | — | ⓑ | ⓐ | — | — |

小作組合側

㋐ 中村茂一郎
㋑ 中村勘兵衛
㋒ 中村　武也
㋓ 中村　利治
㋔ 飯島　広雄
㋕ 中村　安衛
㋖ 中村柳太郎
㋗ 北沢　貞男
㋘ 中村　　浩
㋙ 羽田　義栄
㋚ 赤地　熊蔵
㋛ 赤地孫之烝
㋜ 赤地新太郎
㋝ 北沢多賀治
㋞ 小山田養松
㋟ 赤地仲治郎
㋠ 中村　市朗

地主同盟側

ⓐ 島田直太郎
ⓑ 南沢　介雄（小学校教員）
ⓒ 中村彦太郎
ⓓ 中村吉之助
ⓔ 瀬在　大助
ⓕ 中村鉄之助
ⓖ 瀬在國太郎（開業医）
ⓗ 飯島辰之助
ⓘ 瀬在　すい
ⓙ 管野　一志（長泉寺住職）
ⓚ 飯島　新吾
ⓛ 中村　森平

註：特高史料（農政調査会所蔵争議資料）で確認しうる氏名と『所得調査簿』（1931年）をつきあわせて作成したものである。なお争議関係小作人は70名であるが，氏名の確認できるのは上記17名のみであり，これらは小作組合幹部であると考えられる。また関係地主は24名であるが，上記は12名はその中堅たる同盟員である。

う。

### (3)　争議主体とその対抗の性格

内川争議の関係地主・小作人はそれぞれ二四名、七〇名[44]であるが、第13表は双方における指導的人物の所有・経営の相関をしめしたものである。この表から次の事実を指摘しうる。

まず小作人側についてみれば、そのほとんどは経営三反から一町のあいだに集中している。さきに確認したように内川部落の農民層のかなり多数は経営三反以下に滞留しているのであるが、農業経営には再生産の基盤をもたない半プロ的なこの階層には争議の中心主体を見出すことはできず、経営的にはこの階層の上層に争議の主体があったのである。しかもこの中で、一九二〇年代の小作組合結成、一九三〇年代初頭の小作争議、戦後農地改革をつうじて内川部

第14表　争議主体・田畑経営構成比

| | 田 | 畑 | 計 | | 田 | 畑 | 計 |
|---|---|---|---|---|---|---|---|
| 小作17戸 | 反 55.9 (59.6)% | 反 38.0 (40.4)% | 反 93.9 (100.0)% | 地主12戸 | 反 35.9 (37.3)% | 反 60.2 (62.7)% | 反 96.1 (100.0)% |

出典：前表に同じ。

第15表　中村吉之助，南沢介雄の経営

| | 貸付地 | | | 自作地 | | |
|---|---|---|---|---|---|---|
| | 田 | 畑 | 計 | 田 | 畑 | 計 |
| 中村吉之助 | 反 14.2 | 反 ― | 反 14.2 | 反 2.0 | 反 7.8 | 反 9.8 |
| 南沢　介雄 | 18.1 | 8.7 | 26.8 | 0.6 | 2.8 | 3.4 |

出典：前表に同じ。

落における農民運動のもっとも中核的人物であった中村浩、同武也、同勘兵衛はいずれも経営三～五反層の貧農的経営に属している。しかし他方、経営五反以上の経営的中堅にも争議主体が見出されることにも注目しておきたい。

これにたいして地主層の経営は、小作人よりも大小の幅をもつが、全体としては五反～一町五反層に集中しているということができる。

したがって、地主・小作の対抗をその経営的側面のみよりみれば、五反～一町五反層と三反～一町層の対抗ということができよう。だが、両者の経営の性格は、第14表より明らかな如く、小作層は田＝耕種部門を中心とし、地主層は畑＝桑畑、つまり養蚕経営により大きな比重がかけられているのであって、農業経営者としての側面では、地主層のほうがはるかに商品生産者的性格を濃厚にもっているのである。しかも地主中、このような経営における商品生産者的性格をもっとも強くもった耕作地主のほうが、むしろかかる性格の希薄な「地主的地主」よりも争議において強硬な姿勢（小作料減免拒否→土地取り上げ）をくずさなかったのである。地主同盟の委員長中村吉之助と「裏切り分子」南沢介雄の経営における対照的性格（第15表参照）はこのことを如実にしめすものである。

しかるに、一九三〇年にはじまる昭和大恐慌は、長野県が「蚕糸業ノ著シキ発達ニヨリ商品生産化ヲ通ジテ近代的経済組織ヘノ関連ヲヨリ強カラシメ交換経済色彩ヲ濃厚ニ帯[45]」びた地域であったがゆえに、「其ノ拡大化ノ迅速ト浸潤ノ深刻サ[46]」には格段のものがあった。内川部落のばあい、恐慌は地主・小作の双方にいかなる打撃と変化を与えた

**第16表　小作争議主体所得変化　Ⅰ（第13表における小作人17戸）**

| | 経営地 | | 繭 | 賃労働 | 販売業 | その他 | 総所得 |
|---|---|---|---|---|---|---|---|
| | 田 | 畑 | | | | | |
| 1931（昭６） | 925<br>(37.4) | 283<br>(11.5) | 508<br>(20.6) | 477<br>(19.3) | 122<br>(4.9) | 156<br>(6.3) | 2,471<br>(100.0) |
| | (48.9) | | | | | | |
| 1932（昭７） | 845<br>(48.3) | 142<br>(8.1) | 245<br>(14.0) | 314<br>(17.9) | 98<br>(5.6) | 106<br>(6.1) | 1,750<br>(100.0) |
| | (56.4) | | | | | | |
| 1932/1931 | (91.4) | (50.2) | (48.2) | (65.8) | (80.3) | (67.9) | (70.8) |

出典：前表に同じ。
註：単位円，カッコ内は％。

**第17表　小作争議主体所得変化　Ⅱ（第13表における地主12戸）**

| | 貸付地 | | 経営地 | | 繭 | その他 | 総所得 |
|---|---|---|---|---|---|---|---|
| | 田 | 畑 | 田 | 畑 | | | |
| 1931（昭６） | 1,710<br>(22.5) | 398<br>(5.2) | 1,050<br>(13.8) | 810<br>(10.7) | 689<br>(9.1) | 2,939<br>(38.7) | 7,596<br>(100.0) |
| | (27.7) | | (24.5) | | | | |
| 1932（昭７） | 1,642<br>(26.8) | 340<br>(5.5) | 1,084<br>(17.7) | 586<br>(9.6) | 514<br>(8.4) | 1,963<br>(32.0) | 6,129<br>(100.0) |
| | (32.3) | | (27.3) | | | | |
| 1932/1931 | (96.0) | (85.4) | (103.2) | (72.3) | (74.6) | (66.3) | (80.7) |

出典：前表に同じ。
註：単位円，カッコ内は％。

か。一九三一年と三二年の所得変化をしめした第16表および第17表によってこれを具体的に検討してみよう。

第一に小作人側についてみると（第16表）、総所得の構成比では、第一に繭、次に賃労働での比重が小さくなっているのにたいして、田の比重はいちじるしく大きくなっている。各部門での一九三〇年と一九三一年の所得比率では、全体として恐慌による窮迫が進行するなかで（総所得七〇・八％）、もっとも打撃の激しいのは繭（四八・二％）と畑（五〇・二％）すなわち養蚕経営であり、次に賃労働収入（六五・八％）である。そして、もっとも打撃の少ないのは田経営部門（九一・四％）である。しかし、右の数値は原因であると同時に結果でもある。つまり小作農民は養蚕経営の破綻と賃労働機会の喪失という挟撃によって現金収入の途を閉鎖された結果、命綱にしがみつくかの如く、少なくとも飯米を確保すべく田に経営の比重を移さざるをえなかったのである。しかし、それとても九一・四%という数値がしめしているように絶対的窮乏は避けられてはいない。恐慌期小作農民の小作料減免要求はここにその根拠をもっている。すなわち彼らの要求の論理は、小作組合の小作料減免要求が「畑小作料ハ問題トセズ田小作料ニ於テノミ」なされたという前掲史料に表現されているように、経営的前進過程で高額小作料を最大の桎梏として意識した「自小作前進」層の論理（小商品生産のいわば経営の論理）というよりも生存そのものを維持する生活防衛的な論理（下層貧農のいわば生活の論理）であった。

第二に地主層では（第17表）、総所得中の構成比では、貸付地と経営地所得が増加しているが（貸付地二七・七↓三二・三%、経営地二四・五↓二七・三%）、その内容はいずれも田の比重の増大である。これにたいして減少させているのは、株式配当、給与、自営業収入からなる「その他」（三八・七↓三一・〇%）および養蚕部門（畑一〇・七↓九・六%、繭九・一↓八・四%）である。この数値は一九三〇年と一九三一年の比率にもあらわれており、恐慌の打撃は、「その他」（六六・三%）、養蚕経営（畑七二・三%、繭七四・六%）においてもっとも激しい。しかし、このようななかにあって、総所得を減少させているにもかかわらず、田経営ではその収入をむしろ絶対的に増大させ（一〇三・二%）、田貸付地でも減少はきわめて微少であるのが特徴である。要するに地主層は、家族労力による耕作限界以上の所有地では依然、貸付地として高額小作料を維持しつつ、自作地経営の分野では、可能な限り畑作＝養蚕経営から田自作化への「耕地種目ノ還元的移動」(47)をはかることによって恐慌の打撃をきりぬけようとしたといえよう。このように、恐慌の打撃とその深化は田を矛盾の結節点としたのである。

以上の検討により、争議における地主・小作の階級対立の基本線は、貧農を主体とする小作農民の、生存の基盤としての田小作地確保とそこでの高額小作料減免要求と、耕作地主層の田貸付地の自作化という経営転換要求の対抗であったということができる。この争議がいわゆる小作料減免闘争と土地闘争の二重の契機をはらんでいたのは右のような階級対立の性格によるものである。

## Ⅳ　おわりに――いわゆる貧農的農民運動の歴史的意義にふれて――

さて本章で展開した小作争議分析は、典型的在村地主型の、しかも同一部落内での争議事例である。したがって、昭和恐慌下小作争議の一般的性格を規定するには、既に蓄積されてきた諸研究をあわせてもっと広い視野から論がてられなければならない。したがって、ここでは、さしあたり、本章で分析した一九三〇～三一年内川小作争議に即して、その基本的論点を次の二点にまとめておこう。

第一の論点は、恐慌期五加村＝内川小作争議は、中農的経営層に一定の参加者はみられるものの、その基本的性格は、田小作料軽減要求をかかげた下層の自小作・小作農を主体とする貧農的農民運動として展開したという点にある。しかるにここでの小作料減免闘争の意味は、「養蚕を中心に最も商品生産者的性格をもつ上層の自小作・小作層」を主要な担い手とするそれとは異なる。

この事情は、昭和恐慌下の全国農村を踏査した猪俣津南雄の報告を引用することによってその説明にかえよう。すなわち彼は、「最も注目すべきことの一つに思はれたのは、貧農の下層の擡頭進出の傾向であつた。新たに組織される組合支部、乃至は一度『睡眠状態』に陥つて最近又動き出した組合支部、さういふところでは貧農の中でもむしろ『下の方』が組合に入つてくる。大正の末期まで続いた農民運動の第一の浪の時はその反対であつた。率先組合に参加したのは貧農『上の方』であつた」(48)と、当時における運動主体が下層貧農であることを指摘したうえで、小作料減免運動について次のように述べている。

同じ小作料減免の運動にしても、前と今とでは意味合ひが違つてきた。前は、減免によつていくらかでも暮し向きを楽にしたい、といふところに貧農（上層を意味する――引用者）の要求の重点があつた。（中略）暮し向きを楽にすることが中心問題だつた時分には、三割減によつて浮かぶ米俵の数の多い者ほど、大きな利害関係を減免闘争に持つてゐた。その時分にはまだ、下層貧農は日傭稼ぎの口もあり、労賃収入もかなりあつて、米も買へたから、四俵や五俵の飯米のことを今ほど問題にしないですんだ。だが、それが殆ど駄目になつた現在では、自分の取つた米の中からなんとかして飯米を残すより外はない。従つて、現在では、減免によつて浮かぶ米俵の量は少なくとも、それの意味するものの質から見て、貧農下層こそ減免闘争の最大の利害関係者だ。[49]

このように、昭和恐慌期における小作人の小作料減免要求の論理の重点は、いわば経営的前進の論理から生活防衛の論理に移っていたのであり、下層の自小作・小作農を主体とした内川部落における小作農民の強固な統一とその闘争の非妥協的性格は、ここにその根拠をもっていたということができる。「農民運動がもっとも生活の窮乏した小作貧農層にまで根をおろしえなかったことは、否定しがたい[50]」という見解は皮相的である。

内川小作争議の基本的性格をこのように規定したうえで、その歴史的意義を如何に評価するかという視角からすれば、むしろ第二に問題になるのは、当該争議がきわめて狭隘な生産力基盤（零細農耕制）の上にたった、「自作農の予備群[51]」的な耕作小地主と小作農民の、ともに農業経営に蒙った恐慌の打撃を必死になってきりぬけようとする非妥協的対立であったという、その対立の性格についてである。

内川部落の農民層分解の特質は先述の如く、基幹的直接生産者ともいうべき自作・自小作の中農的農民層が階層的にはきわめて薄く、むしろ経営的中堅は小作料収取者である耕作地主層に体現されていた。内川部落における貧農を中心とする農民運動が高度の組織的統一と団結をもった革命的運動でありえたのは、中間的自小作前進層の階層的な薄弱によるものである。コミンテルンをはじめとする当時の左翼が、五加村農民闘争をもっとも革命的としたのはこの限りではあたっていたともいえよう。

だが他方、経営的上層農民が、他ならぬ経営的下層農民の敵対する耕作地主層のうちに一体化されていたという事情により、地主・小作の対立はある意味では農業経営者どうしの対抗という性格をも内包し、その対立はきわめて陰惨・深刻なものにエスカレートし——たとえば、この争議後も、地主が小作人にたいして槍で襲いかかったという内川真槍事件、あるいは、土地を取上げられた小作人の家族七人が心中するという事件などが起きている——、当時、提起されていた経営下層農民と自作農など中農的農民層の同盟という農民層の階層的・全村的統一の客観的条件を欠き、一九三〇年代初頭の日本における情勢が農民運動に要請していた課題、すなわち、満州事変にはじまるファシズムと戦争勢力の台頭にたいして、これに対抗しうる広汎な統一戦線の一翼としての全村的全農民層の運動を形成していくという課題には応ええず、他の部落をふくめた全村的規模で展開されていく経済更生運動等のファシズム的統合策には有効に対処しえなかったのである。

註

（1）東筑摩郡麻績村、南安曇郡小倉村、および本章で扱う五加村の小作争議を指す。いずれも昭和恐慌下の争議である。なお麻績村争議については、地域史を掘り起こす会「小作争議と戦時体制下の農村——長野県東筑摩郡麻績村における一考察——」（信州大学教育学部歴史研究会『信州史学』第三号）がある。

（2）酒井惇一「昭和恐慌期における『貧農的』農民運動の研究」東北大学農学部農業経営学研究室『農業経済研究報告』第六号、一九六五年。

（3）西田美昭「養蚕製糸地帯における地主経営の構造」永原慶二ほか『日本地主制の構成と段階』東京大学出版会、一九七二年。
（4）『コミンテルン　日本にかんするテーゼ集』青木文庫、一九六九年、一三八頁。
（5）東畑精一「地主の実体」（同著『農地をめぐる地主と農民』酣燈社、一九四七年、所収）参照。
（6）犬塚昭治『日本における農民分解の機構』未来社、一九六七年、三〇五頁。
（7）持田恵三『農業近代化と日本資本主義の成立』御茶の水書房、一九七六年、一二二頁。なお犬塚前掲書はこのような在村耕作地主を「農民的半寄生地主」とよんでいるが、先の「職員兼業農家的半寄生地主」にしても、このような範疇製造にどのような理論的意味があるのか筆者には理解できない。
（8）『栗原百寿著作集』Ⅰ、校倉書房、一九七四年、一九六～二〇五頁、参照。
（9）同右。
（10）中村政則「大恐慌と農村問題」『岩波講座日本歴史19　近代6』岩波書店、一九七六年、一六〇頁。
（11）長野県庁史料『公文編冊　昭和二年事務引継書』。
（12）農商務省農務局『小作争議ニ関スル調査』一九二二年、二三五頁。
（13）『長野県政史』第二巻、一二九頁。
（14）一柳茂次「絹業主蚕地帯の農民運動」農民運動史研究会編『日本農民運動史』東洋経済新報社、一九六一年、九一七頁。
（15）長野県内務部刊『長野県における最近とくに推移せる小作事情』一九二九年。ただし、これは黒田寿男・池田恒雄『日本農民組合運動史』よりの重引である。
（16）日農長野県連結成当時の加盟農民組合数は、従来の叙述では二三組合となっているが（たとえば信濃毎日新聞社『長野県における農地改革』四六頁、『長野県政史』第二巻、二二三頁など）第12表のしめすところによれば二四組合である。
（17）内川小作組合の結成時期は諸説あり定かでない。すなわち、青木恵一郎『日本農民運動史』第四巻（日本評論社、一九五九年）では一九一九年、協調会『小作争議地に於ける農村事情』（一九三四年）では一九二一年、農林省農地部『農地改革執務参考』第四四号では一九二二年、の如くである。
（18）青木恵一郎『日本農民運動史』第四巻、日本評論社、一九五九年、二六六頁。

(19) 同右、二六六〜二六七頁。
(20) 鹿野政直『大正デモクラシーの底流』日本放送出版協会、一九七三年、三一頁。
(21) 前掲『農地改革執務参考』第四四号参照。
(22) 農地改革時、中村浩、中村武也はそれぞれ村長、農地委員会委員長（いずれも共産党員）として、村政変革の中心人物となっている。この点については第八章参照。
(23) 大原社会問題研究所所蔵『全農・長野』（未定稿）によれば、日農長野県連結成当時の役員は次のとおり。常務理事長塩入豊治（南条村）、専任常務理事小林杜人（雨宮県村）、常務理事北村万弥（須坂町）、中村浩（五加村）、青柳藤作（長瀬村）、竹内嘉太郎（村上村）、会計若林忠一（屋代町）。
(24) 前掲『小作争議地に於ける農村事情』一〇九頁。
(25) 全国農民組合創立大会における運動方針（農民組合五十周年記念祭実行委員会編『農民組合五十年史』御茶の水書房、一九七二年、一三二頁）。
(26) 青木恵一郎前掲書、前掲『小作争議地に於ける農村事情』など参照。
(27) 青木恵一郎前掲書。
(28) 特高秘収第四九六六号「全国農民組合内川支部小作争議解決ニ関スル件第九報」昭和六年一月三一日（農政調査会所蔵争議資料）。
(29) 特高秘収第六三二〇一号、なお、内川部落に耕地を所有していた村外の代表的地主に信濃銀行があるが（面積不詳）、特高史料によれば小作組合はこの銀行にも書面で軽減要求をおこなっている。しかし当該銀行はすでにこの年一一月六日に支払停止を発表し破綻しており（『更級埴科地方誌』第四巻現代篇、七二二頁）、小作人側との交渉の結末は不明である。だが少なくとも、この争議の主要な対抗が、村内地主、しかも同一部落内での地主と小作人とのあいだにあったことは確かである。
(30) 特高秘収第六六八一号、昭和五年一〇月八日。
(31) 同右、別記第一号。

契約書

内川地主会

今般一同協議ノ上左ノ契約ヲナス
一、小作地及小作料ニ関スル一切ノ件ハ一同協議ノ上ニテ決定スル事
一、小作問題及争議ニテ訴訟其他ニテ費用ヲ要スル時ハ各自俵数割ニテ経費其他費用一切ヲ負担スル事
一、小作料ニ関シ申入ヲ受ケタル場合ハ契約者単独ニテ之ヲ決定セズ委員会ノ裁定ニ依ル事
一、新ニ土地ノ費用ノ賃貸ヲナス時ハ小作人ノ選定ハ委員会ニテナス事
一、小作人ノ異動ニ付キテモ契約者ハ共通ニテ之ヲ行フ事
一、総テ契約ニ違反シタル行為ヲナシタル者ハ違約金ノ申渡ニ不服ヲ申立ツル事ヲ得ズ　違約金ハ金弐千円トス
一、契約者ハ日常ノ事ニ付テモ親善ヲ旨トシ相互同一ノ行動ヲナスモノトス
一、契約者中ヨリ委員長一名ヲ挙ゲ会務ヲ処理ス
　右契約ヲ固ク守ル為メ一同署名捺印候也
　昭和五年十一月三十日

瀬在國太郎 ㊞
中村彦太郎 ㊞
中村森平 ㊞
中村多蔵 ㊞
中村鉄之助 ㊞
飯島新吾 ㊞
中村吉之助 ㊞
南沢介雄 ㊞
瀬在大介 ㊞
島田直太郎 ㊞

右「契約書」中にある委員会委員五名は不明であるが、委員長は中村吉之助である。なお、これは内川地主会全体ではなく、その中核部隊と考えられる有志によるものであるが、前出特高史料によれば右の一〇名以外に後日この契約に参加したものが

あると考えられる。また同史料中に「地主同盟員」という表現が頻出するが、これはこの内川地主会有志による「契約書」に参加した地主を意味するものと思われる。
(32) 同右。
(33) 特高秘収第二五六号、昭和六年一月八日。
(34) 同右。
(35) 特高秘収第一六九〇号、昭和六年一月二二日。
(36) 同右別記第九号。
(37) 特高秘収第四九六六号、昭和六年一月三一日。
(38) 同右。
(39) 同右。
(40) 特高秘収第六三八二九号別記第二号、昭和五年一一月二八日。
(41) この問題についての詳細は明らかではないが次の史料を参照。
「本争議団員ニシテ埴科郡五加村公設消防組員タル瀬在清雄外十六名ハ本月十七日仝消防組出初式挙行サル、ニ当リ其ノ前日既報セル仝村全農上徳間支部ノ小作争議ニ関シ仝消防組員ヲ辞任シタル全農組合員村山一外七名ノ復職ヲ為サシムヘク同消防組頭ヲ訪問シ（中略）抗議書ヲ提出誠意アル回答ヲ求メタリ然ルニ組頭ハ『村山一一派ハ由来上徳間小作争議ニ関与シ仝争議カ個人交渉ニヨリ略解決スルヤ更ニ諸君ト共ニ内川小作争議ニ参加シ全ク改悛ノ情ナキニヨリ復職ヲ認メ難シ』云々ト拒絶スルヤ瀬在清雄等一味ハ『村山一等カ内川争議ニ干与スルノ故ヲ以テ復職セシムル能ハストセハ争議当事者タル吾々ハ尚更消防組員ノ資格ナシ』云々ト述ヘテ即日五加村消防組第二部長ヲ通シテ連名辞職届ヲ提出」（前掲特高秘収第一六九〇号）。
(42) 前掲『小作争議地に於ける農村事情』。
(43) 特高秘収第六八七四八号別記、昭和五年一二月一七日。
(44) これは特高報告の数字である。第1表では関係小作人は六七名。
(45) 長野県内務部農商課『長野県の不況事情』（一九三二年）。なお、恐慌が長野県全体にもたらした結果については、小峰和

夫「昭和恐慌期の蚕糸業破綻と農村情勢――主蚕地帯=長野県の状況――」(『歴史学研究』第四三四号、一九七六年)参照。
(46) 前掲『長野県の不況実情』。
(47) 同右。
(48) 猪俣津南雄『踏査報告　窮乏の農村』改造社、一九三四年、二六七〜二六八頁。
(49) 同右。
(50) 隅谷三喜男「恐慌と国民諸階級」同編『昭和恐慌』有斐閣、一九七四年、三〇三頁。
(51) 東畑精一前掲書参照。

# 6 書評 西田美昭編著『昭和恐慌下の農村社会運動』

## (1) 外在的批評——第一章について——

さいきん、一方では、戦前日本における資本主義論争を再検討し、そこから日本資本主義論・地主制論さらには天皇制国家論についての、今日における研究課題・方法をあきらかにしようとする論稿があい次いでいる（いま思いつくままに挙げれば、たとえば山崎隆三・中村政則・福富正美・長岡新吉・山本義彦ら）。ところが、他方では、この戦前論争のまさにキイ・ポイントにほかならなかったところの農業・農村問題について、綿密な農村調査をふまえた精緻な個別実証分析が蓄積されつつあるのも、さいきんの顕著な研究動向といってよいだろう。しかも、この動向が、「寄生地主制論争」が展開され、農村調査が一つのブームにまでなった一九五〇年代と異なるのは、第一に、分析の焦点が日本資本主義の独占段階以降にあわされていること、第二に、大正デモクラシーから日本ファシズムへの推転のプロセスを当該段階の農業構造と農村の政治過程・農民の意識状況との関連において把握しようとする、いわば経済史と政治・思想史との方法的統一を求める志向の存在すること、などにその主たる特徴を見出すことができることである。

このような特徴にてらしてみると、ここで紹介する本書は、右に述べた研究動向を典型的に示す労作として位置づけることができよう。このことは、本書第一章で述べられている課題の設定と方法からも明らかである。

すなわち、本書の第一の課題は、「一九二〇年代から、昭和恐慌期、さらには戦時体制期・農地改革期にかけて展開したさまざまなレベルの農村社会運動の特質とそれらの相互連関を総体としてあきらかにすることにある」とされ(三頁)、そのさい、この課題を運動の基礎過程、すなわち運動の担い手の経済的・社会的諸条件とのかかわりにおいて分析することを重視している。

ところで、ここで注目しておきたいのは右の引用文にある「農村社会運動」という用語である。このことばは本書の題名にも使用されているのであるが、ここにこめられている意味あいについて執筆者(西田美昭氏)の説明をきいておこう。次のように述べている。

「われわれが農村社会運動という理由は、農村で展開した様々な運動が、従来存在する農民運動という概念では、律しきれないからである。農村で展開した『左翼』から『右翼』まで、あるいは『中間』も含めた運動全体を農村社会運動と呼んでおきたい」(一四頁)。

さて、本書の第二の課題は、「『大正デモクラシー期』から『昭和恐慌期』を経て、『ファシズム期』さらには『戦後変革期』へと推転する過程を、農村で生活する人々の行動を通してあきらかにすることである」(四頁)。

ふたたび、右の引用文にある「農村で生活する人々の行動を通して」という一節に注目しよう。このさりげない一節にもかなり重要な意味がこめられている。というのも次のような文章がつづいているからである。

「焦点をあくまで農村で生活する人々の意識・行動にあわせていきたい。なぜなら、先に述べたように村で生活する人々をとりまく環境・諸条件はきわめて重層的・複雑であり、単純にファシズムに賛成したか反対したかというだけの論理では把えきれない構造を持っていると考えるからである。反体制的あるいは左翼的な諸運動が、これら複雑かつ困難な諸条件の下での苦闘の中から生まれてきているとともに、常にほとんど同時に、それに反撥ないしは、それを蚕食する右翼的もしくは体制的な動きも出現している。農村で生活する人々は、こうした状況の中で、また複雑な利害関係の中で自らの生きる方向を模索しているのである」（四～五頁）。

さてここまで書いてくると、われわれのまえには、本書の課題そのものよりも、課題の設定の仕方のうちにひそまれている本書のもう一つの重要な視角が浮かびあがってきたように思われる。第一の課題における「農村社会運動」という用語の意味あいの説明と、いまここで引用した文章をつきあわせてみるがよい。二つの文章は内容的に同じことを強調しているのであり、そこではかなり重大な問題提起がなされている。すなわちそれは、右翼か左翼か、体制的か反体制的か、ファシズムか反ファシズムか、という総じて、従来の階級闘争史・人民闘争史で使用されてきた単純な区分では当該時期の農村社会の動態はとらえきれないのだ、という問題提起である。もっとも、この章の執筆者は、このような課題の設定の仕方を学問的リアリズムという方法次元の問題（「村人達がどう生きようとしたかを事実に基づき忠実に描き出す」＝「実証の努力をする中で『理論』を検証」）と一緒くたにして論じているのでわかりにくいが、しかし右の問題は学問的方法次元にとどまる性格のものでは決してないであろう。

感性的なレベルでの話で恐縮だが、評者は全篇八〇〇頁にもわたるこの大著を読了するにいたって、一方で、この書の分析対象地域である長野県・小県郡・西塩田村での執筆者諸氏の「ローラー作戦」的史料調査（六頁）とその分析への情熱・精力的エネルギー・学問的誠実さ、に感嘆し多くを学んだのであるが、他方で、読後感のうちに何か釈然としないものがわだかまったのである。それをひとことで表現すれば、本書からこの地域社会における歴史的変革がどのように展望されるのだろうか、というような疑問であった。

先にも少し触れたが、一九五〇年代に、「農村調査」ブームが起ったことがあった。古島敏雄氏は、このブームの「もっとも本質的な理由」を、「直接敗戦後の社会的な諸変革から出て」きた諸問題のうちに求め、「切実な問題の具体的な構造の理解を求め、更にそれを解決するための方途を見出そうとする、実践的な調査をも生じさせた」と書いている（古島・福武編『農村調査研究入門』一九五五年）。評者はこのときはまだ生まれてまもない頃だから当時の実感的雰囲気を知らないが、書物のうえからだけでもこの時代の農村調査に戦後民主主義の息吹を感じることができる。いや、一九五〇年代にまでさかのぼらなくとも、つい一〇年前の一九六〇年代後半でもよかろう。この時期の農村の基礎過程をふまえた歴史学の分野での代表的業績として、われわれは金原左門氏の『大正デモクラシーの社会的形成』（一九六七年刊）という作品をもっている。この作品は、大正デモクラシーという、一九二〇年代のもった進歩的・自由主義的側面における民主主義的変革の可能性に焦点をあて、その歴史的意義を地域農村社会からとらえなおそうとする方向をもっており、さらにこの問題視角は、戦後日本社会における民主主義的変革の歴史的条件をあきらかにしようとする現実的課題意識にもつらなっていたのである。

このように、戦後の農村調査―分析には、多かれ少なかれ現実が提起している諸課題との接点が内包されていた筈であり、その時代の歴史的・思想的状況が刻印せられていたのである。こうした視点から先にみた本書の課題をふりかえってみると、西田氏はそれを学問的リアリズムの問題として述べているが、それはそうではなく、先の課題の設定の仕方のうちに、戦後民主主義の現段階における状況が反映していると評者は考えるのである。そしてそのことと、評者がいだいた歴史的変革への展望が閉ざされているのではないかという素朴な読後の印象とはどこかでつながっているのではないかと思うのである。だがこのことは本書の内容に立ちいって検討しなければならない問題でもあり、本書に即して考えてみようと思う。ただ最後に、先にも述べた一九二〇年代から三〇年代にかけての農村問題研究の蓄積・深化がどのような方向性をもっており、それが現実の提起している諸課題といかなる接点をもちうるのかについて、われわれはもっと緊張感をもった議論が必要なのだということは、指摘しておきたい。評者がここで問題にしたのは、おおげさにいえば本書の思想的・時代的性格なのだが、このような執筆者諸氏に失礼ともおもわれる外在的な批評を敢て試みたのは、本書をくだらないものと考えるからではなく、さいきんの日本近代の農業史・農村史の研究動向を代表する業績と考えてのことである。

## (2) 内在的批評――第二章以下の内容について――

まず第二章以下についてその概略を紹介しておこう。

第二章（調査地――長野県小県郡――の性格）は問題提起的な地帯区分試論ともいえよう。すなわち、従来の農業地帯区分論は専ら農業内的指標に依ることによって、日本資本主義と農業構造の規定関係を示す地帯区分をなしえていないという研究史的批判に立って、分析対象である長野県・小県郡・西塩田村の地域性を日本資本主義と農業（＝地主制）の相互連関のうちに位置づけようとしたものである。具体的には、労働市場の展開と農業構造の全国的な統計分析をおこない五つの基本類型を摘出する。この結果、長野県は、「製糸業を中心に高度の工業の展開があるにもかかわらず、大工業地帯を控える都市近郊型農村と異なって、在村工業型農村として位置づけられなければならないこと、さらに農業生産力が高く、小商品生産農業が展開している在村工業型農村でも、地主制が高度に展開し労働力移動が圧倒的流出となっている山梨などとは異なり、地主制の展開は弱く、労働市場構造は、他府県との関係では、静態的・自県内完結型となっている在村工業型Ｉに位置づけられなければならない」（五五頁）とされ、小県郡・西塩田村は長野県のこのような型をもっともよく体現している地域とされるのである。

第三章（地域経済の動向）は、調査対象である上田・小県地域（上小地域）の経済構造が日本資本主義の構造的一環としてどのように組みこまれているかを分析している。すなわち第一に、この地域の産業構造を中小製糸資本と養蚕農民の結合関係を通して、第二に、金融構造を地域的資金循環構造の特質と金融恐慌・昭和恐慌でのその再編を通して、それぞれ検討し、最後に、右によって明らかにされた地域経済構造をその社会的意味に即して小括している。結果をまとめればほぼ次のようになろう。

上小地域では、日本資本主義の確立過程を経てほぼ第一次大戦期までに、中小零細製糸家・中小耕作地主・主業養蚕家・群小地域金融機関という諸経済主体が有機的関係をとり結ぶこの地域独自の経済構造が成立した。だが一九二〇年恐慌から二〇年代の過渡的段階を経て昭和恐慌を決定的転換点とする蚕糸業の動揺・衰退に直接的に規定されて、一応の地域内的完結性をもっていたかかる経済構造は解体・再編を余儀なくされる。このような変動は、上小地域の階層的上層部分をしてその経営的蓄積基盤の重点を蚕糸業から地主的土地所有へ移行させることに結果した。だが地主的土地所有そのものがこの時期すでに絶対的に衰退しつつあったのであるから、このような事態は、地主・小作関係の緊張激化を惹き起こさざるをえなかった。「一九三〇年代の蚕糸業地における地主・小作関係の特殊な緊張の激化と、零細地主・農民層全体による資本主義に対する被害者意識＝農本ファシズム運動の展開」（一五六頁）は、このような上小地域経済の特質とその変動のあり方に規定されていたのである。

右の二章は、執筆者諸氏の直接入りこんだ西塩田村が日本資本主義の全体構造にどのような組みこまれかたをしているかを明らかにすることをねらった、いわば外延的な地帯区分論・経済構造論であったのにたいして、第四章（農業構造）は、直接の分析目標である昭和恐慌を中心とする西塩田村の農業構造をとりあげそこでの農民諸階層の存在形態を検討し、さらにその頂点に位置する耕作地主層の諸類型を分析したものである。

まずこの地域の農業構造に関する主要論点は次の如くである。①西塩田村は養蚕業の高度に展開した主業養蚕地帯として位置づけられるが、他方、地主的土地所有の展開は比較的弱く、しかもほとんどの中小地主は生産者的性格を併せもつ耕作地主である。②この村を構成する一部落である東前山における農民諸階層は、A耕作地主層（土地所有一五反以上、最高は約六町歩）、B中農上層（土地所有四～一五反の自作・自小作上層）、C中農下層（土地所有一～四反の自小作・小自作下層）、D貧農・雑業層（土地所有一反以下の小作層）、の階層に区分でき、この区分を前提にした場合、階層構成の特質は、B、C層の分厚い存在・A層の生産者的性格・被差別部落の存在とそのD層への集中、の三点に示される。③これを各階層の小商品生産者的性格を示す養蚕経営に即してみた場合、A・B層＝主業養蚕経営、C層＝副業的養蚕経営、D層＝養蚕はほとんど営まずA・B層に養蚕労働力を提供する階層、と性格規定できる。④右の諸階層の矛盾・対抗関係としては、小作地賃借（小作料）をめぐる対抗（A層とB・C・D層）と労働力需給（労賃）をめぐる対抗（A・B層とC・D層、とりわけA層とD層）が考えられる。

次に、この地域における耕作地主層（A層）の存在形態として、「主業養蚕家」、「農村実業家」、「寄生地主」の三類型が析出され、それぞれの経営構造とその変化が分析されている。ただし、ここで分析されている耕作地主層の三類型という場合の類型設定には、この類型が第三章で明らかにされた上小地域経済の特殊な枠組そのものに直接的に規定された存在であるという意味で、地域経済の経過的・現象的な存在形態ともいうべき範疇以上の意味内容はこめられていない（したがってこの三類型のより本質的な規定はあくまで耕作地主なのである。少なくとも評者はこのように理解した）。それゆえに、これら三類型は、昭和恐慌期を通して蚕糸業を中心とする地域経済の破綻とともに解体し、その経営構造は地主的土地所有＝小作料収取へ回帰するものである。

第五章（農村社会運動の展開）は、いわば本書の主題部分にあたる。ここでは、主として一九二〇年代から三〇年代にかけて展開されたさまざまな農村社会運動、具体的には、青年団運動、部落解放運動、小作争議、経済更生運動の特質と運動相互のかかわりが分析されている。しかしこの章では民衆統合政策として展開された経済更生運動についても併せて叙述されていることにみられるように、叙述の基調は、西塩田村における政治的・社会的支配秩序の変動のありかたがいかなるものだったのか、ということを軸に展開されているのである（この章はこのように位置づけて読んだほうがより適切であるとおもう）。かかる視点から本章をトレースすれば次のようになろう。

第一次大戦期を通じての蚕糸業の発展・村内中上層の養蚕農民の経営的前進は、旧来の名望家的村落秩序再編の前提となった。この前提のうえで一九二〇年恐慌の打撃による農業労賃・小作料をめぐる矛盾の顕在化は、旧来の耕作地主（A層）の支配統合を困難ならしめ、その結果、農民層内部の矛盾・対抗の調整機関として村農会内に労資協調会が設置されるに至る（一九二一年）。この労資協調会は小作料（小作米仕切相場）と労賃めぐる矛盾を調整する機能を果すのであるが、それは全体として養蚕を基盤に発展し来った中農層（B・C層）の利害に適合的に機能するものであった。この地域の主業養蚕家の子弟を主たる担い手として一九二〇年代に登場する青年団運動は、このような新たな村落秩序（協調主義体制）の創出と不可分に結びついていた。彼らの運動は、村内の協調主義体制を支えることを通して一定の実権を握り、『時報』（一九二三年創刊）活動や不況対策運動を展開することによって村内世論を主導し、他方では、村を超えて信濃黎明会や上田自由大学の運動とも結びつき文化的啓蒙的役割をも果した。このような協調主義にもとづく社会運動は、農民層内部に存在した階級矛盾・対立についてはこれを根本的に打破しようとするものではなかったが、養蚕経営の上向的発展に支えられて、部落差別撤廃にみられるように一定の「市民的」改革を実現せしめた。しかしながら一九二七年から三〇年へかけての蚕糸業を基軸とする上小地域の経済的破綻は、農民各層の全般的没落をもたらし、さらに各層間の階級対立を顕在化させることによって、協調主義体制の存立基盤そのものを喪失させた。その具体的表現は、典型的には恐慌の打撃をうけた貧農・半プロ層と没落中農層の立ちあがりによる一九三〇〜三二年の小作争議であった。この貧農的小作争議は、一方で一九二〇年代の協調主義体制を崩壊させたが、他方で、村落内部での社会的緊張・亀裂が養蚕中堅農家をして村内秩序の安定志向を強めさせ、やがて上からの国家的秩序改編を引き出す前提となった。この改編を直接推進したのが経済更生運動にほかならない。この運動は中堅養蚕農民である元青年団幹部のA・B層を中心的担い手としつつ、負債整理による村落秩序安定と農業構造の再編による食糧増産を主要課題とするものであった。この課題のうち前者については、A層の譲歩をひきだし小作争議参加者をはじめとする下層農民の経済更生に一定の成果をみるが、後者については、国家権力による強権的な農業生産への介入がおこなわれたにもかかわらず農業生産力の全般的な低下を招来せざるをえず、いわば「内実をともなわない再編」であった。したがって、この運動の担い手としての「B層・A下層の主体性はかつてのような自主的統合をめざすものではなく、国家的政策の枠内で戦時協力体制の構築をめざすものでしか」なく、「彼らは翼賛会・翼壮に大量に進出するが」「この段階では、彼らの主導権は生産力の主要な担い手としてではなく、まさに重要な行政的ポストについたというその資格で発揮されていた」にすぎなかった（六三二～六三三頁）。

第六章（農地改革）は、西塩田村における戦後農地改革過程での諸運動、とりわけ農民委員会＝土地管理組合運動の性格を、戦前の農村社会運動との社会的系譜に留意しつつ検討し、さらに農地改革そのものが農家経済構造に与えた変化について分析している。結論のみを紹介しておく。この地域における農地改革過程は、農民諸階層の多様な運動を登場させたが、その恩恵は結局のところ中農層（自作ないし自小作中・上層）に与えられ、自作農的性格を著しく強めた農家群を生みだした。その限りで農地改革は地主的土地所有の経済的意義を決定的に低め、これを解体した。しかしこの結果は西塩田村の農業構造に生産力的変革をもたらさなかった。けだし、中・上層の農民層にとって、かつて経営的上昇の起動力たりえた養蚕業が解体し、しかも農工間の生産力格差の決定的に強められた戦後段階にあっては、その経営的前進は閉ざされたものにならざるをえなかったのである。こうして結局、中農層は農民的小商品生産者としての展望を見出しえず小土地所有者化した。

第七章（総括）は、前章までの分析を総括的にまとめた章であるが、「ここでは各時期・各段階における中農層の経済的・政治的・社会的役割に焦点をあてつつ総括」がおこなわれている。かかる総括がおこなわれるのは、前章までの分析のなかで、中農層こそが「上小地域に展開したさまざまな農村社会運動の性格を決める鍵としての役割を果たし、かつ地域経済構造の特質に深く規定されていたことがあきらかになった」との認識によるものである（七三五～七三六頁）。このような視角から次のような時期区分がおこなわれている。

第一期　日露戦争後～一九二〇年　農村社会運動の前提の形成
第二期　一九二〇～一九二七年　協調主義的農村社会運動の展開
第三期　一九二七～一九三三年　協調主義的農村社会運動の分化と左翼的農村社会運動の展開
第四期　一九三三～一九四一年　経済更生運動の展開
第五期　一九四一～一九四五年　翼賛体制の成立と崩壊
第六期　一九四五～一九五〇年　農村社会運動の再生と挫折

右の時期区分にもとづいて、中農層の歴史的役割の変化が次のように整理されている。

第一・第二期において、彼らは養蚕業を主業とすることにより小商品生産発展の中心となり、さらにそのことによって旧来の支配秩序の批判者としての性格を強める。この段階で中農層は、政治的には上小地方の「大正デモクラシー」の担い手であったと規定される。しかし、第三期には、小商品生産発展の道が閉ざされることにより、地域経済をリードする根拠を失い、政治的にも、村内の諸階層間の亀裂が深まるなかで独自の政治的影響力を行使しえなくなる。ここに中農層を核とする全村的協調体制が破綻する。第四期の中農層は、経済更生運動のなかで再び生産力の担当層として「復活」するが、それはかつてのような自主的なものではなく国家政策の枠組内での矮小なものでしかなかった。第五期は、第四期の性格をより一層おし進め、彼らは小商品生産者としての性格を著しく弱められ、統制経済の「推進者」としての役割を担うにすぎず、政治的にも村の行政的重要ポストに就いたというその資格で政治的「主体性」を発揮しえたにすぎなかった。さらに第六期の戦後変革期においても、農地改革による所有関係のドラスティックな変化にもかかわらず、中農層は経営的展望をもちえず、政治的にはその一部に左翼的部分を残しながらも大勢としては小土地所有者化し戦後保守体制の支持基盤に転化していったのである。

総括は右の如く中農層の各段階における歴史的役割の変転について述べたあと、その変転には一定の法則があるとして次のように結んでいる。

「われわれの分析結果からは、自らの力で自立的に小商品生産を発展させていた時期の中農層の進歩的役割と、それが断たれたところでの国家依存性・反動性の対比は明瞭である。農地改革期の『民主』から『保守』への変化も、農地改革が地主的土地所有を決定的に解体し、そのことによって、小作農民の地位を改善したとはいえ、決して生産者的側面の強化を目的としたのではなく、小土地所有者の創出を最終目的としたものであったということと無関係ではないであろう。

したがって、よく指摘される中農層の『動揺性』は、単にプチブル的『動揺性』として把えるだけでは不十分であり、各歴史段階における生産者としての性格変化との関連で、合法則的に把握されるべきであると考える」（七八九〜七九〇頁）。

やや長くなったが以上が本書の概要である。（なお巻末に付録資料として『西塩田時報』記事一覧が付されている）。付録を除いても全篇八〇〇頁、西田氏をはじめとする一〇名の若手研究者（西田氏を除けばすべて三〇代前半の世代である）の共同調査・共同作業・共同討論の成果である（本書成立の過程は「あとがき」に詳しく書かれている）。このような労作をまとめられた執筆者諸氏に敬意を表するとともに、評者も農村問題を専攻するものとして本書から多くを学ばせていただいたことを感謝したい。同時に、評者は右の概要を紹介しながらそれぞれの章についていくつかの議論すべき論点がふくまれていることを感じた。だが与えられた紙数をすでに超えているので、ここでは主として次の二つの問題に絞って簡単に指摘しておきたい。第一は、本書が分析対象としたところの養蚕地域における農業生産力の展開のありかたとそれにかかわる問題。第二は、総括が小商品生産の展開と中農を軸にしておこなわれていることにかかわる問題、である。

第一の問題。本書ではそれぞれの章において経営や運動の画期についてきわめて仔細な時期区分がなされているが、主業養蚕地帯における農業生産力の展開構造という視点からいうと本書の叙述は、大きくいって、養蚕業を軸として農民的小商品生産の自立的発展が可能であった段階とそれが不可能になっていく段階という区分ができるようである。そしてこの分水嶺に位置づけられているのがまさしく一九二七~三〇年の恐慌期に他ならない。この場合、後者は、恐慌期を経て、戦時下から敗戦をはさんで農地改革に至るまで、養蚕業なる生産力的基盤が解体され、生産力の中核的な担当層である中農層が徐々に生産者的側面を喪失しつつ農地改革で小土地所有者化していく過程としてえがかれている（第五章第三節、第六章、第七章を統合すればこのようになる）。このような理解にたった場合、研究史上次の二つの問題が論点になってくる。一つは森武麿氏の恐慌期から戦時下にかけての農業・農村構造再編に関する見解との関連である。森氏の見解と本書では、中農層を軸に据えてこの段階の農業構造を理解しようとする点で一見共通するかの如くであるがその意味はまったく対照的である。森氏の場合、この時期は、国家的に導入される諸政策が大正期以降の小商品生産の発展のなかで前進をとげてきた自小作上層＝中農層を中核的な生産力担当層として新たな（つまり日本ファシズムの）生産力体系を形成・完成させる過程としてえがかれるのであるが（「日本ファシズムと農村経済更生運動」『歴史学研究』一九七一年大会別冊号、など）、本書では、同じ時期が、農民的小商品生産が解体され、かつてその担い手たりえた中農層が生産力的担当層としての意義を失っていく過程としてえがかれているのである。同じ農民的小商品生産の展開ということに注目しながらなぜこのようなちがいがでてくるのか。この問題についていまここで詳しくは述べられないが、いずれにせよ、この時期の日本ファシズムないし国家独占資本主義と農業生産力の展開構造のあり方の連関について理論的実証的な議論の必要とされるところである。第二に、先述のような大局的な時期区分からは、敗戦=戦後変革の歴史的意義が問題とならざるをえない。なぜなら、恐慌後の過程が、敗戦=戦後変革期もふくめて少なくとも生産力的には連続的な過程として把握されているからであり、かの連続—断絶問題（大石嘉一郎「戦後改革と日本資本主義の構造変化」『戦後改革Ⅰ　課題と視角』所収）を想起するならば連続性を強調する結果になっているようにみえるからである。だが本書をこのように断定してしまうのは一面的であろう。というのは、本書で分析されているのは日本資本主義と農業一般の連関ではなく、主業養蚕地帯という特殊な経済構造が分析の媒介項となっているからである。そこで問題は、主業養蚕地帯という地域類型が戦前日本主義の再生産構造のなかでどのような位置を占めていたかという課題につきあたらざるをえないのだが、第二章の地帯区分論はこのような課題にはさしあたり役に立たないように思われる。資本主義と農業の構造的連関を問題にしてはいるが、地帯区分そのものが並列的なものであり、地帯間の構造的な相互連関が説明されてないからである。

第二の問題。中農の歴史的役割に限定した本書の総括の仕方は大きな問題を残している。その一。執筆者は、本書のなかで繰り返し中農層の存在が地域経済の特質に深く「規定されている」ことを強調している。さらに、総括によればこの中農層が農村社会運動の展開を「規定している」というのである。ところでこの「規定」はいかなる意味での内容規定なのか。評者の理解によればこれはきわめてあいまいである。というより無限定的である。無限定的だというのは次の如き意味である。総括は中農なる経営主体を軸におこなわれている。だがそれは上小地域の経済構造（小商品生産の展開構造）そのものであり、両者は本書のはしばしの叙述にみられるようにほぼイコールなのである。第一章の課題設定において執筆者は、「運動を担った人々の経済的・社会的諸条件」と書いたり、「地域の経済的・社会的諸条件」と書いたりしている（三一〜四頁）。前者と後者が区別されているわけではない。このように経営=運動主体の分析が地域（客体）分析のうちに埋没し一体化していること自体にまず方法的な問題が存在する。その二。本書からはこの地域における変革の展望が出てこないのではないかという「外在的批評」で述べた指摘は、右の方法的問題とも深く関連している。総括は中農（小商品生産の展開そのものといってもよい）に焦点をあてているが、所詮歴史的には支配的になりえないという意味できわめて過渡的・限界性のつよいこのような小経営的生産様式そのものに、無限定的に焦点をあてても変革の展望が出てこないのはある意味で当然である。戦前日本農業において農民的小商品生産の展開を考察する場合、看過されてならないのはいうまでもなく地主的土地所有との対抗・矛盾である。だが本書総括ではこのような視角は欠落している（むしろ意識的に欠落させている）。だが本書の詳細な分析であきらかにされたことは、地主的土地所有の展開度は相対的に弱いとはいえ、弱い地域なりの地主的土地所有の枠組のなかでの高度に発達した小商品生産の矛盾・対抗の構造ではなかったのか。評者は本書の総括が中農に絞っておこなわれたことはかえって本書の意義を低める結果になっていると考えるものである。むしろ総括の仕方としては、地主的土地所有と小商品生産の展開の矛盾・対抗を軸として、その中でのＡ・Ｂ・Ｃ・Ｄ層の歴史的位相をあきらかにすることのほうが積極的意味をもったのではなかろうか。いずれにせよ、本書の総括は、中農層＝農民的小商品生産への過大な、または無限定的な評価によってかえって歴史の多様な可能性を見失う結果を招いているといわざるをえないのである。

（御茶の水書房　一九七八年一二月刊　Ａ５判　九〇〇頁　一〇〇〇〇円）

# 7　書評　安田常雄『日本ファシズムと民衆運動——長野県農村における歴史的実態を通して——』

(1)

最近、私が書評させていただいた二冊の大著（瀧澤秀樹著『日本資本主義と蚕糸業』と西田美昭編著『昭和恐慌下の農村社会運動』。書評は、それぞれ、『日本図書新聞』一九七八年一〇月二一日、『史学雑誌』第八八編九号）の冒頭に、印象に残った、しかも、全体を貫く筆者の関心のありかたと研究の姿勢を示す文章があった。それは、瀧澤著では、「むしろ『おくれた日本資本主義』のなかで、人々がどのように生き何を形成して来たのか、何を考え、あるいは考えることができなかったのか、そしてそこから人々が単なる『人々』ではない主体として自らを形成する道はどの様に展望されたのか、を問うことにこそ《意味》があるのではあるまいか」（四頁）と述べられ、西田編著では、「（分析の）焦点をあくまで農村で生活する人々の意識・行動に合わせていきたい。なぜなら、先に述べたように村で生活する人々をとりまく環境・諸条件はきわめて重層的・複雑であり、単純にファシズムに賛成したか反対したかというだけの論理では把えきれない構造を持っていると考えるからである。（略）先入観を持つことを戒めつつ、『大正デモクラシー期』から『昭和恐慌期』をへて『ファシズム期』さらには『戦後変革期』へと推転する中で、村人達がどう生きようとしたかを事実に基づき忠実に描き出すべく努めたい」（四〜五頁）と述べられていた。ここに引用した両書の文章は、ニュアンスのちがいをもっているが（そして、その意味する内容もかなり性格のちがうものであるが）、ある共通項をもっている。それを一言でいえば、「歴史」のなかでの、生きた、具体的な民衆の存在の過不足ない把握をまずめざそう、ということであろう。

ところで、この安田常雄氏の労作に一貫して流れる関心のありかたもまた、「歴史」のなかの無名の民衆の「生」そのものにある。本書あとがきの次の一文は、安田氏のそのような関心のあり方を象徴的に表わしている。「本書もまた、多くの歴史研究とともに、その時代に生きた幾多の無名の人々の生活の軌跡によって、根本的に支えられているにちがいないと思う。それは、調査の過程において、いわば偶然のように出会い、お話を伺うことのできた旧農民運動家の人々はいうまでもなく、ほとんど明確な軌跡を歴史の上に刻むことなく、ある時〈運動〉に加わり、また〈運動〉からはなれていった人々のくらしの軌跡であろう。また、彼らとともにその生活を生きた、多くの女性の、一層厳しい日常のたたかいでもある。そこには、疑いもなく、また有名無名に関りなく、ひとりひとりの、かけがえのない一回かぎりの人生の軌跡があったはずである」（五八五頁、傍点原文、以下同断）。

「人々がどのように生き何を形成して来たのか、何を考え、あるいは考えることができなかったのか」と問う瀧澤氏、「焦点をあくまで農村で生活する人々の意識・行動に合わせていきたい」とする西田氏、そして、「その時代に生きた幾多の無名の人々の生活の軌跡」を跡づけようとする安田氏。諸氏に、いずれもほぼ共通していえることは、所与の社会構成史的法則性の検証を歴史にただちに求めるという発想ではなく、あるいはまた、直接的に「階級」ないし「階級闘争」という概念で歴史を把握するという方法ではなく、逆に、歴史のなかでの民衆の実相の過不足ない把握がまずめざされているということである。読みこみすぎかもしれないが、このような傾向は、やはり、今日の歴史学のあらたな潮流を反映しているということもできよう。だが、それを、「民衆史」的方法とよぶかどうかは、さしあたり評者にあまり興味がない（いわゆる社会構成史的方法と民衆史的方法とを固定化して対置させてみることは、学問的にあまり生産的な意味をもたない、という何人かの研究者の指摘に私も賛成である）。当面の問題は、そのような方法によって、歴史の全体像をあきらかにするという課題にどの程度成功しているかどうか、ということである。その課題とは、本書にそくしていえば、「大正デモクラシーから日本ファシズムへの転回の過程的構造に関する理論的・実証的研究」であり、「長野県に分析の焦点をしぼり、同時代の刻印をうけて発生し、屈折し、消滅した、いくつかの主要な運動を可能な限り実態に即して実証的に追跡することによって」、この課題への接近が意図されているのである。したがって、この点が、本書において、どの程度はたされているかを検討することに、この書評の直接的な「課題」がある。

（2）

著者は本書で究明すべき課題の具体的なかみを次のように書いている。「本稿は、具体的には、一九二六（大正一五）年から一九三三（昭和八）年にわたる長野県下の農村社会運動、すなわち、農民自治会長野県連合、日本農民組合長野県連合会、上小農民組合連合会、全国農民組合長野県連合会、日本農民協会という五つの農村社会運動組織の理念＝思想、地域における具体的な運動実態の分析を軸に、これらの五つの運動のもつ一九二六～二八年、一九二八～三〇年、一九三一～三二年という三つの時期における三層の対照的・対抗的性格の歴史構造を追究しつつ、大正デモクラシーから日本ファシズムへと旋回する同時代情況の論理を究明したいと思う」（一五～一六頁）。この内容は、目次によれば、次のように構成されている。

序　章
第Ⅰ章　初期農村社会運動の成立と展開

第一節　農民自治会長野県連合の運動
第二節　日本農民組合長野県連合会の運動
第三節　初期農村社会運動――同時代状況の論理(1)――
第Ⅱ章　過渡期の農村社会運動
第一節　長野県農村社会運動の組織的統一
第二節　ファシズム的農民運動の抬頭
第三節　満州事変下の府県会議員選挙
第Ⅲ章　昭和恐慌下の農村社会運動の展開
第一節　全国農民組合長野県連合会（全国会議派）
第二節　ファシズム的農民運動の展開――日本農民協会を中心に――
第三節　昭和恐慌下の農村社会運動――同時代情況の論理(2)――
終　章

全篇約六〇〇頁。論旨はきわめて多岐にわたっている。そのなかみを本書にそって紹介することは紙幅が許さない。それはこの本を読まれる読者に委ねることとして、この書評では、評者がもったいくつかの問題のみを指摘することにとどめざるをえない。ただ、そのまえに、本書を読んでの第一印象的なことをひとこと書かせていただく。

安田氏のこの本は、まずなによりも、氏の史料蒐集に払われたなみなみならぬ努力によってつくられている。「重い鞄を背負って、雪の信州を廻って」（五八八頁）の史料蒐集、とりわけ、旧運動家の人々からのききとりは、小山敬吾、渋谷定輔、小林杜人、井出好男、若林忠一、鈴木茂利美、山本虎雄、中村登、長野朗、春原善次郎……と、本書を構成する五つの運動のそれぞれをになった中心的人物に及んでいる。このききとりは、それ自体が著者の歴史的分析の対象＝史料として本書のなかで縦横に活かされて叙述されている。だが、本書を読んで感ずることは、著者にとって、そのような史料に分析対象としての史料以上の意味がこめられているであろうということである。文献史料をふくめて、史料蒐集への努力は、歴史研究にとっては当然の前提である。この本を読んでの私の感想は、著者のそのような努力よりもむしろ著者安田氏自身が、史料から、とりわけ、ききとりという生きた歴史史料から、逆にうけたであろうところの規定性にかかわって生じたものである。「生活の軌跡として刻まれた歴史に、いかにむかいあったかを報告する」（五八六頁）という安田氏のことばにも示されているように、私は、本書の、研究主体と歴史に生きた人々との対話・交流の所産という側面をつよく感ずるのである。率直にいって、本書のこのような性格は、一面で、対象の客観的分析に一定の欠如をもたらしているといえなくもない。だが、研究主体と客体との間に、なんらかの対話・交流がなくして、どうしてその歴史研究が生きたものになるであろうか。本書は、たしかに、後述するようないくつかの問題点を内包している（と私は思う）。しかし、それにもかかわらず、生きた歴史研究として読者を魅きつける力を本書がもつのは、歴史そのものにまっこうから向かいあっている著者の学問的な姿勢にある、と私は思うのである。

（3）

先述したように、著者は、本書の課題が、「大正デモクラシーから日本ファシズムへの転回の過程的構造に関する実証的・理論的研究」にあると言っている。だから、著者の「大正デモクラシー」把握は、問題の出発点を示すことになる。この点の示されているのが、第I章の初期農村社会運動、とりわけ、農民自治会運動の分析においてである。と同時に、この箇所は、本書の全体を貫く、いわばモチーフの提出されているところでもあって、全篇の展開は、ここで暗示されているといってもよいだろう（その意味で、第I章は本書のもっとも重要な部分である）。というのも、著者は、長野県農村社会運動の「源泉」を、「日本農民運動史における正統の位置にある日本農民組合―全国農民組合の流れではなく」（四七九頁）、初期（一九二〇年代後半）にあらわれた農民自治会運動に求めているからである。すなわち、次の如くである。

　農民自治会運動は、一九二〇年代のなかば頃からだんだん深刻化していく農村不況（とくに長野県にするどくあらわれた蚕糸不況）のなかで問題化した農家の「次三男問題」を背景とし、「地方〈農村青年〉の勉学向都及びその帰結としての都会での不幸な体験、再び県内への帰郷という都市と農村との再度に亘る交錯・回流という事実を直接的契機とし」（三〇頁）て成立した。だが、この運動は、のちの昭和恐慌下に顕在化した多様な思想と運動の潮流―マルクス主義、アナーキズム、社会民主主義、農本主義的国家主義――を、未分化のまま混沌として自らのうちにふくむものであった。「その意味で、農民自治会長野県連合は、長野県農村社会運動の重要な人的源泉であり、同時に思想的源泉であった」（四八一頁）。

　では、このような農民自治会に未分化のまま内在する多様な思想の混在を連結せしめていたものは何か。安田氏は、これを「〈権力―自治〉」という点に求め、そこに「大正デモクラシーの理念」をみているのである。ここでいう「権力」とは何か。それは都市であり、文明であり、機械的大量生産であり、また「現代の世相」であり、しばしば革命＝マルクス主義でもあった。このように、〈農村青年〉にとっての権力とは、彼らをとりまく即自的な権力的現象一般であった。「それ故、〈農村青年〉の〈権力―自治〉観は、権力実体の内容解析に向わず、自治そのものの内奥へ向う特質をもっていた」（四一頁）。では「自治」とは何か。「それは、明晰な理念的認識であるよりも、個体生活史を基礎にその上に直接表出された多様な生活実感の集積であった」（四一頁）。

　著者は、このような分析を基底として多様な論理を展開しているのだが、農民社会運動のいわば原点に、農民自治会を据えて分析したことは著者の創見であり、評者は、ここでの叙述が、本書のなかでもっとも精彩を放っている部分だとおもう。だが同時に、評者は、ここで、安田氏の分析視角と方法にかかわる疑問を提出しておきたい。それは、いわば大正デモクラシーの理念型としての、この農民自治会運動と、この時期、同時に展開されるに至った「日本マルクス主義の正統的系譜の上で出発した日農県連」の運動とが、「何よりもその対照的性格によって捉え」られていることについてである。この「対照的性格」については、一三二頁から一三九頁にかけて、思惟様式・発想様式、組織論、解放の哲学、運動それ自体、のそれぞれについて整理されている。たとえば、思惟様式・発想様式の対照性については次の如く把えられている。「農民自治会は、〈農村青年〉の内側からの『自己完成』『真理探究』を基軸に、農民としての自己の完成のため、農業問題・農民運動に関心をむけ、運動展開の二年間を通して『人間礼讃』と『階級解放』の結合の永続的探究という地点に到達した。これは『自己完成』という出発点からの試行錯誤の帰結であるが、同時に、原初の地点をふまえた批判的自己克服でもあった。それに対し、日農県連は、外からの社会主義思想研究を出発点に、当時の無産政党結成問題からの政治的要請として農民運動に関心をむけ、運動展開過程を通して次第に長野県農村の現実に接近した。……図式化していえば、農民自治会は自己↓社会という発想様式を示したのに対し、日農県連は自己……社会↓自己という発想様式を示したといえよう」。

ついでに述べておけば、ここで対照されている一方の側すなわち、外から受容された思想に枠づけられ、全国的農民運動方針の直接的受容という側面が強いとされる日農の性格規定は、Ⅱ章以下の全国農民組合の思想・組織・運動の把握についても、系譜論的にひきつがれ、ここに、日農―全農左派という「正統的マルクス主義的農民運動」なる著者の把握が成立する。そして、この農民運動における正統的マルクス主義把握は、先に引用した五つの運動にみられる「三層の対照的・対抗的性格の歴史構造」のうちの一層を構成するものとして、著者の農村社会運動分析の方法的基軸となっているのである。

この整理は、両運動の諸側面の実証レベルでの比較ではない。本書全体の叙述からして、ここで把えられている対照性は、それ自体、安田氏の分析方法にまで高められているからである。だが、このような方法はどこかで歴史の実像をゆがめることにならないだろうか。評者が疑問におもうのは、著者のこの分析方法そのものにひそむ問題点である。安田氏が日農と農民自治会の「関係構造」を明らかにしようとしているのは、氏が同時代の農村社会運動の全体像の把握をめざしてのことであって、その意図はよくわかる。だが、それは、右のような運動と思想の「対照性」において把えなければならない問題なのか。ある思想・運動Aを他の思想・運動Bとの対照によって分析するという方法は、一面で、Aの特質をより鮮明に浮かび上がらせうる利点をもつが、反面、逆照されるBは、照射するAの性格のゆえに、その一面しか射照されず、異なった次元における他の重要な歴史的意義を欠落させる結果を招きかねない。本書が、従来十分にあきらかにされてこなかった農民自治会の性格をみごとに描出しているにもかかわらず、安田氏が「正統的農民運動」ないしは「正統的マルクス主義」とされる思想・運動に対する評価には、このような方法的欠陥を反映したものとなっているといわざるをえない。

上述のことについて一例を挙げて、具体的に指摘しておこう。安田氏は、「日農県連の思想の一断面」（一〇四〜一一七頁）で、「同時代の〈農村青年〉の意識水準共有の地点から、マルクス主義に向って急激に飛躍し、ふたたび急激な『方向転換』によりマルクス主義から離脱した典型」（一〇九頁）として、小林杜人をとりあげている。そして、彼の「方向転換」の構造を分析して次のように述べている。「小林杜人は共産主義からの『方向転換』を通して、農自長野県連合の〈農村青年〉達が初期に立脚した『土に還る生活』の理念に到達した。農自長野県連合の青年達の起点の理念と共産主義的〈農村青年〉の終点の理念の同位性という対照は、この両者の思想形成・思惟様式の対照的性質を示唆していると思われる」（一一三頁）。

整合的な論理である。なるほど、転向後の小林の「土に還る生活」と、農民自治会の小山敬吾らの「土を慕うものの会」は「理念の同位性という対照」において把握しうるような親近性がみえる。だが、両者の間には決定的に異なる思想的契機が存在する。小林の三・一五事件―検挙・投獄―転向という過程における、政治権力そのもの（ここでの権力は、農民自治会のいだいた即自的権力現象などでないことはいうまでもない）との直接的接触・対峙である。小林の「終点の理念」は、刑務所での生活、そこでの教誨師との出会い、公判、という権力との直接的接触ぬきには考えられない。安田氏が「宗教的体験」として述べている小林の「再生」も、「豊多摩刑務所内での教誨師藤井恵照の助力」（一一二頁）とある如く、国家権力の意志と無関係な、純粋な宗教体験などではない。小林の「理念」形成は、天皇制国家による「強制的同質化」の過程において把握されねばならない問題であって、農民自治会との「理念の同位性という対照」においては把握しきれない次元の問題をふくんでいるのである。要するに、安田氏の視角には、思想と政治（権力）の緊張関係が欠落しているということである。

（4）

すぐれた思想史研究者である著者に、右のようなことを書くのはおこがましい気がする。だが、敢えてそれを書いたのは、思想的問題情況を描出するのにすぐれている著者が、マルクス主義思想の、地域における受容・展開の叙述になると、従来の研究（藤田省三、松沢弘陽氏ら）の適用以上に出ておらず平板ではないか、という本書を読んでの評者の素朴な印象によるものであった。あるいはまた、「ある意味において社会史的視角」からする「運動論的思想史ないし思想史的運動論として立論され」なおかつ「農民運動の政治的側面については、本稿は直接にその対象としない」（一七、一〇頁）という視角で、はたして、国家・社会を、民衆の立場からはじめて政治的・権力的概念のうちに対自化し、それゆえに、政治情況ぬきには語りえないマルクス主義の問題を把えきれるのか、という方法上の疑念によるものでもあった。

だがおそらく、著者にとってのより根本的な問題は、戦前日本における農村社会とそこで生活する農民存在——安田氏の表現を借りれば「存在的事実」——の〝重さ〟と、それを変革すべき歴史的課題を背負うところのマルクス主義の〝軽さ〟（弱さ、未熟さ）というところにあるのであろう。先の「対照性」の問題は、つきつめてみれば、むしろ、このような安田氏の根源的な問題意識の次元にまで還元されるのであろう。とするならば、これは、安田氏のみでなく、評者にとっても共有しなければならない問題であろう。だが、それが、氏のように、「マルクス主義の思想は、家族愛を軸にした村落共同体社会（家・村・国家）の『存在的事実』に対して拮抗するべくもなかったのである」（一一五頁）という叙述であらわれるならば、評者は、これを歴史学としては無内容な叙述であると言わざるをえない。いったい、安田氏にとっては、なぜ「歴史的事実」ではなく、「存在的事実」なのか。評者がこんなことを尋ねるのは、氏の「存在的事実」なるものへの把握のうちに、しばしば非（又は超）歴史的叙述がみうけられるからである。いわく「農民のいわば人間的全体情況」（三五二頁）、「農民の現実存在の全体性」（三五三頁）、「農村の基底に生活する農民存在の全体的情況」（三六九頁）、「生活者としての農民の理念型的な存在様式」（四八九頁）、「不断に動揺しつつ自らの生活の現実性に佇ち続ける下層生活民」（四九〇頁）。あるいは、次の如き文章。「厖大な民衆は多様な運動の展開の基底で、運動を黙って支えつつ同時にいわばそれ自体として生活しており、その位相における民衆把握はその存在様式へ垂直に分析の方位を下降せしめる以外にない」（二一一頁）。この文章になると、評者にはその文意さえも測りがたい。評者が、この書評の冒頭で、「生きた、具体的な民衆の存在の把握」と書いたときに期待したのは、このような言葉ではなく、歴史的具体性において語られる言葉であった。そのように語られてこそ、「存在的事実」は、その重い呪縛から解放される筈である。

本書の題名が『日本ファシズムと民衆運動』となっているように、本書における著者の焦点は、日本ファシズムにあてられているということもできる。本書が直接対象とした時期（一九二六～一九三二年）は、一方では、「大正デモクラシーから日本ファシズムへと旋回する時代」とされ、他方では、「日本ファシズムの形成期」と位置づけられたりしている。この二つの表現における視角の若干のズレがやや気になるが、おそらく、著者の好んで使う「過程的構造」という表現においてまとめられるのであろう。そして、本書のメリットは、ファシズムないしファシズム体制それ自体に新たな分析を加えたということよりも、著者のいう、ファシズムへの「過程的構造」を、農村社会運動を通して、民衆の生活や意識の問題から具体的に究明しようとしたところにあるといえよう。だが、それにしても、ここで描き出されることになった日本ファシズム像（ないしは、日本ファシズム像への展望）は、結果的には、丸山真男氏のファシズム運動論を実証する結論となっており、研究史的にはこの古典的な研究を再確認するかたちになっているといってよい。というより、安田氏は、「上からのファシズム化として特質づけられる日本ファシズムの形成の特質」を、むしろ立論の前提としているのである（三八八頁）。にもかかわらず、第Ⅲ章で、ファシズム的農民運動として日本農民協会の分析がなされているのは、そうした日本ファシズム形成の特質を前提としつつも、「下からのファシズム運動、とくに労農運動との結合を指向した下からの運動の内在的検討を通し、その挫折の根拠にも一定の照明を与えることが出来るかも知れない」という問題設定による（三八八頁）。

だが、やはりその結論は次の如くである。

ファシズム的農民運動としての右翼「革新」派＝日本農民協会は、恐慌下の農民の即自的要求・関心を一定程度つかみえた。しかし、それは、日本農民協会の農本主義的国家主義の立場への共鳴そのものではなく、要求内容の時局適合性に根拠があった。日本農民協会が、ひとつの下からのファシズム運動を担う擬似革命主体として抬頭するためには、「農民の直面する要求に運動形態の形式を与え、村落内部で全農県連系との、ある場合には既存の国家権力とも、熾烈な対決を通して農民を獲得し、具体的な要求実現を通して自らの農本主義的国家主義の立場を浸透せしめていく以外に途はなかった」「だが、県内の右翼『革新』派は、長野朗が示しえた合法性の限界内での飯米闘争の遂行もなしえず、天皇制理念の無内容な祖述に回帰し、権力との対立の契機を喪失していった。昭和維新の理念は崩れ、改造の契機は事実上失われていった。これは日本における下からのファシズム的大衆運動の思想的・組織的脆弱性（政治構想の欠如）を表現しており、それ故下からのファシズム運動は、青年将校運動によって代位されざるをえなかったのである。かくて、左翼農民運動によるファシズムへの抵抗の崩壊と、右翼農民運動による下からのファシズム運動の自己形成の挫折の後、日本ファシズム形成史は、国家権力による政策を媒介とした、農民層の上からの直接掌握として実体化されていくのである」（四八九頁）。

やはり、日本農民協会は下からのファシズム運動を担う主体ではありえなかったのだ、と言っている。そして、「不断に動揺しつつ自らの生活の現実性に佇ち続ける下層生活民を何らかの意味で組織化しえずして、革命もなければ、ファシズムもない」と明言している。しかし他方、あきらかに著者は、日本農民協会をファシズム運動として位置づけているのである。とするならば、著者のいうファシズム運動とは一体なにか。つまり、ここには（形式論理をふりまわせば）あきらかに叙述のうえでの論理矛盾があるということである。このような矛盾した叙述があらわれてくるのは、著者が「ファシズム」という用語を、いかなるレベルにおける概念なのかについて明確にしないで、きわめてあいまいに使用しているからである。山口定氏は、さいきんの著書『ファシズム』のなかで、ファシズムとは何か、を問うにあたって、①政治運動としてのファシズム、②思想としてのファシズム、③政治体制としてのファシズム、という三つの問題のレベルを区別すべきだ、との提言をおこなっているが、安田氏の使用する「ファシズム」という用語のうちには、この三つのレベルの「ファシズム」が混在し、あるいは交錯してあらわれてくるのである。本書の対象時期を「日本ファシズムの形成期」とするときの「ファシズム」には三つのレベルの問題の混在が、「ファシズム的農村社会運動」の「ファシズム」には運動と思想の問題が、さらに、「これらの農民を、その生活過程総体を含めて日本ファシズムが捉みえたのはいつなのか」（四九〇頁）というときの「ファシズム」には体制の問題が、の如くである。ファシズム概念の理論的検討自体が本書の直接的な課題ではないと知りつつも、評者は、本書を読みながら、ここのところが一貫してひっかかった。やっかいだけれども、この重要な理論的問題をもう少し注意を払って叙述してほしかったと思う。日本ファシズムに関する問題については、これが第一点。第二には、右の問題をさておいたとしても、本書にとって、実証的にも理論的にも、すぐに問題になるのは、先述したような古典的ファシズム像のかきかえを迫って、新たな日本ファシズム形成史論を提起している森武麿氏の研究（「日本ファシズムの形成と農村経済更生運動」『歴史学研究』一九七一年度別冊特集、ほか）や、さいきんの須崎慎一氏の一連の研究（「地域右翼・ファッショ運動の研究――長野県下伊奈郡における展開――」『歴史学研究』第四八〇号、一九八〇年、ほか）である。特に、後者の須崎論文は、「地域右翼・ファッショ運動」という概念がいま一つよくわからないところもあるが、本書と同じく長野県を舞台にして、ファシズム運動のうちになんらかの攻撃的側面を見出すことによって、ドイツ・イタリアとの一括対比で論じられてきた日本における上からのファシズム形成論への批判を意図し、従来の古典的日本ファシズム像の修正を迫っているものであって、本書に対してもただちにポレミークな内容をふくんでいる。

この紙面は、先の山口氏の著書やこれらの論文を詳しく検討する場ではないが、本書をふくめて、これらの実証的・理論的成果をふまえたあらたな日本ファシズム論の構築のための論争が期待される。

(6)

おわりにかえて弁解がましいことを一言。本書評は、論点を評者なりにしぼって述べてみた。したがって、本書にそった論旨の紹介もしておらず、また、著者の論理展開のうえで欠かせない重要な問題のいくつかに触れておらず

（たとえば、全農全会派の農民委員会方針と部落世話役活動の評価について、運動主体の階層性の問題、など）、かたよったものになってしまった。あるいは、右の、評者の読み方や批判に誤解やまとはずれがあるかもしれない。すべては、評者の要領の悪さと力量不足によるが、願わくは、読者が直接この大作にあたって、その壮大で多様な論理展開をあとづけてみてほしいと思う。評者も、この本が対象とした同時代の農村・農業問題を専攻するものとして、この書評で不十分にしか言及できなかった問題について、できれば研究を通してこたえていきたいと考えている。最後に本書を通して、多くのことを考えさせ、学ばせていただいた著者に感謝する。

（れんが書房新社、一九八九年一一月刊、Ａ５判、六〇八頁、六〇〇〇円）

# 8　日本農民組合成立史論Ｉ
## ――日農創立と石黒農政のあいだ：第三回ＩＬＯ総会――

## Ｉ　はじめに

第一次世界大戦が「総力戦」として展開されたことは、各交戦諸国における国民大衆の政治的地位を画期的に高めることになった。各国政府は国民を戦争に動員するために、そして国民の支持を獲得するために、労働者階級をはじめとする国民大衆の政治への参加を、多かれ少なかれ許容せざるをえなかったからである。大戦中にロシア革命が勃発したことはこのような方向をいっそう促進した。各国政府は社会革命への危機に恒常的に対処しうる装置をあみださなければならなかった。こうして大戦後の世界は、大衆と大衆の組織化の時代として現われることになった。大戦後のヴェルサイユ平和条約が、とくに「労働」なる一編を設け、「労働カ単ナル商品ト看做サルヘキモノ」ではなく、「労働ノ利益ノ保護、結社ノ自由ノ原則ノ承認、職業及技術教育ノ組織等ノ如キ手段ヲ以テ前記労働状態ヲ改善スルコトハ刻下ノ急務ナリ(1)」と言明せざるをえなかったのは、大戦後の世界における労働者階級の政治的比重の変化を如実に物語るものであった。

さらに問題は、上述の〝大衆〟の範囲が単に労働者階級にとどまらなかった点である。第一次大戦後の農民問題の形成である。何よりもロシア革命が土地革命を伴ってあらわれ、また、人口の大多数が農民によって占められていた東欧諸国では、農民の動向がきわめて重要な政治的要因となるにいたった。これらの国々の多くの農民は、彼らのおかれた社会状況に対する不満に加えて、近隣ロシアにおける革命の報らせによって急進的な土地分配の要求を強めた。これらの国々の政府は、ロシア革命の波及を防ぐという政治的理由からしてまず土地改革に着手せざるをえなかった。(2) また、西欧諸国でも、総力戦の経験から、農業労働力を保全し、農業生産力の向上をはかりながら食糧自給をめざして、国内農業の保護政策を重視する姿勢を強めていた。このように農民問題は、大戦後のヨーロッパ国内政治過程を左右するもう一つの重要な政治的要因となった。

さて、このような世界史的な変化の波動は、アジアの「列強」日本にも及んだ。もっともこの国の場合、ヨーロッパ諸国のように直接的に「総力戦」にまきこまれたわけではなかったから、その衝撃力はいくらか緩和されてあらわれた。しかし、それにもかかわらず、日本がこの大戦で、名義上、「オートクラシー」の側にではなく「デモクラシー」の側に立って参戦したことは、この国の大衆の組織的運動に世界の趨勢としての「デモクラシー」という大義名分を与えることになった。いまや日本においても伝統的な大衆支配方式は転換をせまられつつあった。一九一八(大正七)年の米騒動に続いて、労働争議と小作争議が激増し、この過程で労働者と農民の組織化が進んだ。一九一九年八月の友愛会七周年大会は組織名を「大日本労働総同盟友愛会」と変えて、近代的な労働組合への転換点となった大会であったが、ここで決議された二〇ヶ条の主張は、「労働非商品」の原則など、その大部分はヴェルサイユ平和条約第一三篇四二七条の労働理念そのものをとりこんだものであった。

他方、資本主義の独占段階への移行のもとで、工業化が著しく進展しながら、なお農村人口が多数を占めていた日本では、農民問題が統治方式転換の一つの軸心を形成した。第一次大戦後の世界史的潮流に促進されるかたちで、この国においても、農業の改革・農村改造に取組もうとする主体が形成されるにいたった。(3) この主体は基本的には二つの方向から形成された。一つは石黒忠篤を中心とする農商務省内の若手官僚とその周辺の学者群による政策立案グループ（いわゆる石黒農政）の形成であり、もう一つは、全国バラバラに散在していた小作組合を横断的に結びつけた日本農民組合の結成である。だがこの二つの方向から改革への動きは、一方が「上からの改革」であり、他方が「下からの改革」というような、両極に分離した対抗関係にあったのではなかった。いわゆる石黒農政が農商務省内部の新しい潮流であったとしても、それは一九二〇年前後の段階で国家権力が正統に認知した政策であったわけではないし、他方、初期日本農民組合の場合も、きわめて多様な思潮を未分化のままに包摂した組織体であった。むしろ、この二つの動きは、少なくとも一九二〇年代の前半までは、さまざまな媒介によって相互に結びついていたという側面さえ見出すことができるのである。

本稿では、以上のような視角から、日本国内において同一時期にあらわれた二つの方向からの農村改造の動きとしての石黒農政と日本農民組合の創立が、農業問題会議と称された第三回国際労働会議（以下、第三回ＩＬＯ総会、と略す）という国際的契機を媒介としてどのように連動していたかを実証し、そして、そのことを通じて、日本農民組合が、第一次大戦後の「世界の大勢」と具体的にどのような接点をもって結成されるにいたったかを明らかにしようとするものである。

## Ⅱ　賀川豊彦と杉山元治郎

周知のように、日農の創立大会がもたれたのは一九二二（大正一一）年の四月九日、会場は神戸市下山手通りのキリスト教青年会館であった。全国からの出席者は九八名、このほか本部役員、来賓、傍聴人をふくめて総数一二〇名が集まったという。創立時の支部は全国でわずかに一四、その組合員数は二五三名にすぎなかったのに、この年の末には九六支部六、一六六名、翌二三年末には一九六支部一九、四六四名へと増え、さらに、第一次分裂直前の一九二六年末には九五七支部、七二、七九四名へと、組織は驚異的なテンポで拡大していった(4)。日農組織化のこの驚異的なテンポはそれ自体として検討に価する問題であるけれども(5)、ともあれ日農の創立は、小作農民を中心とする全国レベルでの組織的農民運動(6)の端緒となったのである。

ところで、この日農組織化を最初に手掛けて請け負ったのはよく知られているように賀川豊彦と杉山元治郎であった。キリスト教の牧師であり、社会事業家でもあったこの二人にとって、農民運動の組織化は一つの社会事業であった。後述する農商務省の若手官僚石黒忠篤は、日農結成前に有馬頼寧宅で賀川に会い、「農民組合」についての意見を聴いたことがあった(7)。そのとき、賀川は石黒に、「自分ハ農民問題ニ付テハ何等ノ造詣ガナイガ著述ノ報酬ガ澤山這入ツタカラ此ノ金ヲ以テ農民ヲ向上サセル運動ニ向ヒタイ(8)」という内容のことを述べたという。

賀川豊彦についてはここで改めて記すまでもない。神戸のキリスト教牧師、労働運動指導者、『死線を越えて』の著者、賀川豊彦といえば、すでにこの時代を代表する人物となっていた。杉山元治郎は、大阪府立農学校を卒業したあと和歌山県農会の技手となったが(一九〇三～〇五年)、一九〇六(明治三九)年に仙台の東北学院神学部へ入学、卒業後、牧師として仙台市東六番丁教会を経て、一九一〇年以後は福島県小高町で農村伝道に従っていた。といってもこの伝道のありかたは相当変ったものだった。かっての農会技手という経験を生かして、杉山の自宅を兼ねた教会内で農作物の種子の取次販売を行う。農具、それも自ら工夫した「杉山式互鋤犁」なるものを農民に売る。土壌学や肥料学の講義をしながら近在の村々を巡回する。「朝フロックコートで説教しているかと思えば、午後は荷車を引っ張って町を通る。近所の人々は彼を活きた農業辞典として重宝している(9)」。杉山の「家の表には、農作物種物取次販売、農具一式取次販売、多木製肥料取次販売、売薬製造販売、屋根瓦製造販売、相馬焼陶磁器取次販売、燻炭製造販売、杉山式互鋤犁販売、杉山式自転車修繕器販売、といふやうな看板をずらりとかけたまんなかに、日本基督小高教会の看板が、雑居してゐます。おまけに入口に焼芋がまをすえつけてあって、そこでぽかぽかあたたかい焼芋を売っています」(10)というありさまである。さしずめ、キリスト教の地方改良事業家・杉山元治郎といったところである。実際、内務省嘱託天野藤男は、「郷土文明の発揮と地方改良」という一文で、小高町の牧師杉山のことを次のように紹介している。

「氏は小高町に住居する正に十年、あらゆる困苦と戦って教会堂を設立し、此に日曜学校を設け、町民及び附近農民に教界の霊光を宣伝すると共に、地方開発の使命を力説し、冬閑期を機して、短期の講習会を開設し、地方子弟の教化に力めた。純然たる基督教宣伝者に非ずして農学校出身者にして地方改良を使命とせる氏の立場に特色があると共に、教界に於ては、稍々継子扱ひされてゐるとは真か(11)」。

だが、第一次大戦後の社会情勢の変化は、杉山をしてこのような地方改良事業家にとどまり続けることを許さなかった。各地で労働争議・小作争議が頻発し始めたことは、杉山の耳にも入った。そこへ、彼自身がかって手がけた八沢浦（福島県相馬郡）干拓地で、農業生産力が向上するにつれて地主の小作人に対する搾取誅求があらわれてきた。彼は、自らの実践にこめられた意図（農業生産力の向上）とは乖離する結果（地主の小作人に対する搾取）をまのあたりにして、単なる農業生産力の向上や精神教育だけでは限度のあることに気づいていった(12)。彼は、いまや、「明治農政の枠を踏み越える活動(13)」が必要だと考えるにいたった。

東の杉山、西の賀川、この二人の牧師を結びつけたのは沖野岩三郎の一文「日本基督教界の新人と其事業(14)」だった。杉山はこのことについて次のように述べている。

「その当時、私は直接に賀川氏を知らなかったが、明治学院で賀川氏とともに学んでいた沖野岩三郎、児玉充次郎、加藤一夫氏等を通じ、間接には早くから知っていたのである。しかも賀川氏は川崎造船所の大争議の指導者として、また自伝小説ともいわれる『死線を越えて』は重版また重版、天下にその名を知られている折柄、沖野氏のかの雑誌『雄弁』に出た紹介文は、直ちに二人の接着剤となったのである(15)」。

杉山が、社会運動にとび込むつもりで、一〇年あまり住みなれた小高町を引き払い、大阪に移ったのは一九二〇年一〇月四日、神戸の賀川を訪ねたのは一〇月六日であった。彼は賀川に社会運動の実践の意志を伝えると、賀川は、「労働運動はわしがやる。君には一つやって貰いたいものがある。それは農民組合運動だ、しかしまだ時期がちょっと早い、しばらくの間待ってくれたまえ、いずれそのうち通知する(16)」と語ったという。

時期尚早だから待機しろ、との言で杉山は大阪市立弘済会の育児部に職を得て、ここで賀川の指令を待った。だがこの時期尚早だというのは、帝国議会開設のごとき一〇年も待てというわけではなかった。杉山が賀川から、今こそ農民組合運動のために起つときだ、至急相談に来てもらいたい、という意味の手紙を受けとって賀川を訪ねたのは、一九二一年一〇月一七日、ちょうど一年後のことであった。賀川はこの一年間、農民組合結成のもっともよいタイミングをにらんでいたのであろう。では、彼はいったい何をにらんでいたのか。

客観的条件と主体的条件、賀川の判断材料は一つではなかったであろう。だが、彼が農民組合を設立する絶好のチャンスととらえたもっとも直接的な契機は、一九二一年一〇月から一一月にかけて開催される第三回ＩＬＯ総会であったことはまちがいない(17)。杉山はこの点について、一九二二年のはじめに次のように書いている。

「一昨年末から農業労働者も工業労働の刺激を受けて小作人組合なるものを作り、昨年は小作争議もだんだん激烈になって来たのであります。また其数も大阪府に於ては九年度に二十件内外が十年度に百件以上に昇ってゐる有様であります。ゼネバの国際労働協議会が名義なりにも小作人代表が出るということになり、到当小作人も農業労働者の内に内含され、工業労働者も同一に組合権を確保されることになったので当局者が大狼狽をしたと云ふ新聞記事の出た翌日私が賀川兄を訪れると時機が来た早く農民組合を作らねばならぬと云ふので二人が相談急いで規則を作る、評議員や顧問の方への御願いの手紙を出すと騒いでゐる内に早くも大阪及び東京の大新聞に『日本農民組合生る』と掲載せられた(18)」。

杉山はこれと同じ趣旨のことを、日農の機関紙『土地と自由』創刊号（一九二二年一月二七日）の「小作人は労働者」という一文にも書いている。賀川も創刊号に「土地と自由」という文章を寄せている。それは、「日本の為政者と、資本家が安らかな睡りを貪って居る間に、世界はいつとはなしに醒めて来た」という書き出しに始まる。「世界の大勢」は滔滔と変りつつある。にもかかわらず、わが日本は「世界無比の国粋保存国」として、「現在の制度を維持することによって初めて世界にのぞみ得る」などと考えている。国際連盟が生まれ、ワシントン会議が生まれたではないか。しかるに、この「大気運に最も遅れて居るのは農民である」。日本の農民である。こうして、賀川は、次のようにわが国における農民組合の必要性を指摘する。

「ゼネヴァに於ける農業労働者問題協議の結果は、小作人をも組合の中に包含して之に団体運動を許可することになったが、私が之を当然のこと、考へるのみならず、之に反対してゐた我政府当局の無定見を笑ふものである。既に小作人組合が必要でありとすれば日本に於てもこの方向の運動に着手せねばならないのである」

いったいに『土地と自由』創刊号の記事は、杉山の文といい、賀川の文といい、また「創刊の辞」といい、いずれも同一論旨のことが繰り返されているにすぎないのだが、そこに共通してもっとも強調されていることは、日本において農民組合を組織することの必要性と正当性を第一次大戦後の「世界の大勢」――その具体的顕われとしての第三回ＩＬＯ総会――に求めているということである。[19] これを逆にいえば、「世界の大勢」としての第三回ＩＬＯ総会が、日本国内の先駆者たちに、農民組合設立のいわば国際的な「合法性」を与え、直接的なきっかけを与えたということである。それでは、この第三回ＩＬＯ総会とは、具体的に、どのような内容をもって展開されたのか、この点を次に検討したい。

## Ⅲ　第三回ＩＬＯ総会

### (1)　準備過程における諸問題

第三回ＩＬＯ総会は、一九二一年四月に開かれる予定であったが、ＩＬＯ理事会の準備の都合で約半年遅れて一〇月に延期されることになった。総会の議題が理事会で正式に決定されて各国に通告されたのは、一九二一年一月であった。正式に決められた総会の会議事項は次の如くである。[20]

第一　労働理事会ノ組織問題ニ関スル件
第二　就業時間ニ関スル華盛頓條約案ヲ農業労働者ニ適用セシムル件
第三　（甲）失業ノ予防及救済　（乙）婦人及児童ノ保護

第四　農業労働者ノ保護ニ関スル特別ノ措置ニ関スル件　㈠農業技術教育　㈡農業労働者ノ居住条件　㈢組合権ノ保障　㈣災害、疾病、廃疾及老齢ニ対スル保障
第五　炭疽菌附着羊毛消毒ニ関スル件
第六　「ペンキ」塗ニ於ケル白鉛使用ノ禁止ニ関スル件
第七　商工業ニ於ケル雇用ニ付テノ週休制度ニ関スル件
第八　（甲）十八歳未満ノ火夫ノ石炭夫使用廃止ニ関スル件、（乙）船舶ニ使用セラルル児童ノ強制体格検査ニ関スル件

みられるように、第一回ＩＬＯ総会が工業に従事する者を対象とし、第二回総会が海員のみに関する問題に限定されていたことと比較すると、上記の会議事項は、工業労働者、海員のほか農業、鉱業や商業部門の従業者をもふくみ、その範囲はきわめて広汎におよんだ。だが、その中でもとくに中心を占めていたのは農業問題であった。第三回総会が農業労働会議と俗称されるゆえんである。もともと農業労働者問題は、ヴェルサイユ平和会議、およびその後のＩＬＯ理事会でいくたびかとりあげられてきた問題であった。平和会議における労働法制委員会は、平和条約四二七条の労働理念の一般原則が農業労働者にも均しく適用されるべきものであるという宣言を承認した。この宣言は、条約には明文化されなかったが、農業労働者保護の重要性を否定するものはいなかった(21)。けだし、第一次大戦での資源と労働力の軍需生産・軍隊への集中、国土の荒廃、その結果としての農業生産力の減退と食糧自給の危機を味わった交戦諸国は、国内農業の保護の必要性を痛感していたからである。「国内食糧の豊作なのは愛国心に等しくなる(22)」――主要資本主義諸国は、大戦終結後から農業関税を復活し、国内農業保護政策を展開することになった。このように、農業労働者の保護問題が注目されるにいたったのは、農業労働力を保全しつつ農業生産力の回復・向上を重要課題と

せざるをえなかった大戦直後の各国の状況を背景とするものであった。

いずれにせよ、農業労働者問題は右のような経緯をたどっていたから、この問題がＩＬＯでも遠からず議題となることは明らかであった。農業問題を第三回ＩＬＯ総会の議題とすることが決まったのは一九二〇年三月のＩＬＯ理事会においてであり[23]、正式会議事項が確定したのは先述のように二一年一月であった。

さて、日本政府は正式会議事項の通告を受けてどのような対応を示したか。これを一言で言えば、「国内事情の強調」したがって「除外例の要求」という、今日に至ってもなお日本政府が保持しつづけているところのＩＬＯ条約・勧告骨抜きのための対応である[24]。一九二一年四月二七日、農相官邸において、山本達雄農相をはじめ田中農商務次官、山川外務省第一部長、岡本農務局長、四條工務局長、田子内務省社会局長らの出席のもとで、ＩＬＯ事務局からの「農業問題に関する質問書」[25]に対する回答案を作成するための協議会がもたれた。この席上で、山本農相は、第一回ＩＬＯ総会の決議は工業部門に対してすら甚大な影響を与え、各種工業家はこのために多大な経費負担をしいられ、またこの決議実施にともなって失業問題をひき起こすおそれがある、「況んや農業に適用せん事は種々の点に於て困難あり就中我農業は諸外国と著しく其状態を異にするを以て労働時間を八時間又は九時間と云ふが如く之を限定し難く女子の夜業の禁止の如きも農繁期と天候の如何又は養蚕等各事項に於ても実行不可能なる点少なからざるを以て我国は今回の質問に対して我国の農業状態を詳細に報告し影響の甚大なるを開陳して除外例を要求せん方針なり[26]」と述べた。

賛成、反対の明確な意思表示ぬきに、事実上の骨抜きをめざすという対応は、今昔変わらぬ「日本的」態度ではあるが、日本政府はもともとこの会議をかなりあまくみていたふしがある。五月四日付の『東京朝日新聞』は、「諸外国に於ても第一回の労働会議決定事項を農業労働者に適用する事を不当なりとするもの多く工業労働者に対してすら華繁頓会議の決定事項を実施せるもの希蠟一国あるのみの状態なるを以て第三回労働会議に於ては除外例を要求するもの又は多大の議論出づべく或は結局不成立に了るに非ざるかを観測されつつある」と記しているが、この「観測」は政府の観測でもあった。この「観測」はあるいみではあたった。というのは、第一回ＩＬＯ総会で決められた第一号条約（工業労働者の一日八時間・週四八時間労働）の農業労働者への適用問題が、フランス政府をはじめとする諸国の強硬な反対にあって総会ではついに議題から葬り去られたことに象徴されるように、農業労働者保護についての国際的規定にはきわめて困難な条件があったからである。しかし、他方、日本政府にとっての災厄は、前記会議事項第四項の㈢、すなわち農業労働者の「組合権ノ保障」問題であった。だが、この点はあとで詳しく触れることにしよう。

準備過程の日本政府にとって頭痛のタネは、会議事項の内容よりも、代表委員（政府代表二名、使用者代表一名、労働代表一名）の選出、とりわけ労働代表の選出問題であった。この問題では、日本政府は、すでに第一回総会の労働代表の選出過程で苦汁をなめていた。ヴェルサイユ平和条約三八九条では、使用者側、労働側代表委員の選出は、それぞれ労働者団体及び使用者団体との協議のうえでおこなわれるべきことと規定されていた(27)。だが、日本政府は、国内に適当な労働団体が存在せずとして、労働代表委員選出協議会なる官製的詮衡機関をつくりあげ、ここで労働代表を選出しようとしたのである。当然のことながら、このような代表選定方式には、友愛会や信友会の猛烈な反対運動が展開され、労働代表は二転三転して容易に決まらなかった(28)。

最終的に代表を受諾した鳥羽造船所技師・桝本卯平には、「政府糺弾・桝本反対を絶叫して殺気漲る大演説会」が催され、その出発に際しては「各労働組合は弔旗や位牌を以てこれを送り、横浜埠頭はさながら一個の葬儀場と化した(29)」という。労働代表選出問題は、むしろ労働運動の高揚を刺激するような状況をつくりだしたとさえいえるのである。実際、労働代表選出問題は、一九二四年の第六回総会で日本労働総同盟会長の鈴木文治が代表として任命されるまで、労働運動の焦点であり続けた。というのも、この問題は、それ自体として単独の問題ではなく、労働組合法制定問題と治安警察法一七条問題とわかちがたく結びついて、政府の労働政策全体に連動していたからである。つまり、労働組合法を制定しないこと（すなわち労働組合を公認しないこと）、治安警察法一七条を撤廃しないで存続させておくこと、ＩＬＯ労働代表選定を労働者団体からおこなわないこと、の三つは労働政策のいわば三角形をなしていたのであり、このうち一角が崩れると他の二角も崩れて、この三角形はなりたたないという関係にあったのである。そして、第一次大戦後の国際協調路線が列強諸国間に定着するなかで、日本国内の労働運動にとっては、「この労働政策の三角の内、最も崩し易い一角は国際労働総会労働代表選出問題にあることは看取するに難くない[30]」と認識され、この問題が政府の労働政策に改変をせまる突破口となったのである。

さて、第三回総会の代表選出は具体的にどのようであったか。新聞報道によれば、「資本家並に労働者側代表に関しては同会議の主要議題が農業にして我国の農業状態は工業其他の労働状態を著しく其趣を異にして労働者と資本家なるもの、区別極めて困難なる上に、代表者を選定すべき組合は団体等の機関無き為、之が選定は政府に於て、全責任を以て断行する事[31]」となった。

こうした官選方式でともかくも代表が決まったのは一九二一年一月である。政府側代表は前農商務次官犬塚勝太郎、前農務局長道家斉（のちに現役の農務局長岡本英太郎に変更）、使用者側は栃木県の地主で県農会副会長の田村律之助、そして問題の労働代表は、岡山孤児院理事・孤児農業学校校長松本圭一であった。この松本こそこの論文でいま一つの焦点となる人物である。

労働界は当然のことながら、この官選労働代表に対して反対の意思表示をおこなった。代表委員の発表直後の一月一三日には、東京・芝の友愛会本部で関東労働組合同盟会の代議員会が開かれ、不法な選定方法を批判する決議がなされた。一月一九日には、友愛会・信友会など五労働組合が、「農業労働代表の官選は国際労働規約の精神に背反するものと認め此の不法を中外に宣明す」として、「一、官選代表は不法なり、二、農業労働問題の中心点は小作人対地主の問題なるに之を除外したるは不法なり、三、農業労働者と共通の利害を有する労働問題現存するにも拘らず之を無視したるは不法なり」[32]という宣言を決議した。また、関西労働組合連合会も、一月二三日の普選演説会において、官選農業代表者の否認を決議した。だが、これら労働運動内部の反対運動は、第一回の桝本のときほどの盛りあがりをみせなかった。問題が農業問題であるということもあったであろう。松本が神戸を出港した八月四日、鈴木文治は、「此の際松本代表反対の為めに種々の運動を起すと云う事は眼前に切迫せる労働会議の力を殺ぐ事になるのであるから積極的運動はせぬ方針である」[33]と述べている。

小作人団体のほうはといえば、この問題に対してまとまった声を挙げうる状況になかったのはもちろんである。のちに中部日本農民組合において農民運動の指導者となる横田英夫は、「代表委員の選任、就中労働代表委員の選任に於ては、我国では前二回ともケチのついた前例がある。二度あることは三度で、今度も一応ケチがつくであろう。否、ケチをつける心算ならば、第一回の時以上に騒ぎ得る理由が存して居るが、農業労働者は他の労働階級のやうに団体的勢力を有たず、また、自由に社会に対して発言し得るほど有力でないから、外部から同情的に騒ぎ出せば兎も角、農業労働者自身は何の発言も何の運動も為し得ない現状にある」[34]と述べている。これはまだ代表委員の名前が公表される前の横田の発言であるが、彼にいわせれば、「政府は既に内々で地主附属の農業労働者に手を廻して居るようである」、しかも、「最初から『小作人は労働者にあらず』と高飛車に出て最大の難関を抜道して置き、而して落着く場所が『除外例要求、特殊国待遇』にあるのだから、労働代表委員の人選などはどうでもよくなって居る」[35]ということになる。だが、実は、この官選労働代表委員の人選、具体的には松本圭一という人物が任命されたという事実ぬきには、第三回ＩＬＯ総会が日本国内の農民の組織化に与えた積極的意味は考えられないのである。

## (2) 総会

さて、第三回ＩＬＯ総会は事務局の所在地スイスのジュネーヴで一九二一年の一〇月二五日から一一月一二日にかけて開かれた。参加国数三九ヶ国、代表委員総数は一四九名である。会議の内容は、外務省編『第三回国際労働会議報告書』でその全体を把握しうるが、ここでは、本論に必要な限りで次の二点について述べておきたい。

第一は、代表の資格審査で問題となった点である。日本労働代表松本圭一自身が自己の資格を問題としたのである。彼は一〇月二九日、資格審査委員会に対して、次のような内容の「資格問題に関する覚書」を提出した(36)（以下は筆者の意約）。

私は日本の労働代表としてこの国際労働総会に来た。しかし、私が何よりも先に言いたいことは、日本政府が私の任命手続きにおいて、国内の最も代表的な労働団体と協議することなく、平和条約の主旨に違反して私を選んだということである。私自身は十年にわたり自ら農業耕作に従事し、農業労働者の実際状況については知識はあるが、ＩＬＯ総会で日本労働者全体の代表者の資格を装う意思はなかった。だから、私は政府に任命を固辞した。だが政府は、日本に農業労働者の団体が存在しないこと、会期が切迫して他に候補者がいないことを理由にして、繰り返し任命を受諾するよう慫慂した。そこで、私は私の任命について、労働団体の合意を得る手続きをふむことを条件としてこの使命を受諾し、交渉の任にあった政府の吏員もそのことを約束した。だが、政府は、私が要求した条件をまったく顧ることなく、一月中旬私の任命を発表した。私の任命があったあと、私は総会が六ヶ月延期されるという報らせをうけた。そのあいだ私は自分のおかれた地位について再考した。また、私は議会に席をもつ友人を通して政府に先の約束を履行させようとし、またその意志があるかどうかも確かめようとした。だが、結局私が確かめ得たのは、日本政府が社会問題に関し極めて保守的で、労働問題の真義を理解していないということだった。ここで、私はもし自己一身の利害のみを考えるならば、この際いさぎよく任命を拒絶したであろう。だが、私は、仮に私がこの任命を拒否しても、政府はただ同様の手続きを繰り返し、他により代表的な何人をも総会に派遣しないだろうということを知っていた。私はむしろこの任命を受諾し、この地に来てできる限り日本の労働者の利益を擁護し、かつ、率直に、奇異なる日本の空気を説明するのが私の使命だと思うに至った。こうして、私はこの総会に来ようとする意志を固めたのであるが、私は私の地位のいかにも奇異なることを十分知っており、それがこの総会において資格問題を惹き起こすことも予期した。だから、私はここで総会に出席する資格を失なうことを恐れるものではない。むしろ、かえって、私の資格が無いことをここで認められることのほうが、日本の労働組合の国際的承認を意味するのである。そして、それが、日本政府当局者と社会の進展を阻止する保守派の人々を長夢から覚まし、日本の労働者が次回の総会にふさわしい代表を派遣することにみちをひらくことにつながるのであれば、私の労苦はむくわれるのである。

松本の「覚書」を長々と紹介したのは、困難な状況にあって、自己のおかれた位置と任務を考えぬいたうえで書かれたであろうその内容が、松本の人格を感じさせるものがあるからである。一一月一日、日本政府は、松本のこのような「自己否定」に弁明書を発表し、松本は代表受諾に際し、政府が既存労働団体の合意を得ることを約束したといっているが、そのような約束の事実はない、日本の労働団体は存在することは存在するが極めて少数で、しかも特殊産業部門に限られ、何れも農業労働者の利益を代表しえない、などと述べた[37]。松本は、この弁明書に対してさらに文書を公表し、詳細な反論を加えた。すなわち、私の任命がおこなわれたとき日本には一つの労働団体が存在していた。その名は、日本労働総同盟友愛会と称し、一九二〇年には六万四、〇〇〇人の組織員を擁して、日本における最も代表的な労働組合として一般的に認められているものである。政府はなぜこの組織を無視したのか。当局は、「発達の程度尚甚だ幼稚にして何れをも最も代表的なりと認定し得ず」と主張するけれども、この主張は一片の独断以外に何の根拠もない。また政府は、組織労働者の数が少ないというが、それはもっぱら政府の弾圧政策の結果ではないか。

日本では労働者の団結権・労働組合を組織する権利は認められるどころか、逆に治安警察法によって阻止されているのである。さらに政府は、今回の労働代表を選ぶにあたって、工業労働者の代表的団体と協議しなかった理由に、農業労働者と工業労働者の利害が異なることをあげているが、農業労働者の利益を擁護する点では、工業労働者と協議して選定した代表のほうが政府の濫りに任命した者より優ることはあきらかである(38)。

資格審査委員会内での日本労働代表と日本政府のこのような文書合戦はなおも続けられた。だが、このやりとりは、続ければ続けるほど、薮をつついて蛇を出すの如く、日本国内における労働者階級弾圧の実態が鮮明となり、代表選定方法における日本政府の不当性が浮かび上ってこざるをえなかった。日本政府代表は、自分自身が労働代表であるのは不当なのだからその不当性を認めよ、という松本の奇異な、しかし、理路整然とした論理に次第に追いつめられていった。

だが、この論争に対する資格審査委員会の結論は、日本労働代表にとってはなまぬるいものだった。委員会は一一月九日、報告書を公表したが、それはこの問題について次のように結論していた。

「委員会は是等の文書を残りなく点検した。然も日本労働代表の選定については華盛頓会議に於いて既に抗議が提起せられたといふ事実に鑑みて、委員会は将来この国の労働者並に使用者の代表を選任するに際しては、平和条約第三八九条の規定に準拠して産業的団体に協議する事が望ましいと考える(39)」。

つまり、委員会は、将来において正当な選出方法を求めているが、今回については事実上不問に付したのである。問題は一一月一八日の総会にもちこまれた。ここで発言を求めたのは労働代表顧問の那須皓であった。彼は、資格審査委員会が「将来の任命については日本政府が協議すべき労働団体の存在する事を確認するならば、寧ろ委員会としては今次の任命に方りて日本政府の執りたる手続きを違法なりと宣言すべきではないか[40]」とせまった。これは急所を突いた意見だった。執行猶予をつけるのなら有罪であることを宣言せよという論理である。これに対する資格審査委員会の委員長アゲロ・イ・ベタンクール（キューバ政府代表）の答弁がふるっていた。

「諸君は只今日本労働代表のなしたる抗議をおき、になったでせう。これが日本政府が十分の信義と正義とを以って事を行った何よりの證據であります。何となれば日本政府はその訓令に盲従する如き傀儡を労働代表として選ばなかったから、日本政府は此総会に一人の人を送った。日本政府はその人が政府の意見に反対であり且政府と戦ふためにに此処に来たることを知りつつも、又その任命によって生ずべきあらゆる結果を予想したるにも拘らず、極めて寛大なる度量を以て彼の敵を此処に送ったのである[41]」。

アゲロの主張は、官選労働代表松本の「地位の如何にも奇異なる事」（松本自身の表現）を巧みについたものであるにしても、松本や那須が問題としているのは、あくまで日本政府の代表選出における手続上の違法性であったのだから、この発言は「おどろくべき暴言[42]」にはちがいなかった。だが、このアゲロの発言でむしろ注目すべきなのは、日本政府は松本が政府の意見に反対であり、かつ、松本を任命することによって生ずるべき結果を予想しえたにもかかわらず、「極めて寛大なる度量を以て彼の敵を此処に送ったのである」と述べている点である。松本という人物がこのような言動を展開するのを予想できたにもかかわらず彼を選んだということと、フタをあけてみたら結果としてこうなってしまった（つまり人選をまちがえた）ということでは重大な差であるからである。だが、この点はもう少しあとで点検することにしよう。いずれにせよ、資格審査委員会の結論とアゲロの発言によって、日本労働代表の資格はこの総会に関する限りは認められたのであるが、先述のように、労働代表選出問題は第六回総会にいたるまで火種を残していくのである。

第二は、この総会の中心議題となった農業労働問題の議論の中身についてである。先に紹介したように、ＩＬＯ事務局から提案された八項目の議題のうち、一日八時間・週四八時間労働制を決めた第一号条約を農業労働者にも適用するという第二議題、失業の予防と婦人及び児童の保護に関する第三議題、農業労働者保護のための特別措置に関する第四議題、の三議題が直接農業問題にかかわるものであった。農業労働者の組合権の保障は、このうちの第四議題の第三項にふくまれていた。そして、いうまでもなく、この問題こそが、日本国内における農民の組織化に直接かかわり、また、結果として大きな影響を与えたのであった。

だが、実は、この総会でもっとも多くの時間がさかれ、一大論戦が展開されたのは、この第四議題ではなく第二議題を中心としてであった。論議に火をつけたのは、フランス政府であった。フランス政府は、すでに、総会前の一九二一年五月一三日付の書面で、議題のうちに農業労働時間の統制がふくまれていることに抗議し、この問題を議題から削除することを求めていた。ところが、この政府は、さらに、総会直接の一〇月七日付で、農業労働時間に関する項目だけでなく、いっさいの農業問題にかかわる項目を議題から削除することを要求する旨をＩＬＯ事務局に通告したのである。その理由は、要約すると以下の如くであった。

①各国農業は、経済上、社会上、気候の状態及び技術状態を異にしており、農業労働者の労働条件について国際的統制をはかろうとしても、有効かつ実際的な規則をつくりえないこと、②ヴェルサイユ平和条約の労働条項には、農業労働者についてなんら明記するところがなく、したがって、平和条約にもとづいてつくられたＩＬＯが農業労働問題を討議するのは、権限を逸脱していること、③たとえＩＬＯに農業労働問題を論議する権限があったとしても、現在はその時宜ではない。けだし、第一次大戦によって農業生産が荒廃している現下の状況で、農業労働者について新措置をとることは、農業生産力の回復を遅らせることにつながるからである。(43)

それぞれ次元の異なる理由をならべたてて農業問題そのものの削除を要求したこの提案は、総会席上でフランス政府代表Ａ・フォンテーヌによって説明されると、激しい議論を惹き起した。もっともきびしくフランス政府を非難したのはほかならぬ同国労働代表のＲ・ジュオーであった。すなわち、フランス政府が農業問題をＩＬＯの権限外にあるとするのは口実にすぎない。かつてヴェルサイユ平和会議の国際労働委員会で、ＩＬＯ総会の政府代表が二名であるのは一名が農業の利害を代表するためである、と主張したのはフランス政府代表ではないか。また、Ｍ・クレマンソーは、ドイツ全権にあてた書面の中で、「農業労働者中ニハ労働組合ヲ組織シ以テ之ヲ代表セルモノアラサルカ故ニ之ニ代リテ国際労働総会ニ於テ彼等ノ利益ヲ代表セシメサルヘカラス」(44)と述べているのではないか。また、時宜の問題は、ＩＬＯ総会それ自身によって討議・研究されたうえで決められるべき問題であって、討議に付せられる前から一国政府の勝手な判断によって議題から除かれるべき性質のものではない。

フランス政府代表フォンテーヌに反論を加えたのは労働代表だけではない。コロンビア、チリ、インドの政府代表があい次いでフォンテーヌに反論し、ジュオーに賛成の意見を表明した。フランスと並ぶヨーロッパの「大国」イギリス政府代表Ａ・Ｄ・ホールは、ＩＬＯが農業問題を論ずる権限をもたないとする説に反論したうえで、農業労働者の国際的立法は実際的ではないというフォンテーヌの意見を、次のように難詰した。

「英国ノ農業労働者ハ其ノ数数百万以上ニ達シ而モ其ノ利益カ国際的立法ノ保護ヲ受クル能ハスト為スカ工業ニ従事スル婦女ハ保護ヲ受クルモ国際労働会議ハ農業ニ従事スル婦女ハ顧ミルニ足ラスト為スカ政府代表トシテ何ノ顔アツテカ帰テ此ノ言ヲ公表スヘキ更ニ便宜ノ問題ニ関シテハ労働問題ヲ討議スルカ為現在遠方ノ国々ヨリ態々代表委員及顧問等多クノ来集シ居ルニ拘ラス何等農業上ノ問題ヲ討議スルコトナク徒為ニシテ帰国セシムルコト能ハサルニ非スヤ(45)」。

農業問題の存否をめぐるこの問題は、翌二七日の総会に引きつがれて議論が続けられた。議論のなかで、ベルギー政府代表から、農業問題を一括して討議するのではなく、各議題ごとに分けて削除の可否を決してはどうかという提案がなされた。だが、この提案が成立するためには、フランス政府が疑義を呈している、ＩＬＯの農業問題討議の権限の有無に決着がつけられなければならなかった。そこで、次のような決議について賛否が問われることになった。

「総会ハ農業問題ヲ討議スルノ権限ヲ有スルコトヲ認メ且労働理事会ノ提出シタル会議事項ハ華盛頓総会ノ決議及農業労働者ノ合理的要求ニ適合スルコトヲ認メ会議事項第二、第三及第四ヲ存置スルノ適否ヲ順次審議スヘキコトヲ決議ス」(46)。

この決議は、賛成七四、反対二〇、すなわち出席代表者の三分の二以上の賛成多数をもって可決された(47)。農業問題の討議は、ＩＬＯの権限にふくまれることがはっきりと確認されたのである。だが、もちろん、議題削除問題がこれで解決されたわけではない。「会議事項第二、第三及第四ヲ存置スルノ適否」が順次討議されなければならなかった。個別討議のなかでもっとも議論が集中したのは、第二議題、すなわち農業労働者の労働時間統制問題であった。ここでも、もっとも執拗かつ強硬に、この議題を削除するように求めたのはフランス政府代表であった。もう一人のフランス政府代表Ｊ・ゴダールは、「農業問題ハ国内問題ニシテ国際問題ニアラス而シテ農業問題ニ関シテ假令本総会ニ於テ如何ナル勧告又ハ條約案カ議定セラレタリトスルモ仏蘭西ハ決テ之ヲ採用セス又ハ実行セサルヘキコトヲ茲ニ公言ス」(48)とまで述べて居直った。この問題では、日本の使用者代表田村律之助も演説をなし、日本の如き小規模にして集約的な家族労働を中心とする農業に農業労働者の時間制を導入することは、かえって農家が「経営採算上可成自家労働ノ許ス範囲ニ止メ賃金労働者ノ使用ヲ節減スル結果ヲ招致スル」[49]から、むしろ農業労働者の失業問題を惹き起こすことになりかねない、と述べて第二議題の削除を求めた。イタリア労働代表Ｇ・バルデシは田村のこの演説に反発し、「日本政府ハ常ニ政治ニ関スル問題ニ付テハ大国ナリト吹聴シ而モ事産業ノ発達ニ関スルヤ控目ナル態度ヲ保持ス」[50]と揶揄した。だが侃々諤々の議論を経て、第二議題の存否についての採決結果は、賛成六三、反対三九であった。つまり、この議題は三分の二以上の多数の賛成を得られず、結局、第三回ＩＬＯ総会の会議事項から削除されることになったのである。

　これに対して、第三、第四議題の存否については、第二議題ほどには問題にはならなかった。失業防止と婦人及び児童の保護に関する第三議題は賛成九七、反対一七、農業労働者の組合権の保障をふくむ第四議題は賛成九三、反対一二、それぞれ圧倒的多数の賛成をもって会議事項中に存置されることが決定したのである。

　以上のような経過を経て、第三回ＩＬＯ総会は第四課題の第三項、農業労働者の組合組織権の保障を議題にするにいたったのであるが、ここで注目しておきたいことは、この問題が、議題として存置されることに最も反対が少なかったということについてである。もちろん、第四議題には、この問題のほか、農業技術教育、農業労働者の居住条件・災害・疾病等に対する保障問題もふくまれていたから、先の採決票数（賛成九三、反対一二）がただちに第四議題の第三項のみに対する各国代表の態度を反映したものとはいえない。だが、少なくとも、仮にこの第三項のみが単独に採決されていたとすれば、この反対数はもっと減っていたであろうことは確実である。実際、後述するように、農業労働者の組合組織権の保障を条約化した決議案の採決は、賛成九二に対して反対は五にすぎなかった。また、総会に先立って、組合権を承認する条約案を作成すべきかどうか、というＩＬＯ事務局の質問書に対して、各国政府の回答は、賛成の政府一三、農業労働者はすでに組織権を有しているから条約は不要だとする政府一（デンマーク）、主義は賛成だが作る必要なしとする政府一（インド）、賛否を明らかにしない政府七であった。農業問題の存置に猛烈に反対したフランス政府でさえ、この問題に関する限り賛成を表明したグループに属している。明確に反対の意志を表明した政府はインドのみであったが、それとて、主義は賛成という言訳を付さなければならなかった。この問題に無条件に反対を表明しえた政府は存在しなかったということである。

右の事実は、第四議題の第三項目が、第二議題のように、いわば直接的に社会法的な内容規定をもつ性格のものとは異なって、むしろ、結社自由の原則という市民法的な性格をもつ要求として提案されていたということと無関係ではない。そのことは、ILO事務局が作製したこの議題についての趣旨説明のうちに明確にあらわれている。そこでは、次のように述べられている。

「農業労働者カ各国ニ於テ組合権ヲ獲得シタルハ十九世紀中ノコトニシテ今ヤ大多数ノ諸国ハ法律ヲ以テ此ノ権利ヲ認メ対独平和条約亦十三編ノ前文ニ結社自由ノ原則ヲ承認スルコト現今ノ労働状態改善ノ一手段ナル旨ヲ記載シ第四百二十七条ニ使用者又ハ被用者カ一切ノ適法ナル目的ノ為結社スルノ権利ヲ以テ国際連盟ノ政策ヲ指導スルニ適切ナルモノナルコトヲ宣言シタリ然ルニ国ニ依テハ農業労働者カ結社自由ニ関スル権利ヲ実行シ得ル範囲今日尚制限セラルル如ク思惟セラルルモノナキニ非ス（中略）従テ対独平和条約ノ趣旨ニ遵ヒ一般農業労働者ノ為ニ結社ノ自由ヲ承認スルノ必要アリ是本件ヲ議題中ニ加ヘタル所以ナリ」(51)。

右のように、農業労働者の組織権は、結社自由の原則の課題として、したがって、それは二〇世紀の新たな課題というよりも、旧世紀に提起されて実現されなければならなかった課題として、とらえられている(52)。そもそも、政府、使用者代表とともに、各国の労働者が一同に会してILOなる世界機構を形成することが可能な必要条件は、それぞれの国内において、少なくとも形式的にでも結社の自由の原則が確立されていることが基本的な前提とされているわけであるから、この原則に反対しえないのは当然であった。日本政府に欠如していたのは、このような「世界の大勢」への認識であった。それは、農業問題をいかに認識するか以前の問題であった。ＩＬＯ第三回総会で、日本政府が、最大の焦点となった第二議題においてではなく、この結社の自由の問題で孤立したことの根本的原因はここにあるといってよい(53)。

さて、第四議題第三項は、ＩＬＯ事務局によって、具体的に次のような条約原案が起草されていた。

本條約ヲ批准スル各締結国ハ其ノ領土内ニ使用セラルル農業労働者ニ対シ工業労働者ト同様ノ組合権ヲ与ヘ且農業労働者ニ関シ該権利ヲ制限スル立法其ノ他ノ措置ヲ撤廃スルコトヲ約ス(54)。

この原案に対して、日本代表は次の二点に関して発言した。第一は、総会に先立っておこなわれた農業問題第三委員会における使用者代表田村の発言(55)で、彼は、「急激ナル社会立法ハ生産ヲ減少」することになるから組合権の保障は漸を以て進むべきだとして、原案を条約の形式をとらずに勧告にすべきだという意見を述べたのである。この意見は日本労働代表松本の反論を招き、更に、インド労働代表Ｎ・ジョシから「組合権ヲ保障スルコトカ生産ヲ減ストハ初メテ聞ク所ノ新説ナり(56)」と、これまた揶揄されている。この委員会での条約か勧告かの採択は、一六対一三で、結局、条約案として総会に提出されることが決まった。

第二は、いうまでもなく原案中にある「農業労働者」の解釈をめぐる問題である。松本は、委員会で、「日本ニハ多数ノ小作農アリ其ノ社会的経済状態ハ之ヲ賃銀労働者ト同視スヘキモノナリ此等小作農ノ地位ヲ向上スル唯一ノ道ハ之ヲシテ組合ヲ作成シ其ノ利益ヲ主張セシムルニ在リ然ルニ原案ニハ唯『農業労働者』トアリテ其中ニ『小作人』ヲ包含スルヤ否ヤ疑ヲ生スルノ虞アルカ故ニ原案ニ相当ノ修正ヲ加ヘテ此ノ点ヲ明瞭ナラシムルヘシ(57)」と要求した。

だが、松本のこの修正意見は、日本国内に対してはともかく、列席の各国代表にとってはいわずもがなのことであった。そもそも、総会に先立ってＩＬＯ事務局から発せられた「農業問題に関する質問書」の前文では、「小作人と小なる自作農は同時に賃銀労働者及独立労働者の区分に入る[58]」と、明確な定義が与えられていたのである。そして、延々と議論された先の第二議題の討議自体がこの定義を前提にしておこなわれていたのであって、フランス政府が、農業問題を討議することにあれほど激しく反対したのも、農業労働者がフランスでは「小農ニ該当スル言辞[59]」であると理解したうえでのことだったからである。だから、松本の発言は、農業問題第三委員会ではむしろ意外に受けとられたのであろう。イギリス労働顧問ドナルドソンは、松本に、「所謂農業労働者中ニハ小作農ヲ包含スルコト勿論ニシテ何等疑ナキ所ナレハ別ニ文句ヲ修正スルノ必要ナキニ非スヤ[60]」と諭している。だが、松本は、あくまで修正に固執した。この修正が、列席の各国代表にとってほとんど意味のないことであったとしても、彼の国内では重要な意味をもっていることを知っていたからである。この修正は満場異議なくおこなわれた。こうして「農業労働者」は、小作農を包含することをより明確にするために「農業ニ従事スル一切ノ者」(all those engaged in agriculture) という表現になったのである。委員会では、この「小さな」修正のほか、いくつかの修正が加えられて、条約案が総会に提出された。

だが、日本政府代表は総会でこの「小さな」修正を蒸し返したのである。岡本英太郎はＩＬＯ事務局の原案には賛成だが、修正案では、「適用ノ範囲斯ク拡大セラレ日本政府訓令ノ外ニ出ルニ至リタル上ハ條約案採決ニ方リ賛否ヲ留保スルノ外ナシ[61]」として、原案に復活するならば悦んで賛成する、と述べたのである。だが、先述のようにもともと原案も修正案も同じ内容に解されていたのだから、これはまったく場ちがいの演説だった。岡本は、原案と修正案が異なる内容をもつという自己流の新解釈を加えたうえで、原案に戻すのなら賛成できるとしたのである。松本はただちにこの再修正案に激しく反論した。「日本ニハ農業労働者中純然タル賃銀労働者ハ比較的少数ナルニ反シ小作小農ノ数ハ百五十万人以上アリ其ノ地代ヲ支払ヒテ手許ニ残ル所ハ工業労働者ノ収入ニ比シ更ニ菲薄ニシテ其ノ社会的地位低ク如何ニシテモ之ヲ農業労働者ト認ムルノ外ナシ」[62]と。松本のこの発言は「満場の拍手をあびた」[63]という。

日本政府にとって、さらに災厄だったのは、岡本の演説が再修正案と受けとられて採決に付せられたことであった。当然のことながら、岡本を支持する票はまったく投ぜられなかった――日本政府代表の二票と使用者代表の一票を除いては。日本政府は単に孤立しただけでなく醜態をも演じてしまったのである。日本の使用者代表顧問としてこの総会に出席していた東大教授佐藤寛次は、「此の如き修正案の成立すまじきことは明瞭とすれば、何故に政府は簡単に『宣言』としなかったであらうか。予は会議の当時もかく思ひ、今日に於ても尚かく思ふて居る」[64]と、臍をかむ心境を吐露している。日本農民組合の創立者の杉山や賀川が、ＩＬＯ総会における日本政府の対応を、「大狼狽」だとか「大醜態」だとかいう表現で酷評しているのは、このようなぶざまな対応によるところもあったであろう。いずれにせよ、「農業労働者ノ結社及組合ノ権利ニ関スル条約」案は、最終的に、賛成九二、反対五、棄権二をもって可決採択されたのである。日本代表の投票行動は、三つに分かれ、労働代表は賛成、使用者代表は反対、そして政府代表は棄権であった。

## Ⅳ　第三回ＩＬＯ総会の歴史的意義――結びにかえて――

さて、この第三回ＩＬＯ総会で堂々の発言を展開し、日本政府自身が任命し、しかも、日本政府に「ＩＬＯのもたらした災厄を、嫌というほど味あわ」[65]せた、労働代表松本圭一とはどのような人物か。第三回ＩＬＯ総会に関する諸報告や諸論文では、簡単な肩書きが付された彼の名前は必ず確認されるものの、また、総会における彼の活躍ぶりは確認されるものの、これらにみえる松本という名は、あたかも第三回ＩＬＯ総会の代名詞の如くであり、この人物がどのような経歴と思想・人格を備えた人間であるのか、どのような経緯で彼が日本労働代表に選ばれることになったのか、具体的なことは不明である。つまり、松本圭一という人間は、これまでみてきたように、ＩＬＯ総会できわめて重要な役割を果していることが確認されているほどには、この人物の全体像は確認されていないことが多いのである。筆者は、この人物を具体的に明らかにすることが、本稿の課題からして一つの重要なポイントと考えるものであるが、結論からいうと、彼についてはきわめて断片的な事実しか拾い集めることができず、具体的な彼の人間像を浮かびあがらせることはできなかった。しかし、それにもかかわらず、これらの寄せ集めの事実のうちにも、本稿にとっては見逃しえない論点がいくつか含まれている。筆者が知りえた範囲内で松本圭一に言及しつつ、必要な論点を指摘しておきたい。

筆者が松本について知りえたのは、彼が一九二一年に東京帝大農科大学を卒業したあと、宮崎県茶臼原に石井十次の経営する岡山孤児院を訪ねたところからである。石井十次とは、いうまでもなく、明治期の代表的な社会事業家であり、わが国で最初の大規模な孤児院である岡山孤児院を岡山市に設立した熱烈なキリスト教徒であった(66)。一八九四（明治二七）年からは、農業殖民のため宮崎県茶臼原の開墾に着手し、孤児養育の主な施設を宮崎県へ移し、ここで大原孫三郎らの援助を受けながら孤児院経営と開墾事業にあたっていた。松本がこの石井にひかれて茶臼原を訪れたのは、一九一三年であった。この年の石井の日誌には次のようにある。

「一二月一八日　木　晴　星島二郎君ノ紹介ニテ農学士松本圭一氏（静岡県志多郡大富村）来院々内一巡シテ帰ラル」
「一二月二〇日　土　晴　松本圭一氏再ヒ来院セラル今回ハ数日間院内ニ滞在セラル、筈」
「一二月二一日　雨（岡山孤児院茶臼原分院報告）礼拝　午前十時開会　松本農学士旅行の感を語られ西内氏マ

リヤとヨセフの性格に就て語る」[67]。

だが、このとき、石井はすでに死の床にあり、翌年一月三〇日、四九歳でこの茶臼原で永眠した。松本が茶臼原に定住するようになったのは石井の死後だったのである。右の日誌に出てくる「西内氏」とは西内天行（香）のことであろう。彼の石井伝『信天記』も、石井の死の直前の松本の孤児院訪問に触れつつ、わずかに松本を次のように語っている。

「松本君は大正元年駒場の農科大学を卒業し、早くも東九州巡遊を憶ひ樹つに到った。君は洗礼を海老名弾正氏に受け、亦内村鑑三氏の信仰に私淑したる、精純《ママ》無垢の基督者なるが故に、クリスチャンたる有吉知事を有し、亦クリスチャンたる石井君を有する古国日向は君の巡遊熱を高むるに力あった。君は十二月十九日前後に来って、クリスマス後乃ち一週間を過して宮崎に距られた。其間に石井君にも面接し、始めて掛けられる基督教的農村の建設に対し、大に共鳴するものがあって何とかして之を理想的に成就したしとの希望を有するに至った人である。故に石井君永眠後記念事業の第一に数ふ可きは、松本君を中心としたる農場学校の経営である」[68]。

松本は一九一四年から茶臼原に身を投じた。西内前掲書によれば、茶臼原に農場学校が創始されたのは、松本が来てからのことであり、学校の経営を松本に嘱したのは、石井の死後、彼の事業を引き継いだ大原孫三郎であった。いずれにせよ、松本に与えられているいくつかの断片的な人物評価は、彼が「非常に真面目なクリスチャン」[69]であり、「意思強固なクリスチャン」[70]であるということで共通しているが、それ以上のことはわからない。

さて、松本が茶臼原に住みつくようになってから一九二一年の第三回ＩＬＯ総会の労働代表に任命されるまで七年間、彼はここで自ら農業労働に従事しながら、農場学校の経営にあたっていたことになるが、この松本に眼をつけたのは誰か。これを直接確定しうる文献はみあたらない。だが、朝日新聞記者関口泰は、農商務省農務局が「人選を農科大学某教授に依頼[71]」したと書いており、那須皓は、日本政府が「石黒さんの進言を容れて[72]」松本を労働代表に選任したと述べており、さらに『石黒忠篤伝』は、那須を労働代表の顧問に起用したのは石黒農政課長の人選によるものだった、と書いている[73]。確証することはできないが、筆者は、関口のいう「農科大学某教授」を那須であろうと推定する（もっとも、那須は当時助教授だったが）。そうだとすれば、那須が石黒の依頼をうけて松本を推せんし、石黒がこれをとりつぎ、農商務省が石黒の「進言を容れて」松本を任命したという関係がなりたつ。この推定は、一方で、石黒と那須が個人的・思想的なレベルでも、また政策的にもきわめて親密な関係にあったということ[74]、他方で、那須と松本が「前から懇意[75]」であって、事実、那須が労働代表顧問となったのは松本の希望もあったということ、などからしてほぼまちがいないことと思われる。つまり、ここでは、石黒―那須―松本というルートが成立するのである。

だが、このルートこそは、石黒の上司岡本農務局長及び山本農商務相、そして、結局は、日本政府にとって、先述の如き災厄を招いたみなもとであった。その意味では、日本政府が、労働代表松本とその顧問那須を任命することによって生ずるべき結果をあらかじめ予測しえたにもかかわらず、「極めて寛大なる度量を以て彼の敵を」ＩＬＯ総会に送りこんだのだ、という先のキューバ政府代表アゲロの発言は、明らかに事実に反する。那須は、「私は松本代表とともに、日本政府の見解とちがった立場を主張したために『けしからん。那須はアカくなった。大学なんかやめさせてしまえ』というような議論が出たそうです。その紛議に関する報が日本に来たときに、時の農商務相である山本達雄氏は憤ぜんとして、部屋の中を電報をもって歩き廻っていたそうであります[76]」と述べているが、山本のこのような激怒は、日本政府の期待が裏切られたゆえにこそ生じたものである。

問題は、石黒農政課長である。彼は、松本・那須任命の、最終的な責任者ではないが、直接的な責任者である。彼もまた松本・那須を任命することによって生ずるべき結果をまったく予測しえないでいたのかどうか。結論からいうならば、石黒が、山本農商務相らと同じレベルで、ＩＬＯ総会で生ずべき事態を予測しえなかったなどとは考えられないことである。むしろ、逆に、松本・那須の先述のような言動を十分に予想したにもかかわらず（予想したうえで、と表現するほうがあるいは正確かもしれない）、彼らを任命したということできる。その意味では、アゲロの発言は、松本・那須任命の直接責任者である石黒に関する限り妥当する。石黒自身がアゲロと同じようなことを言っている。山本農相がＩＬＯ総会での松本・那須の言動を聞いて激怒したとき、石黒は次のように言って、大臣をなだめたという。「政府の方針に反するような代表を選任したということは、これは日本政府の選者が公平無私で、当をえていたということの証拠ではないか[77]」と。石黒はまた、一九二二年二月六日の小作制度調査委員会第六回特別委員会の「農業労働会議経過報告」でも、同じことを次のように述べている。

「松本代表ノ意見ガ政府代表ノ意見ト何時モ同一デアルト云フ様ナ労働代表ヲ出シタトスレバソレコソイケナイノデアル、松本代表ガ総会ニ於テ労働者ラシイ意見ヲ出シタカラ政府ニヤハリ悪イガ結局総会ニ於テ資格審査ヲナス場合ニヨカッタノデアリマシテ政府ノ意見ト異ル自由ナ意見ヲソレ丈ケ充分ニ出ス様ナ労働代表ヲ日本政府ハ誠意ヲ以テ委員ヲ出シタト云フ事ガ労働代表ニ認メラレタ所以デアリマセウ、私モ岡本代表ト共ニ労働代表選定ノ議ニ参加シタ一人デスガ少シモ悪イト思ハヌノミカヨカッタト寧ロ誇ヲ感ジテ居マス[78]」。

これは、アゲロの論理とまったく同じである。「政府ノ意見ト異ル自由ナ意見ヲソレ丈ケ充分ニ出ス様ナ労働代表」を選定したというのは、石黒農政課長にとっては真実だったのである。また、那須に関していえば、石黒が那須の農業・農村問題についての学説を知らない筈はない。しかるに、その那須はといえば、明らかに「小作農＝労働者論に立脚していた」[79]。「農民の大多数は企業者であると同時に労働者である。小作細農の如きは何等企業的利潤を受くることなく（万一其の生ずる場合には直ちに高められたる地代となって吸収し去られる）、其の得る所は極めて低廉なる労働報酬に過ぎざるが故に、本質的には之を労働者と目すべきものである」[80]というのが那須の主張である。このような学説をもつ那須が、先述の「農業労働者」の解釈問題にどのような対応を示すかは容易に想像できることである。

つまり、石黒は、松本・那須の選定をまかされたときから、明らかに「確信犯」であったと考えられるのである。石黒は、一九二〇年一一月に農商務省内の大臣諮問機関として設置され、翌二一年から本格的に審議が開始された小作制度調査委員会の幹事として、まず何よりも小作組合法の制定のための審議を委員会に要求していた。「小作関係ヲ契約自由ト云フ名ノ下ニ今ノ儘ニシテ置クナラバ小作人ニ対シテハ組合ハ大ニ必要」であり、「既ニ相当ニ発達セル小作組合ヲ法律ヲ以テ認メ発達セシムル方ガ適当デ且便宜デアル」[81]というのが石黒の認識であった。だが、このような認識は多数を占めるには至らなかった。一九二一年五月に開かれた第三回特別委員会で、石黒に真向っから反対した斎藤宇一郎委員（衆議院議員、秋田の一〇〇町歩地主）の意見は、多数派の代表的なものであった。彼は小作組合法の制定が不可欠であることの理由を次のように述べた。

「日本ノ農業組織ハ特殊ノモノデアルカラ小作人ハ労働者ニ非ズト見テ居リ只僅カニ作男作女ガ労働者デアルケレドモ是レ亦家族的ノモノデ真ノ労働者デハナイトシテ組合ヲ認ムベキヤ否ヤハ全ク未定ノ問題トセラレテ居ル然ルニ進ンデ小作人又ハ農業労働者ト看做サルベキモノノ組合ヲ認ムルナラバ日本ノ農業組織ヲ根本ヨリ覆スコトトナル」「昨今ノ新聞紙上ニモ国際労働会議ニ於テ大体例外ノ主義ガ載セラレテアルガ此主旨デ行クベキモノデ本邦ノ農業ノ特殊性ヲ忘レナイデ小作組合法ヨリハ小作法ノ研究ノ方ガ至当ダト思フ」「時勢ガ進ミ凡テノ労働者ガ組

合ヲ組織スル時代ニナツタラバ小作組合モ宜シイ今日ニ於テハ日本ノ小作人ハ一種ノ企業者ト見タ方ガ宜シイト思フ故ニ大体論ヨリ云ヘバ小作組合法ノ制定ハ之ヲ不可ナリトスルモノデアル」[82]。

石黒は、この意見に対して、私がいま問題にしているのは労働組合のことではなく、「小作条件ノ改善ヲ主トシテ主張スル小作人団体」[83]のことであるから、労働組合とは区別して小作組合法を討議してもらいたい、と防戦しているが、この反論は歯切れが悪い。日本農業の特殊性をことさら強調し、ＩＬＯ総会でも「例外ノ主義」でいくべきだとする斎藤の意見自身が、先述のように、日本政府の見解にほかならなかったからである。

だが、これから半年後に開かれたＩＬＯ総会の経緯は、このような多数派の農業問題認識に一つの風穴をあけることになった。日本の支配層の多数派の意見は、少なくとも第一次大戦後の「世界の大勢」からみて国際的に通用しない社会認識に立脚していることが闡明にされたのである。そして、そのことは、冒頭に述べたように、賀川豊彦や杉山元治郎らに日農結成の契機を与えたのと同時に、農商務省内の少数派である石黒忠篤の小作組合法制定の主張に新たな「国際法」的な根拠を与えることになったのである。そして、重要なことは、かかる根拠をひきだす作業そのものに、石黒は、那須―松本を通して、第三回ＩＬＯ総会を媒介として、加担したのであった。石黒が「確信犯」であるというのは、以上のような意味においてである。

しかし、それにもかかわらず、石黒の小作組合法制定の主張は、小作制度調査委員会でも、ましてや、農商務省内全体でも、支配的なものにならなかった[84]。小作組合法制定は、一九二一年六月の小作制度調査委員会第四回特別委員会で棚上げにされ、さらに、第三回ＩＬＯ総会後の第六回特別委員会（一九二二年二月）でも議題としては掲げられるが審議にさえ至らず、問題となっていた小作法案さえ棚上げにされて、まず小作調停法の制定が先行されるべきであるという意見が大勢を占めるに至ったのである[85]。「世界の大勢」は、農商務省の諮問機関の潮流を変えることができなかったのである。

こうして、石黒の、「既ニ相当ニ発達セル小作組合ヲ法律ヲ以テ認メ発達セシムル」ために小作組合法を制定するという構想は、第三回ＩＬＯ総会のインパクトにもかかわらず、農商務省内においては、多数派を形成することなく潰え去った。だが、石黒がＩＬＯ総会に仕掛けた装置は、別のところで展開することになった。いうまでもなく、先に述べた日本農民組合の結成がそれである。「既ニ相当ニ発達セル小作組合」は、賀川、杉山らによって創立された日本農民組合として横断的に結合されて、成長・発展していくことになったのである。そして、石黒がみずから確信をもって選定した官選労働代表松本圭一とその顧問那須皓自身も、直接的に、この初期日農の活動にかかわっていた。松本は、一九二三年一〇月の日農岡山県連の旭東聯合会設立大会で、「農民の結社及び組合の権利」と題して記念講演をなし[86]、また、一九二五年六月にも、杉山元治郎とともに、那須・松本が新生協会の講演会に列席していることを確認することができる[87]。松本・那須は、ＩＬＯ総会の言動を通じて日農の創立を間接的に促しただけでなく、帰国後の彼らは、直接的にこの運動にかかわったのであった。

たしかに、第一次大戦後に農商務省内にあらわれた「石黒農政」と称される農政上の新潮流は、それまでの伝統的農政と農村支配のありかたに大きな修正を加えようとする方向をもっていた。それは、ＩＬＯの創設に象徴されるような、第一次大戦後における帝国主義列強諸国間の協調路線の力を援用しながら、日本国内において体制の一定の「近代化」をはかり、安定的な国民統合をめざすグループであった。しかし、それは、彼ら自身の属する官僚機構の中では傍流にすぎなかった。彼らは、自ら構想した政策を国家権力が正当に認知する政策にまで仕立てあげることはできなかったのである。石黒と極めて親しい間柄にあり、彼から思想的な影響をうけ、さらには、日農創立計画においても一時は会長候補として名前のあがったこともある有馬頼寧は、石黒が農政課長に就任したとき、「農政課の空気は従来と大に異るべきものあるべく殊に其思想に於て極めて急進的なる石黒氏を課長とすることは日本の農政上大に喜ぶべき事なり」としながらも、「唯如何なる程度氏の力の及び得るやは疑問たるべし(88)」と書いている。正鵠を射た評価であろう。だが、この新潮流は、国内に澎湃として生じつつあった社会改造運動の一翼としての、自主的な農民運動に連動していった。第一次大戦後の「世界の大勢」は、農民問題に即していえば、何よりもまず、初期日農によってうけとめられたのである。

註

(1)　外務省『同盟及聯合国ト独逸国トノ平和条約竝議定書』三三九〜三四〇頁。

(2)　矢田俊隆編『東欧史（新版）』山川出版社、一九七七年参照。

(3)　この点、竹村民郎氏の表現を借りるならば次のようになろう。「きわめて注目すべきことは、支配体制転換構想の環ともいうべきブルジョア的な農業綱領を提起するための主観的・客観的条件は、日本資本主義の発展にともない急速に成熟しつつあったということである。さらにいうならば、提起さるべき農業綱領の内容の核心をなす土地制度改革の問題は、たんにわが国固有の問題としてあったのではなく、一九二一（大正一〇）年一〇月開催の第三回国際労働会議が農業会議といわれたことに象徴されるごとく、まさに世界資本主義体制の再編成にかかわる問題として提起されていたのである」（「地主制の動揺と農林官僚――小作法草案問題と石黒忠篤の思想――」『近代日本経済思想史』Ⅰ、有斐閣、一九六九年、所収）。

(4)　農商務省農務局『地主小作人組合に関する調査』一九二六年。

(5)　一点のみ指摘しておくと、冲天の勢いをもって増加した日農支部と組合員は、日農それ自身の目的意識的な組織拡大の努力によって獲得されたのではなかったということである。むしろ、すでに全国各地に小作争議を契機として自然発生的に簇生していた幾多の小作組合が、日農という大きな傘を求めてドッとなだれこんだというのが実相に近いといえよう。この点は、昭和初期において、日農の拠点であった香川の壊滅のあとをうけて、農民の意識的組織化のために苦心惨憺していた前川正一が次のように述べている如くである。「(大正) 十年十一月は左程計画的に組織を未組織に延ばす努力はなかったにも拘らず旧日本農民組合は躍進的に発達した。地主××が意識化してゐなかったとも云ひ得るし、運動全体が自然発生的な躍進性を以って進展して行ったとも云へる」（『左翼農民運動組織論』白揚社、一九三一年、一一三頁）。

（6）農民運動という用語が、労働運動とともに階級闘争としてのいみあいをもって使用されるようになるのは、一九二〇年代も後半のことのようである。この時期には、農民運動ということばは、一般的には地主をもふくむ農業生産に従事するものの運動として用いられていた（協調会『社会運動の状況』一九三三年）。そのいみでは、日農結成の意義は、小作運動の「農民運動」からの分化＝新たな農民運動の自立、という脈絡においてとらえることができよう。

（7）農民組合運動史刊行会編『農民組合運動史』（日刊思想新聞社、一九六〇年）に寄せた石黒忠篤の「序文」に次のようにある。「私が始めて賀川豊彦君と会ったのは、君が神戸から上京した際、一夕共に有馬頼寧君から青山の宅に招かれた時であった。其の時出たばかりの処女作『死線を越えて』の一本を貰い且つ『農民組合』に付ての意見を聞いた。たしか小平権一君も同席だったと憶う」。

（8）農商務省農務局『小作制度調査委員会特別委員会議事録　其ノ二』一三頁。石黒はこの話を、一九二二年二月の小作制度調査委員会の第六回特別委員会の席上で披瀝している。なお、賀川が印税の大部分を日農の組織化のために投入したということについては、杉山も次のように述べている。「農民運動でも賀川の『死線を越えて』の金が入ったからこそできたんですよ、あの当時金を貢いでくれるものがなかったらできなかった。賀川はずいぶんそういう金を貢いでくれました」（安藤良雄編著『昭和経済史への証言』上、毎日新聞社、一九六五年、一五九頁）

（9）沖野岩三郎「日本基督教界の新人と其事業」（『雄弁』一九一八年一一月号、ただし、杉山元治郎『土地と自由のために』一九六五年、からの重引）。

（10）沖野岩三郎『八澤浦物語』一九四三年、二三四〜二三五頁。

（11）『斯民』第一五編第九号、一九二〇年。なお宮崎隆次氏もこの一文に注目し、杉山の「初期の活動には新型の地方改良運動であると受け取られる要素が多々あった」と指摘している（「大正デモクラシー期の農村と政党」『国家学会雑誌』第九三巻第七・八、九・一〇、一一・一二号）。ついでに指摘しておけば、日農結成前後の農民運動の指導者の多くは、このような地方改良事業家タイプや地方農村における生産力向上に挺身する精農型の農民によって担われていた、ということを一般的に検出しうるように思われる。この点は、一九二〇年代後半以降昭和恐慌過程の農民運動の指導者とはその型を異にしている。詳しくは別稿で述べる。

（12）前掲『土地と自由のために』四七〜四九頁。

(13) 前掲宮崎隆次論文。とはいえ、日農結成以後の農民運動が、ただちに系統農会的な性格を払拭したわけではなかった。日農の機関誌『土地と自由』の初期の号には「農芸欄」なるものが設けられ、「五倍増収杉山式南瓜栽培法」だとか「水稲改良若種作法」だとかの「農会報」なみの記事が相当な紙面を割いている。この点は註(11)の指摘ともかかわる。

(14) 註(9)参照。

(15) 前掲『土地と自由のために』一五七頁。

(16) 同右。

(17) 高崎宗司氏は、一九二一年が農民運動を始めるのに絶好の年であったことの積極的理由に、①第三回ILO総会の開催、②ロシア革命の日本農村への影響、③賀川の主体的条件(川崎・三菱造船所争議敗北後の労働運動からの離脱、膨大な印税収入など)、④小作争議の爆発的高揚、を挙げている(「日本農民組合の成立」『地方史研究』第一一一号)。これらの理由は、日農結成の条件としていずれも重要なものであるが、それぞれは異なったレベルのものであり、問題なのはそれぞれの条件相互の媒介的関係である。本稿では、日農結成の直接的契機として、高崎氏の挙げた①を重視するものであるが、それは他の条件を無視するからではない。

(18) 杉山「日本農民組合の成立」日本労働同盟機関誌『労働同盟』一九二二年二月号。

(19) この点、鈴木正幸氏は、より一般的に「農村改造」論の問題として次のように指摘されている。「農村改造論も、他の改造論と同様、第一次大戦の終結による世界的改造機運に刺激され、その一環として登場してきたものであった。したがって、日本国内の種々の政治的社会的改造は、世界改造と深い関連をもつものとして認識されていたのであった。そしてそのことは、また国際社会の改造動向を日本にとりこもうとする意識を強く働かせることになった。一国の改造を国際的視野のなかでおこなおうとする傾向、これが大戦後の改造論のすぐれて特徴的なことであった」(「大戦の終結と農村問題――農村改造とその国際的視野――」『歴史公論』第三巻第一一号)。

(20) 外務省『第三回国際労働総会報告書』一〜二頁。

(21) 佐藤寛次編『国際農業労働会議概観』二五〜二六頁、参照。

(22) 東畑精一『米』中央公論社、一九四〇年、六七頁。

(23) 農商務省農務局『本邦農業ノ概況及農業労働者ニ関スル調査』は、農業問題が第三回ILO総会の議題となることとなったこの段階での調査である。
(24) 中山和久『ＩＬＯ条約と日本』岩波新書、一九八三年、参照。
(25) この質問書は極めて詳細なものであるが、その全文は前掲『国際農業労働会議概観』に収められている。
(26) 『東京朝日新聞』一九二二年四月二八日。
(27) 「締約国ハ其ノ国ニ於テ使用者又ハ労働者ノ最能ク代表スル産業上ノ団体カ存在スル場合ニ於テハ該団体トノ協議ニ依リ各民間代表委員及其ノ顧問ヲ任命スルコトヲ約ス」（前掲『同盟及聯合国ト独逸国トノ平和条約並議定書』）。
(28) この経過については、神戸大学経済経営研究所編『新聞記事集成　労働編第一巻　国際労働会議』参照。
(29) 白柳秀湖『明治大正国民史　大正概論』一九三八年、四二〇頁。
(30) 関口泰「労働代表選定の重要」（朝日新聞社『国際労働会議と日本』一九二四年）。
(31) 『東京朝日新聞』一九二二年一月九日。
(32) 同右、一九二二年一月一四日及び一月二〇日。
(33) 同右、一九二一年八月四日。
(34) 横田英夫『現下の農民運動』同人社、一九二一年、五四頁。
(35) 同右、五六頁。
(36) 原文は、関口泰「労働団発展の機運　労働代表資格問題㈠」（『大阪朝日新聞』大正一一年二月一三日）によった。
(37) 同右関口論文㈡（『大阪朝日新聞』一九二二年二月一四日）。
(38) 同右。
(39) 同右関口論文㈢（『大阪朝日新聞』一九二二年二月一六日）。
(40) 同右関口論文㈣（『大阪朝日新聞』一九二二年二月一七日）。
(41) 同右関口論文㈤（『大阪朝日新聞』一九二二年二月一八日）。
(42) 中山和久前掲書、九九頁。
(43) 外務省編『第三回国際労働会議報告書』五九～六〇頁。
(44) 同右、六四頁。

(45) 同右、六五頁。
(46) 同右、六九頁。
(47) この議決の法制上の規定は、平和条約第四〇二条である。すなわち、ＩＬＯ「加盟国の政府は議題に或事項を含む事に対し正式に抗議する事が出来る」が、「総会に於て出席代表者の三分の二の多数がこれを審議する事に賛成の投票を為したる時は議題より削除する事が出来ない」。
(48) 前掲『第三回国際労働会議報告書』七四頁。
(49) 同右、八〇頁。
(50) 同右。なお、バルデシは田村の演説を日本政府のものと勘ちがいをしている。
(51) 同右、一八三頁。
(52) ただ、こうはいっても、この問題は、結社の自由という市民的自由権と団結権を中心とする労働基本権が、法構造上、どのような連関を有しているかという難問をふくんでおり、さらには、市民法と社会法の接点という大きな理論的問題につながっている。この問題を正面から展開することは、筆者のよくなしうるところではないが、ここでは、さしあたり、ＩＬＯ事務局の説明が、労働基本権としての団結権よりも市民的権利としての結社の自由の側面に重点をおいてなされている、ということを確認するにとどめたい。なお、この問題については、渡辺洋三『現代法の構造』、有泉亨「労働基本権の構造」(東京大学社会科学研究所編『基本的人権の研究5　各論Ⅱ』東京大学出版会、一九六八年) など参照。
(53) 第二次大戦後においても、ＩＬＯと日本政府との関係で、最大の論点になったのが、この問題、すなわち、結社の自由・団結権を定めたＩＬＯ八七号条約批准問題をめぐってであったことは周知の如くである。
(54) 前掲『第三回国際労働会議報告書』一八四頁。
(55) この委員会には日本政府代表は出席していない。
(56) 前掲『第三回国際労働会議報告書』一八六頁。
(57) 同右、一八五頁。
(58) 前掲『国際農業労働会議概観』四二頁。
(59) 同右、五八頁。

(60) 同右、一八六頁。
(61) 同右、一八八頁。
(62) 同右、一八八〜一八九頁。
(63) 中山和久前掲書、一〇〇頁。
(64) 前掲『国際農業労働会議概観』二七四頁。
(65) 中山和久前掲書、九七頁。
(66) 石井十次に関する文献・史料は少なくない。さしあたり、西内天行の石井伝『信天記』、柿原政一郎『石井十次』、柴田善守『石井十次の思想と生涯』など参照。また、石井記念友愛社から『石井十次日誌』が刊行されている。
(67) 前掲『石井十次日誌（大正二年）』一九七頁。
(68) 前掲『信天記』七五二〜七五三頁。
(69) 那須皓「脱俗した信念の人」『石黒忠篤先生追憶集』一九六二年、一三六頁。
(70) 関口泰「労働代表選定の重要」朝日新聞社『国際労働会議と日本』一二頁。
(71) 同右。
(72) 前掲『石黒忠篤先生追憶集』一三六頁。
(73) 『石黒忠篤伝』岩波書店、一九六九年、七三頁。
(74) 同右、参照。
(75) 前掲『石黒忠篤先生追憶集』一三七頁。
(76) 同右。なお同様な指摘は、前掲『石黒忠篤伝』一六一〜一六二頁にもある。
(77) 同右。
(78) 農商務省農務局『小作制度調査委員会特別委員会議事録　其ノ二』五頁。
(79) 村上保男『日本農政学の系譜』東京大学出版会、一九七二年、一五七頁。
(80) 那須皓『農村問題と社会理想』岩波書店、一九二四年、三六四〜三六五頁。
(81) 農商務省農務局『小作制度調査委員会特別委員会議事録　其ノ一』二〇頁。

(82)　同右、二〇～二一頁。
(83)　同右。
(84)　この時期の農商務省は、農務局農政課の動きにみられるように、一部に、第一次大戦後の「進歩的」潮流があらわれてはいたが、省全体の潮流は、労働組合法をめぐる内務省案との対抗にみられるように、きわめて「伝統的・保守的」なものであった。その意味で、この時期の、いわゆる「石黒農政」と称されるグループは、農商務省よりも内務省の政策路線に親近性をもつものと考えたほうがよいであろう。なお、安田浩「政党政治体制下の労働政策――原内閣期における労働組合公認問題――」『歴史学研究』第四二〇号、一九七五年、参照。
(85)　この経過については、広中俊雄『農地立法史研究　上巻』、細貝大次郎『現代日本農地政策史研究』御茶の水書房、一九七七年、など参照。
(86)　協調会農村課『農村事情に関する調査』一九二四年。
(87)　杉山元治郎『日本農民組合の過去現在及将来』刀江書院、一九二六年。これは、一九二五年六月二八日におこなわれた杉山の講演記録であるが、「是に列席された松本代表や、今日此処に御出席の那須博士などの御尽力」という表現がある（一一～一二頁）。
　なお、こののちの松本の軌跡については確認できていない。ただ、前掲の柴田善守『石井十次の生涯と思想』によれば、松本は「昭和二年に孤児たちをつれてブラジルに渡り現在に至っている」（二九三頁）とあり、同著の巻末に、松本の手になるブラジル移住者の詳細な現況調査が付せられている。松本のブラジル移住については、石井十次から思想的影響を受け、松本とも交流があった星島二郎（岡山選出代議士）が次のように語っている。「松本君は茶臼原に行って農場の助けをするわけです。けれども十二年から四年やっているうちにどうにも神武天皇が捨てたところで、（火山灰地のために―引用者）ほんとうに、雨が降ったらスーッと水が浸み込んでしまうようなポコポコしたところだから農業がやっていかれないということになるのですね。（中略）松本氏が、『これではだめだ』ということで、そこで思い切って朝鮮へ行くか、朝鮮では非常に力を入れてくれる人があったのだがね。総督府の関係だったと思うけれども。しかし朝鮮も一パイだ、むしろブラジルに行くべしだというところに非常にもめたわけだが、全体で五十名には足らなかったがブラジルに行ったわけです」（内政史研究会『星島二郎氏談話速記録』）。

（88）『有馬頼寧日記』一九一九年七月一〇日（国立国会図書館憲政資料室蔵）。

〈付記〉

本稿の作成にあたって、宮崎県立図書館及び大阪市立大学の柴田善守氏に松本圭一について教えを乞うところがあった。記して謝したい。松本のことについては、なお不明のことが多いが、今後の調査課題としたい。

# 9　両大戦間期における農村「協調体制」論について

## I　はじめに

近年の日本近現代史における社会運動研究の特徴の一つは、両大戦間期の労働運動（労働争議）、農民運動（小作争議）の個別研究が著しく進み、しかもそれが、個別的争議史研究として自己完結するのではなく、そこから当該時期の階級構造や国家の諸政策、さらには政治過程を展望しようとする志向をもって展開されつつある、という点にある。(1)これを小作争議研究にそくしていえば、その研究は、争議の担い手の階層性や要求の性格、争議の帰結など、総じて争議そのものの内部構造を徹底的に分析しつつ、その分析をつうじて、争議がもたらしたところの農村社会の経済的、政治的編成の変容、それに対する国家の対応とその性格、を解明しようとする問題意識を共有しているといってよいだろう。したがって、この小作争議研究は、(1)後退期の地主的土地所有が、成立過程における国家独占資本主義のもとでの農業構造にどのように位置づけられるのか、(2)大正デモクラシーから日本ファシズムへの推転過程における農村支配の政治構造を、どのような歴史的脈絡においてとらえるのか、などという日本近現代史の全体把握にかかわる問題をみずからかかえこむことになってきた。そして、そのような課題意識のひろがりの帰結として、争議研究は、争議そのものの把握のレベルだけではなく、それぞれの研究が描きだそうとする歴史像のレベルで、新たな論議を招来しつつあるといえよう。

もっとも、右に述べたような、小作争議という個別分野からする研究の綜合の方向性は、まだ未熟であり、また、西田美昭氏が指摘されたように、「各地で展開された小作争議の実態認識に大きな差がある」[(2)]ことも確かであろう。したがって、なお多くの個別事例にそくした精緻な研究の蓄積が必要なのだが、同時に、個別的蓄積それ自体が自動的に全体像の結実をもたらすわけではないという社会科学の定石に鑑みて、しかも、近年の争議史研究が右に述べたような意味での綜合化を志向して進行しつつあるのだから、われわれは、いくつかの中間的な時点で、これら個別研究の理論的なレベルでの検討を行ない相互批判をかわしておくこともぜひ必要なことのように思われる。

以上の前提にたって、この小稿の課題は、いわゆる戦間期に属する一九二〇年代から三〇年代の農村支配の構造とその変容を説明するのに使用されているタームについて、そのタームの使われかたの問題性を検討しようとすることにある。ところが、このように課題をたてたとき、すぐに気付くことであるが、この時代の農村支配ないし農民統合・組織化にかかわって提出されている「〇〇体制」とか「〇〇主義」とかいうタームが少なくないのである。いわく、「協調体制」（又は「協調主義」）、「（小作）調停法体制」、「治安維持法体制」、「協同組合主義」、「伝統的保守主義」、「経済主義的組織化」など[(3)]。右の術語群は、論者によって表象されている「体制」ないし「主義」の内容が異なるだけでなく、そもそも「体制」「主義」という術語で描出しようとする社会組織の様式・政治支配の形式がいかなるものであるのかが曖昧のように思われるものもあるが、ただ、このうちで、近年、かなり明確なフレーム・ワークをもって独自の農村支配体制論を自己主張しているのが「協調体制」というタームである。この議論は、後述するように、本質的には、第一次大戦後の帝国主義諸国において普遍的にみられた労資関係の変容を、日本の農村社会へ適用しようとする意図のもとに展開されているので、ここでは労資「協調体制」と区別するために農村「協調体制」論と称しておく。そこで、この小論では、右の農村「協調体制」論を積極的に展開されている庄司俊作・坂根嘉弘両氏の議論を整理・検討して、その問題点を指摘しておきたい[4]。

## Ⅱ　庄司俊作氏の農村「協調体制」論[5]

氏は、「近畿先進農業地域」における大正後半期の小作争議の分析から、争議後に創出された地主・小作間の小作料減免のしくみを「協調体制」と規定されるのだが、その内容は次のように整理できよう。

(イ)「協調体制」の内実――この体制は、争議の再発を防ぎ、地主の恣意を制約するための「地主・小作関係の機構的・媒介的形態への再編」「小作料減免の決定過程の非人格化」(「客観化」「制度化」「慣用化」という表現もされる)であり、その限りでの「地主・小作関係の近代化」であった(A)。

(ロ)「協調体制」の社会的基盤――この「協調体制が名実ともに確立しうるのは、地主・小作関係が共同体的関係に包摂されている限りにおいてであって、この意味で協調体制の基盤は制度的にも実質的にも部落」にあった(A)。したがって、「協調体制」とは、「地主・小作関係の再編を前提とした小作人の部落への回帰として概括できる」(B)、別様の表現では、部落を基盤とする「共同体的関係の回復・活性化」(A)。

(ハ)「協調体制」機能(階級対立の顕在化防止)の経済的前提条件――「協調体制」を深部で支えた条件は、小作争議を通して「小作人の生存権的要求の実現が体制的・恒常的に保障された」こと(ただし、その代償としての小作料支払強制の体制化)にあるが、この生存権的要求水準は、資本主義的労働市場の周辺で展開された農村的労働市場における賃銀水準に限界づけられるものであった(A・B)。

ところで、庄司氏は、この「協調体制」論から、農村支配の「ファシズム的再編」をどのように展望されるのであろうか。この点は、次に紹介する坂根嘉弘氏の議論と対照的なのだが、結論的にいえば、庄司氏の議論にあっては、「ファシズム的再編」の論理は「協調体制」論で示されているわけではない。氏は、小作調停制度を分析した論文(C)で次のように述べている。すなわち、

小作調停制度は、諸階級の利害を調整し、社会の統合をはかる国家独占資本主義の政策体系の一環として導入された法制度であった。だが、この制度に期待された調整機能は、現実には、昭和恐慌下での土地問題の深刻化・複雑化によって制約され、きわめて不十分なものでしかなかった。このような国民統合の困難性は、本質的には日本資本主義の後進的特質(伝統的な経済構造・社会関係の残存。例えば、零細地主の厖大な堆積)によって増幅されたのであるが、しかしそれは、「大正末期の小作争議状況のなかではさして大きな矛盾に逢着することはなかった」。争議の展開自体が「協調体制」に帰結したからである。だが、恐慌下の土地問題の激化(とりわけ後進地域)は弥縫されていた国民統合の困難性を一挙に露呈させた。こうして、「階級対抗の調整に際して国家権力はにっちもさっちもいかないいわば進退きわまった状況に追いつめられるのである(=国家の統合機能の「麻痺」)。農村支配体制の『ファシズム的再編』が必然化されていくのは、以上のような状況においてであった」。

右に明白なように、庄司氏の想定される「ファシズム的再編」とは、「協調体制」ではなく、また小作調停制度でもない。彼のファシズムへの接近はいわば消去法的であって、「ファシズム的再編」の前提条件に多言を要しているが、「ファシズム的再編」の論理そのものについては、彼はまだ何も明示的に語ってはいないのである。

以上のように、庄司氏の農村「協調体制」論は、論理的には、「近畿先進農業地域」を中心として展開された小作争議の帰結としての地主小作関係の再編形態論以上のことを述べているのではないのであって、その意味では内容的にはきわめて限定的な議論なのである。だが、まさに坂根氏は、それゆえに、この「協調体制」論を「超歴史的」把握として批判される。

## Ⅲ　坂根嘉弘氏の農村「協調体制」論⑹

坂根氏は、庄司氏をふくむ従来の「協調体制」に関する議論の欠陥は、その政治的支配形態としての歴史的位置づけが明確でないという点にあると批判されたうえで、農民運動先進地域の農村分析を通して、「主として政治的支配の視角から協調体制の歴史的規定」を次のように行なう。

(イ)　一九二〇年代農民闘争の帰結としての農村「協調体制」は、経済的「近代化」（地主的土地所有の制限・抑制と耕作権の相対的強化による小作地経営の安定化）と政治的「民主化」（中農層の政治的地位の向上と政治参加）を支配の論理へと吸収転化し、「中農的基盤の漸次的拡大＝生産力基盤拡充と農民諸階層の政治的去勢＝階級的『眠り込み』という国家権力自らの課題を実現していく新しい段階の政治支配体制であった」（D）。

(ロ)　換言すれば、この支配体制は、「事実上の小作法秩序の実現、つまり『社会法』的機能による体制統合を媒介した農村支配体制であり」、それは、一九二〇年代から三〇年代の農地政策に一貫して流れる国家独占資本主義段階の、「市民法的秩序の社会法的旋回」（民法体系の修正）として把握される性格のものである（D）。

(ハ)　したがって、この「協調体制」は、一九二〇年代の小作争議＝階級対立を陰蔽する役割を担う「政治支配体制」であったと同時に、「ファシズム支配体制を最下部において支えうる最終細胞」でもあった（D）。

右の規定から明らかなように、坂根氏の農村「協調体制」は、一九二〇年代の農村支配体制と一九三〇年代の「ファシズム支配体制」を一挙に把握しうる概念装置なのである。庄司氏との大きなちがいはここにあるのだが、ただ、ここで坂根氏は、「最終細胞」という生物学的比喩に天体学的形容をもって限定を付される。この「最終細胞」は「小宇宙的にしか実現しえなかった」のであると。右の限定の内容は、次の「小作調停法体制」の分析によって与え

第1表　滋賀県下小作調停事件

| | | |
|---|---|---|
| 集団的調停事件（117件） | 小作関係（ＡⅠ型） | 114 |
| | 土地関係（ＡⅡ型） | 3 |
| 個別的調停事件（401件） | 小作関係（ＢⅠ型） | 109 |
| | 土地関係（ＢⅡ型） | 292 |

出典：坂根C論文より。

られる。すなわち、

「保守的地主反動」が強く、地主的土地所有の制限・抑制が実現しえない（経済的「近代化」の阻止）ところでは、地主小作間の社会的亀裂が深刻化し、地主小作関係は内部的・自立的に処理しえなかった。「故に国家権力は地主小作関係の調整のため、より迂回した方策を余儀なくされる。それが小作調停法体制という、国家によるより直接的な農村支配体系の創出であった」（E）。

それでは、先の「協調体制」と、この「小作調停法体制」とは、論理的にいかなる関係にあるのか。或る地域では「協調体制」が成立し、その成立が困難なところでは「小作調停法体制」が発動されるのか。もちろん、坂根氏の議論は、そのような地域的類型論で組み立てられているわけではない。「小作調停法体制」が国家権力の制度的介入であったとしても、その介入が社会的機能を有するためには、先述の「協調体制」にみられた社会法的論理が媒介されなければならないのである。この点は、E論文においても若干示されているが、より本格的には、一県単位のひろがりにおいて、多数の小作調停事件を定量化して分析したF論文で明確に示される。氏は、滋賀県全域における一九二五年から四五年までの小作調停事件五一八件を、集団的調停事件（A型）と個別的調停事件（B型）に分類したうえで、これをさらに、小作関係（Ⅰ型）と土地関係（Ⅱ型）に分ける。つまり調停事件を四類型に分類するわけだが（第1表）、そのうえで氏は、次のように述べる。

小作調停法機能の歴史的解明は、集団的調停事件（A型）の分析によってなされなければならない。「個別的調停事件を問題にする限り、方法的にはこの解明の道を自ら閉ざしていると言わざるをえない」。他方、A型の圧倒的多数は小作関係事件（Ⅰ型）であり、しかもそのほとんどは、「大字単位の共同協約を目的とせる小作調停」である。

「この『大字単位の共同協約』の調停事件こそ、小作法制定を断念した農林官僚が小作調停法に託した小作法の代位機能を端的に表現」し、この協約の推進により「民法的秩序は事実上修正されていく」のである。第一に、それは、小作争議展開の密度に正則的に対応して、「契約小作料の低位固定化と小作料実納率の高位安定化」をもたらし、第二に、AＩ型の地域的点在にもかかわらず、それは、近隣部落への波及効果をもち、しかもB型調停事件にも影響を与えることを通じて、この「小宇宙的な集団的小作契約が漸次外延的に拡大し、その裾野をひろげていく」。そして、それは、小作料統制令（一九三九年）による小作料適正化事業の「早期的先行的展開」として位置づけられるのである。

右のF論文では、先の「協調体制」というタームは直接使用されていないが、この論文の意図は、坂根氏がD論文で提出された「協調体制」の社会法的秩序が、小作調停法の運用過程にも貫かれていくことを実証しようとした点にあることは明白であり、ここでは、「協調体制」という「最終細胞」が小作調停法をいわば「カタルシス」(7)として繁殖し、「小宇宙」の膨張する過程が描かれているのである。

以上みてきたように、坂根氏のD・E・F論文で展開されている議論は、それぞれが他を補って、全体としてきわめて整合的であり、かつ、明快であるといえる。では農村「協調体制」論の何が問題なのか。以下、その点について述べてみたい。

## Ⅳ　問題の所在

(イ)　両氏の農村「協調体制」論には、すでに、部分的な批判が提出されている。この批判は、「協調体制」を批判者なりに地域類型論的に把握し直したり(8)、また、この体制の「小宇宙的」な限界性を強調することによって、それが農民組織化に果した機能の有効性に疑問を投げかけるというかたちをとっているのだが、しかし、これは、農村「協調体制」論（とりわけ坂根氏の）への批判として本質的でない。前にみたように、坂根氏の農村「協調体制」論は、近畿農村を実証の舞台にしてはいるが、「近畿農村支配体制論」といった次元（従って、他の地域では、異質の政治支配体制が成立し、これが対抗的に展開する、という次元）で組みたてられているわけではないからである。[10] いずれにせよ、筆者は、農村「協調体制」論の本質的・理論的問題性は、地域類型論的レベルにあるのではないと考える。

(ロ)「はじめに」でも少し触れたが、農村「協調体制」論の背景には、市民法から社会法へという、第一次大戦後の普遍的世界史的潮流を、両大戦間期の日本農村分析に適用しようという問題意識がみられる。しかし、誰もが否定しえないこの世界史的潮流を日本農村の分析に適用することが、果して「政治的支配の視角」（D）からする政治的支配体制論＝政治史たりうるのか？という疑問がまず湧いてくる。だが、こういってしまうだけでは身も蓋もない。もう少し、内在的に検討してみよう。

(ハ) 前述のように、庄司・坂根氏の「協調体制」論は種々の点で差異があるが、他方で重要な同質性がみられる。筆者は、この同質性にこそ、農村「協調体制」論の本質的問題を見出すものであるが、それは、両氏が、「協調体制」の本質を集団的な地主小作関係とみなし、これを事実上、現代的労資関係の団体交渉機構にみたてている点である。この点、庄司氏は、「協調体制」が「(ワイマル体制) 従業員代表と経営代表とから成る『共同決定』の機関」[11]に相当すると明言しており、[12] 坂根氏の場合も、庄司氏に対する部分的批判（E）にもかかわらず、社会法的諸権利における階級団体を内実とする「集団的関係」の成立を「協調体制」の前提としていることは一連の論文にみられる如くである。

ところで、現代的労資関係における「集団的関係」とは、その関係がどのような性格のものであるにせよ、最低限、労働組合に対する国家の公認を前提とする団体交渉機構が成立していることを抜きには語りえないものであることはいうまでもない。だが、両大戦間期における日本農村の地主小作関係に、このような「集団的関係」が成立しえていたであろうか？　この問に対する解答は、少なくとも制度的には明白に否である。一九二一年の第三回ＩＬＯ総会において農業者の結社権を保障する条約が圧倒的多数で可決される中で、日本にも、「既ニ相当ニ発達セル小作組合ヲ法律ヲ以テ発達セシムル[13]」ために小作組合法を制定するという構想が存在したことは確かであるが[14]、それは、農商務省の諮問機関（小作制度調査委員会）内においてさえ支配的になりえず、潰え去ったことは周知の事実である。今日においてさえ、日本農村においては、労働組合に相当するような農民組織の体制的公認は阻止されているのであって（この点は後述）、「協調体制」論者のいう「集団的関係」の欠如はあまりにも明白である。

だが、右の点は、庄司・坂根両氏にあっては十分承知されていることであって、いわずもがなのことである。両氏は、まさにこの欠如を代位するものとして、近代行政村内部の部落＝大字を積極的に位置づけるからである。庄司氏にあっては、「協調体制」が「集団的関係」として実現しうるのは、地主小作関係が部落という共同体関係に包摂されている限りにおいてであるとして、「協調体制」の社会的基盤を部落に求めているし、坂根氏においても、「協調体制」の社会法的秩序が貫徹されるのは「大字単位」という「集団的関係」を媒介としてであることを強調されるのである。そこで、先の問題は、次のように問い直さなければならない。いったい、戦間期日本農村における「部落＝大字」共同体なるものは、現代的労資関係における「集団的関係」の代位機能を果し、社会法的秩序を実現していく媒体たりえたのであろうか？と。

(二)　だが、この問に答える前に、われわれは一つ確認しておかなければならないことがある。それは、この農村「協調体制」論の背景にある労資関係のモデルが、ドイツ・ワイマル体制のそれに直接求められているということであり、その反面、近年著しく研究の進展がみられる両大戦間期の日本の労質関係の現実が、いわば素通りされているという点である。日本の場合、大戦後の攻勢的労働争議を背景として、労働組合法・労働争議調停法・治安警察法十七条撤廃をワンセットにした現代的労資関係への転換をめざす協調的政策が登場したことは事実であるが[15]、しかしそれは、労働組合法の「流産」にみられるように、本格的団体交渉機構の成立には結果しなかった（協調的労働政策の「萎縮性[16]」）。したがって、「近代的労資関係＝集団的労資関係を助成する構想の一翼を担うものとして立案[17]」された労働争議調停法も、右のような「協調的・集団的労資関係の未成熟[18]」に規定されてその機能範囲を狭められ、「死せる法律」と化すことになった。それは、政策＝法が、「余りに日本の労資関係の実態とかけ離れていたから[19]」で、争議調停における警察・調停官吏の事実調停のみが促進されていくのは、このような「協調的・集団的関係」が未成熟であったからにほかならない。

概ね右のように、近年の両大戦間期労資関係の研究が強調していることは、ワイマル体制との近似性なのではなく、むしろそれとの異質性＝日本的特殊性なのである。この点は、日本における労資「協調体制」論と農村「協調体制」論の基調のちがいと思われるもので、敢えて指摘しておきたい。

(ホ) 論点を先の問題に戻そう。結論からいえば、部落＝大字は、農村「協調体制」論者が主張されるような意味で「集団的関係」を代位する機能など果しえなかったし、何よりも、この共同体を現代的労資関係における「集団的関係」にみたてること自体が誤まりである、というのが筆者の意見である。前者については、坂根氏がF論文で分析された一県単位の小作調停事件における個別的調停（B型）の圧倒的多さ（A：B＝一一七：四〇一）自体が、氏の説への有力な反証になっている。B型事件の多さこそ、部落＝大字の場では処理しえない個別的地主小作関係の矛盾、逆にいえば、階級的矛盾を処理しえないという意味での部落＝大字の限界性を物語るものではないか。坂根氏は、「個別的調停事件を問題とする限り、方法的にこの（小作調停法の機能）解明の道を自ら閉ざしていると言わざるをえない」と言われるのだけれども、これは一種の断定にすぎないのであって、「解明の道を自ら閉ざしている」のは、B型事件の分析を放棄された氏の方法にこそあるのではないか[20]。

だが、ここで問題としたいことは、右の実証上の問題よりも、農村「協調体制」論が再編「部落＝大字」共同体をもって、事実上労資の「集団的関係」にみたてていることである。この「協調体制」論が描き出そうとしているのは、端的にいえば、小作争議のエネルギーをテコとした「部落＝大字」共同体の組合団体化といえよう。しかし、この団体化は、結局のところ、土地問題＝地主関係を回避したところの、半行政団体としての農業団体（主として産業組合とそれを支える部落単位の農事実行組合）への農民の組織化に変質・蹉跌されていったことは[21]、これまでの農業史研究の明らかにしていることではないか。それは、農村「協調体制」論者が想定する、階級関係の明確化とその体制的承認を前提とするような「協調的・集団的関係」などではなく、逆に、「協調的・集団的関係」の未成熟・体制的阻止を前提としてうち建てられたものであって、農民運動の側からする農業団体の「自主化」なるスローガンが現実的な力となりえなかったのも、そのような歴史的条件においてであった。このような農民の農業団体への組織化は、「政治的支配の視角」からいえば、それは主体としての「参加」なのではなく客体としての「統制」であり、政治的「民主化」なのではなく「強制的同質化」として把握されるべき性格のものであった。そして、「部落＝大字」共同体は、まさに、この「強制的同質化」の過程を媒介する場に他ならなかったのである。

(へ)　以上、筆者は、両大戦間期の農村「協調体制」論を、そこに内在する本質的問題にしぼって批判した。したがって、ここでは、紙数の関係上、庄司・坂根両氏の議論の差異性にかかわる論点を省かざるをえなかったし、すぐ右に示した筆者の見解の対置もやや断定的になったが、実は、「協調体制」論に対する筆者の批判意識は、農村政治支配に関する現状認識から発する素朴な違和感に原点をもっている。右の判断を補足する意味で、ややレベルが異なるが、この点について触れて結びとしたい。

筆者の違和感とは、農村「協調体制」論が体制把握を試みたすぐれた意欲的研究であるにもかかわらず、問題提起のベクトルがあらぬ方向にむいて、日本農村の現実から浮きあがってしまっているのではないかという懸念からきている。先に、筆者は、現代にいたるまで、労働組合またはそれに類似するような組織が日本農村の歴史において公認されたことなどなかったのだ（換言すれば、現実には、地主と小作人の「二つの経済のもつ階級的本質の差異はまったく明らかだった[22]」にもかかわらず、その階級対抗の承認自体が拒否されたのだ）、と書いた。そして、そのような組織の欠如を代位するものとして、部落を位置づけることにも問題がある、との意見を述べた。だが周知のように、今日の日本農民は、そのほとんどが法認された農業団体としての農業協同組合に組織されている。しかも、この団体を法的に規定する農協法は、「農業生産力の増進と農民の経済的地位の向上」をはかることを目的とし（第一条）、「組合員の経済的地位の改善のためにする団体協約の締結」（第十条第十一項）をうたっている。その限りで、農協という農民組織は社会法的理論に裏づけられ、労働組合的性格を併せもっているようにもみえる。だが、このことをもって、日本農村における労働基本権の確立をみるならば、それは現代日本農村の政治的課題を見誤まるものといわざるをえない。すなわち農協は、一面で労働組合的外観をも呈しながらも、本質的には、行政庁の設立認可の必要（五九条）、行政庁の解散権（九五条の②）、行政庁の運営報告の徴収（九三条）、業務、会計状況の検査権（九四条）等の規定にみられるように、行政庁によって二重三重に縛られた非（もしくは反）労働組合的半行政団体なのである。まさに、このような農民の非ないし反労働組合的組織化にこそ日本農村の組織化の特質があるといっても過言ではない。この特質は、農村における結社の自由・団体交渉権の保障を規定したＩＬＯ一四一号条約（一九七五年の農村労働者団体条約。この条約は農村で農業・手工業等に従事する者に適用されるもので、賃金労働者に限定されるべきものではない）が賛成四五九、反対ゼロ、棄権一〇という圧倒的多数で可決されるなかで、日本政府が絶対少数の棄権組に与するという国際的特異性に照らすと、より一層鮮明に浮かび上ってくる。農村社会に階級的団体を認めまいとする日本政府の行動様式、単に半世紀前の農業者結社権問題（第三回ＩＬＯ総会）においてみられただけでなく[23]、それは一貫として現在にまで続いているのであり、更に重要なことは、今日、その根拠になっているのが農協法にほかならないということである。[24]〈農村労働者団体条件〉が規定する結社の自由・団体自治による農民の組織化を公認できないのは、半行政団体としての農協による農民の組織化のためなのである。組織化のベクトルのちがいは明らかであろう。

結局、国家的統制のもとで行政団体化されたことはあっても、社会法的な労働基本権を柱とする「集団的関係」の公認は阻止され続けている、というのが現代日本農村の政治的現実といえよう。[25]そして、大字＝部落は、まさに、そのような国家と行政の支配をうけとめる場として位置づけられ、むしろ、その機能は個々の勤労農民としての権利を変質・吸収してやまない方向に作用してきたのである。[26]その意味で、庄司・坂根両氏が使われる「協調体制」というタームは、近年流行のコーポラティズム論の一部を借りるならば、「社会コーポラティズム」なのではなく、「国家のコーポラティズム」[27]（又は「労働なきコーポラティズム」）とでも表現されるべき内容のものであろう。

註

（1）　安田浩「民衆運動をめぐる論点」日本現代史研究会編『一九二〇年代の日本の政治』大月書店、一九八四年、安田・林「社会運動の諸相」歴史学研究会・日本史研究会編『講座日本歴史9　近代3』東京大学出版会、一九八五年。なお、このような方向での個別争議研究は、先駆的には二村一夫氏の問題提起の影響が大きい。同氏「労働運動史（戦前期）」（労働問題文献研究会編『文献研究・日本の労働問題《増補版》』総合労働研究所、一九七一年）など参照。

（2）　西田美昭「昭和恐慌期における農民運動の特質」東京大学社会科学研究所編『ファシズム期の国家と社会Ⅰ　昭和恐慌』東京大学出版会、一九七八年。

（3）　筆者もこのうちの一つ（小作調停法体制）を使用しているので、この点はやや反省をこめての指摘である。拙稿「農民運動史研究の課題と方法」『歴史評論』第三〇〇号、一九七五年〔本書収録〕。

（4）　ただ念のために述べておくが、「協調体制」ないし「協調主義」というタームは両氏の専売特許ではない。「協調主義」なり「協調主義的団体」という用語は、何よりも史料用語であるし、両氏以外にもこの用語を分析用具として使用している研究は少なくないのだが（たとえば、金原左門『大正デモクラシーの社会的形成』青木書店、一九六七年、西田美昭編著『昭和恐慌下の農村社会運動』御茶の水書房、一九七九年、など）、これを「体制」論として全面展開され、新たな歴史的意味を与えているのが両氏の研究である。

（5）以下、庄司氏の論文は次のように略記する。A＝「小作争議と地主制後退――近畿先進農業地域一農村の変容過程を中心として」『土地制度史学』第八三号、一九七九年、B＝「近畿先進農業地域における地主制の後退過程――『協調体制』の問題を中心として――」『土地制度史学』第八九号、一九八〇年、C＝「戦前土地政策の歴史的性格――小作調停制度を中心として――」『日本史研究』第二二六号、一九八一年。

（6）以下、坂根氏の論文は次のように略記する。D＝「協調体制の歴史的意義――後退期地主制下における農村支配の一形態――」『日本史研究』第二二四号、一九八一年、E＝「小作調停法体制の歴史的意義――後退期地主制下における農村支配体制の一形態――」『日本史研究』第二三三号、一九八二年、F＝「小作調停法運用過程の分析――滋賀県の事例を中心として――」『農業経済研究』第五五巻第四号、一九八四年。

（7）この表現は、金原左門氏による。「小作調停法は政策的には治安維持法のごとき治安立法の本質・形態をつうじ一貫した反動性をもつものとは区別しなければならないが、この点を確認したうえで、あらためて社会的条件の変化と関連せしめて小作調停の『カタルシス』の機能をとらえつつこの法の政治的反動性を問題にしなければならないだろう。このことはやや飛躍した論じかたになるが、大正末期から昭和初期にかけて、いいかえれば『大正デモクラシー』の解体をつうじて日本ファシズムの条件設定の秘密を解くうえで重要性をおびてくるのである」（「小作調停法実施状況の政治史的分析のための覚書」『法学新報』第七二巻第九・一〇号、一九六五年）。

（8）森武麿「農業構造」一九二〇年代史研究会編『一九二〇年代の日本資本主義』東京大学出版会、一九八三年。

（9）大門正克「農民的小商品生産の組織化と農村支配構造」『日本史研究』第二四八号、一九八四年。

（10）一九二〇年代から三〇年代への推転を把握するには、地域類型論を媒介にしなければならないと強調されるのは森武麿氏である。だが、この森氏の主張は、単なる方法論的な提起なのではなく、地域類型それ自身が氏の認識される歴史像そのものなのである。それは、「一九二〇年代が近畿型の時代とするなら、一九三〇年代は養蚕型の時代であった」とか、「〈養蚕型〉は『擬似革命』型、〈東北型〉は『権威主義的反動』型といえる」（一九八三年度土地制度史学会秋季学術大会『報告要旨』）などという指摘に端的にあらわれている。森氏の議論はここで検討する余裕はないが、筆者は、このような農業地帯構造論の支配体制論への直結には賛成できない。

(11)　これは、兵藤釗「現代資本主義と労資関係」（戸塚秀夫・徳永重良編『現代労働問題』有斐閣、一九七七年）からの庄司氏の引用部分であるが、原文は次のような文脈で語られている。「ワイマル体制の新しさは、一九一九年一一月の中央労働共同体協定、およびその法的表現としてのワイマル憲法に示されているごとく、上述のような内容をもった労働組合団結の法認と、従業員代表と経営代表とからなる『共同決定』機関としての〝経営評議会〟の設置とを一挙的に導入した点にあった」。

(12)　庄司「昭和恐慌期の小作争議状況」同志社大学人文科学研究所『社会科学』第三〇号、一九八二年、の註（1）。

(13)　農商務省農務局『小作制度調査委員会議事録　其ノ一』、石黒忠篤の発言。

(14)　この経過については拙稿「日本農民組合成立史論Ⅰ　日農創立と石黒農政のあいだ――第三回ＩＬＯ総会――」『金沢大学経済学部論集』第五巻第一号、一九八四年（本書収録）。

(15)　安田浩「政党政治体制下の労働政策――原内閣における労働組合公認問題――」『歴史学研究』第四二〇号、一九七五年。

(16)　西成田豊「労働力編成と労資関係」前掲『一九二〇年代の日本資本主義』所収。

(17)　上井喜彦「第一次大戦後の労働政策――一九二六年労資関係法をめぐって――」『「構造的危機」下の社会政策』。

(18)　西成田豊「一九二〇年代日本資本主義の労資関係――重工業労資関係を中心に――」『歴史学研究』第五一二号、一九八三年。

(19)　前掲上井論文。

(20)　坂根氏の批判にもかかわらず、この点では、小作調停が生み落としたものは「小作法体系」といったものには程遠く、「小作調停が与えた結果は地主・小作間の力関係に基づいた妥協でしかなかった」とする見解（品部義博「小作調停にみる土地返還争議の諸相」『土地制度史学』第八四号、一九七九年）のほうが、より説得的のように思われる。

(21)　暉峻衆三『日本農業問題の展開』下、東京大学出版会、一九八四年。

(22)　一柳茂次「農民の組織化」『思想』一九五九年六月号。

(23)　前掲拙稿「日本農民組合成立史論Ⅰ」。

(24) 中山和久『ILO条約と日本』岩波新書、一九八三年。

(25) なお、付言しておくが、筆者がこのようにいうことは、農民の生産と生活の論理にもとづいた自主的な「集団的関係」形成の運動とその可能性を否定することではない。筆者がここで問題にしているのは、「集団的関係」が体制的に公認され、支配の論理に組みこまれているという、その政治史的認識である。

(26) たとえば、米の生産調整=減反政策が、個々の農民にとってはきわめて不満なものであっても、それが全体として受け入れられていくのは、減反割当が、末端にあっては部落単位でおろされてくるからである。ある農家が全面的に拒否すれば、部落単位の減反面積の総和は同じなのだから、そのしわよせが他の農家の減反拡大という結果になる。こういうわけで、農民は内心に不満を抱きながらも、結局は、部落単位の調整を媒介としてこれを受け入れていくのである。

(27) T・J・ペンペル、恒川恵市「労働なきコーポラティズムか――日本の奇妙な姿――」P・シュミッター/G・レームブッフ、山口定監訳『現代コーポラティズム』I、木鐸社、一九八四年。

〈付記〉

この小論は、一九八五年一月一〇日に歴史学研究会近代史部会でおこなった報告の一部に加筆したものである。

# 10　近代農民運動の歴史的性格
## ――森武麿編『近代農民運動と支配体制』によせて――

### I

私は、主として、近代日本における農民運動の歴史を通して、農村や農業のことを勉強しているものですが、その私にとって、いつも念頭を去らない論文の一節があります。それは、故栗原百寿氏の「農民運動史研究の意義と方法」という論文の冒頭の問いかけで、「今日、わが国において、農民運動の歴史を、改めて本格的に調査、研究することは必要であろうか(1)」という一節です。これは、いまから約三〇年前の一九五四年に書かれたものですから、この問いかけでいう〝今日〟とは、農地改革の実施された直後のことにほかなりません。

この時代の農業・農民問題の国内政治・経済過程へのかかわり方はきわめて直接的で、これ自体として固有の歴史的意義をもっていたように思われます。一方で、戦後の支配体制を安定的に築きあげようとするものにとって、農地改革によって創出された自作農体制は、「健全穏健な民主主義を打ちたてるため、これより確実な根拠はありえず、また急激な思想の圧力に抗するため、これより確実な防衛はありえない(2)」と把握されていましたし、他方で、民主革命をめざす勢力にとっても、農業理論は革命理論の全体を左右するカナメの地位にありました。実際、栗原氏の農業理論も、革命勢力の戦略論争に直接かかわらざるをえなかっただけでなく、現実の農民運動にも大きな影響を与えたことは周知のとおりです。このような時代であってみれば、栗原氏が、先の自問に対して、ただちに、「無条件に必要であり、しかも緊急に必要である」（傍点引用者）という回答を与えたことは、当然のことであったようにも思われます。栗原氏をして農民運動史研究を促したものは、このような時代との直接的な緊張関係でした。以下、栗原氏はこの論文で農民運動史の科学的研究の重要性を説いていくわけですが、氏が、この分野の研究をこのように重視したのは、農業理論の構築にとって農民層の主体的動向としての農民運動の研究が不可欠である、との認識によるものでした。この点は、氏の代表著作の一つである『現代日本農業論』(3)でも、「日本農業の構造的変化というような重大な社会経済事象の認識にとっては、客観的分析だけでは、なお、いまだ不十分であって、さらに農民層の主体的動向の分析によってそれを検証し、補充し、認識することが必要なのである」と述べられています。こうして、栗原氏は、農民運動史研究会の主査として、岡山、奈良、新潟、香川、佐賀、岐阜などでの現地調査と資料蒐集の中心となり(4)、また、みずからも「岡山県農民運動の史的分析」(5)、「香川農民運動史の構造的研究」(6)などのすぐれた実証的論文をまとめられました。

しかし、残念なことに栗原氏は、一九五五年の五月二四日に四五歳の若さで急逝されました。農民運動史研究会で香川農民運動史の報告をしたのは同年五月六日ということですから(7)、死はその直後のことであったわけです。

栗原氏が亡くなられてから現在までちょうど三〇年の歳月が流れたことになります。さてここで、「今日、わが国において、農民運動の歴史を、改めて本格的に調査、研究することは必要であろうか」という、氏がかつて自問された問いかけに文字通りの〝今日〟の時点で、私たちはどのような回答を与えうるでしょうか。

日本農業、およびそれをめぐる国内・国外の情勢、そして、農民の存在形態と主体的な動向、そのいずれもがこの三〇年間に構造的な変容を蒙ってきたことはいうまでもありません。「戦後自作農体制の終焉」(8)ということが指摘されてすでに久しくなります。農家経営の絶対的減少のもとでの専業農家の激減＝農家総兼業化、いわゆる資産的土地所有の全国的蔓延、食糧自給力の低下、これらの事態は日本農業の解体の危機を示す指標であるといえるでしょう。しかも、深刻なことは、この危機が、農家経済の解体を意味するというよりも、むしろ、農業そのものの存立する基盤である人と土地の二つの自然力の破壊を内包しているということです。磯辺俊彦氏は、「石油多消費型の農業への傾斜、いうならば農業の工業化」が、表向きには農家経済の価値循環・補塡を何とか果たしながらも、その内部で素材的循環・補塡を破壊していることを指摘しています(9)。

このように、高度経済成長期を経た今日の農業問題は、三〇年前とは著しくその様相を異にしました。しかしこのことは、今日の国民経済・社会において農業問題の占める比重が軽くなったとか、まして、消滅してしまったということを全く意味しません。むしろ、問題としてはより内攻的に深刻化しているというのが現在の事態ではないかと思います。

ただ、そうであるがゆえに、このさい強調されてよいと考えますことは、今日の農業問題がそれ自体として個別的・独立的な問題として存在しているのではないという点です。農業問題のあらわれ方自体が、特定の国際的連関のもとにおかれた日本資本主義とその体制的機構に直接的に規定されており、農業生産の基底において進行しつつある素材的破壊も、「重化学工業＝巨大独占と零細農耕制の隔絶した対置のゆえに、相互に応答的な再生産構造を創出し得ないでいる現代の資本蓄積構造の帰結(10)」にほかなりません。

要するにここでは、農業問題の独自性・個別性の把握の仕方・その枠組みが問われているということなのですが、議論を農業問題というかたちで立てたばあいも、類似のことが指摘されうると思います。右にみた日本農業の大きな変貌の必然的な結果として、農民の意識と行動もまた著しい変化を促されてきました。しかしその前に、現在では、農民とはどのような存在なのかということ自体がまず問題なのであって（たとえば、「土地持ち労働者」などという表現を考えて下さい)、それほどに農民像がとらえにくくなってきております。佐伯尚美氏は、『現代農業と農民』(一九七六年)という本のなかで、「農民文学は終ったのか」という文壇の論議を紹介していますが、そこで氏は、「現在、農民文学がそもそも成り立ちうるのかという根源的問いかけが発せられる背景には、高度成長を経ることによって、その対象である農民像が大きく変わり、農民特有の意識・行動が、かつてのごとく類型的にとらえきれなくなってきたという事実がある」(五三頁)と述べています。ここでも、現代における農民問題の枠組みが問われているといえます。(11)

問題を元へ戻しますが、このような「今日」にあって、農民運動史研究の現代的意義はどのようなものなのでしょうか。恥ずべきことに現在の私には、この問に、栗原氏のように明快な回答を与える確たる自信がありません——それゆえ、冒頭に述べましたように、栗原氏のあの問いかけをずっとひきずっているわけですが、個別研究がどのようなものであれ、その現代的意義を語ることができるということは、個別研究と現代認識との間の緊張した対話のゆえであるとすれば、逆もまた逆であるといわざるをえません。

ただ、私は、今日にあっては、農民運動(史)の研究が農業理論というものを「検証し、補充し、認識する」ためにこそ必要なのだということのみに、この分野の研究の現代的意義を収束させることは困難なのではないかと感じています。農村社会学の分野では、日本経済の高度成長にともなって生じてきた農村の変化が、「農業ないし農村の内的な論理のみによって把握することの困難な問題であった」(12)との指摘がなされています。歴史学の分野でも、日本近代史にそくしていえば、一九六〇年代後半以降、農民運動や小作争議の分析をふくんだすぐれた農業・農村史研究の蓄積がありましたが、しかしそれらは、農業史・農村史として自己完結するものではありませんでした。たとえば、いま私の想起できる範囲でいいますと、金原左門(13)、西田美昭(14)、森武麿(15)、安田常雄(16)といった歴史学者の諸研究は、それぞれ実証分析のかぎりでは、新潟県下の農村社会分析であったり、長野県や群馬県の個別村落とそこでの農民層の動向や運動の分析でした。しかし金原氏が右の研究をおこなうにあたって、「個別研究を歴史の総過程に位置づける視点の自覚をつねにともなうならば、個別史を歴史像形成の方向に関連づけ普遍化することは可能であろう」[17]と述べていたように、これらの研究は疑いもなく、大正デモクラシーや昭和恐慌や日本ファシズムといった日本近現代史の全体像を豊富化させる仕事でした。私は、これらの研究の意義は、それがすぐれた農業経済史研究であり、村落史研究であり、また農民運動史研究であることにのみ存在するのではなく、これらの研究を歴史の全体把握そのものにアプローチする方法として位置づけられた自己認識にあると考えます。

このような脈絡で考えますと、近年の小作争議の実証的研究の蓄積をふまえて提出されている農村「協調体制」論も、以上のような研究方向をいっそう鮮明に示している議論のように思われます。この議論は、第一次大戦後の農民運動の展開によって促された農村支配構造の再編を語ることで、大正デモクラシーから日本ファシズムへの推転過程の歴史的特質を明らかにしようとする課題意識をもっています。私自身は、この農村「協調体制」論そのものについては大きな疑問をもっていますし[18]、個別実証分析から支配体制論への総合化への手続きにも性急さを感じます。しかし、それにもかかわらず、日本現代史の全体把握にかかわる問題をみずからの視野のうちにとりこんで、新しい歴史像の構築をめざそうとしているこの研究の方向性は、私たちが積極的に受けとめてしかるべき問題意識を内包しているのではないかと考えます。

## Ⅱ

前おきがかなり長くなりました。

本稿の直接の目的は、昨年刊行された森武麿編『近代農民運動と支配体制』[19]（柏書房、以下では「本書」と称します）をとりあげながら、近代日本における農民運動の歴史的性格を考えてみることにあるわけですが、本稿をこのようなかたちで始めた第一の理由は、しばしば書評論文の冒頭で試みられる評書の研究史的位置の確認という作業を、〝いま、なぜ農民運動（史）か〟という問題意識のレベルで改めて考え直してみることが必要ではないかと思ったからでした。この課題については、私自身の中でも依然としてギクシャクしておりますし、今後とも多くの方々と議論をしたいと考えていますが、本書に即していえば、その史学史的位置は、さしあたりは先述のような潮流のうちにあると思います。本書は、岐阜県西濃地方を舞台にした近代農民運動の実証的研究なのですが、同時にそれは、本書の表題が示すように、支配体制論であることを強く自己主張しています。この点は、本書の編者が、「われわれの課題と方法は、農民運動と農村支配体制の対抗＝再編を明らかにするため、客観的経済過程を基盤としながら、農民運動の展開と帰結を位置づけ、それとの関連のもとに農村支配体制の再編を跡づけようとすることにある。簡単に述べれば、経済史、運動史、政治史の統一を図ることである」と言明しているところによく表われています。

第二に、本稿の冒頭で私が栗原百寿氏を強く意識したのは、氏が近代農民運動史研究の泰斗であるということのほかに、もう少し具体的な理由があります。次のようなことです。

本書は先に触れたように、岐阜県農民運動の展開を直接の分析対象としています。ところが、第一次大戦後に本格化することになった小作争議と組織的農民運動の展開にとって、岐阜県は、運動の全国化を構成した一地方ということにとどまらない特別の位置をもっています。それは、この地方が農民運動組織化の先駆をなしたところであったということにかかわります。農商務省農務局の『小作参考資料　小作組合ニ関スル調査』（一九二一年）によれば、一九一七年から二一年にかけて一道二府二七県にわたって結成された小作組合は二三〇ですが、このうち実に半数の一一四組合が岐阜県下に存在していました。他方、このような小作人を中心とする農民運動の生成は、支配層内部にも運動への対応を生みだしていくことになりますが、そのさい重要なことは、支配層内部での小作問題対策の前提となる認識が、主として岐阜県下の事態を媒介として得られたものであったということです。これは、初期の小作争議の発生とその組織化が同県下に集中していたことの結果にほかなりません。一九二〇年の末に小作制度調査委員会が農商務大臣の諮問機関として設置されますが、この委員会の第二回特別委員会（一九二一年一月）は、小平権一幹事による岐阜県の視察報告と同県の地主坪井秀の講話だけに費やされていますし、それ以降の議事においても、この地方から得られた事実認識が討議のなかで大きな比重をもたされています。[20]つまり、一九一〇年代後半から二〇年代初頭にかけての時点では、岐阜県は農民運動の〝先進〟地であったと同時に、そうであったがゆえに、当該地方は、この段階の国家の小作問題対策構想の前提となる情報源としての位置を客観的に与えられることになったということです。「本書作成の最大の動機」（一二頁）も、まさにこの〝先進〟の構造の歴史的分析にあると述べられています。

ところが、このような〝先進〟の構造は、それから約一〇年を経過することで大きく変わります。栗原氏の最後の労作となった先述の「香川県農民運動史の構造的研究」は、一九二〇年代後半の時点における農民運動の〝先進〟の構造を分析したものにほかなりませんでした（近年では、横関至氏の「一九二〇年代後半の日農・労農党――先進地香川県の分析――」[21]があります）。もっとも、この段階での〝先進〟はパイオニアというような意味ではなく、プロミネント（prominent）又はピークというような意味に変わっています。栗原氏は、右の論文の序論で、「戦前の日本農民運動史において、香川の農民運動はひときわぬきんでた重要な意義をもっている」としたうえで、次のように述べています。

「香川の農民運動はかならずしも先進的ではない。愛知や岐阜にくらべてはもちろん、日本農民組合成立後においても、その当初の指導的地位にあった地方は、大阪府であり、岡山県であった。ところが、大正末期にいたれば、日本農民組合の最有力府県はほかならぬ香川県連であって、他府県連をはるかに引き離して組合員数一万台をゆうゆう独歩しているのである」。

しかし、栗原氏は、このプロミネントな香川農民運動をその突出性・特異性においてのみ分析しているわけではありません。氏は、この地方の運動を、それが一九二〇年代後半に急激に急進化しながら発展した点において、またそれゆえに、三・一五事件（一九二八年）を契機とする政府の集中的攻撃によって一挙に崩壊させられた点において、当該時期の「日農を中心とする日本農民運動の姿をもっとも集中的に、もっとも典型的にあらわしている」と考えます。そして、それゆえに、香川農民運動の分析は、日本農民運動の「基本的メカニズムの一端が解明されうる」ことになると位置づけたわけです。

本書を手にとって栗原氏を意識せざるをえなかったというのは、右の栗原論文にかかわってのことです。すなわち、一九一〇年代後半から二〇年代初頭の農民運動の「集中的表現」が岐阜においてみられたとすれば、栗原論文は二〇年代後半の「集中的表現」の分析にあてられているわけです。とすれば、この二つの「集中的表現」ないし〝先進〟の構造のあいだにはどのような歴史的連関があるのでしょうか。そしてまた、このあいだに流れたほぼ一〇年という時間は、農民運動にとってどのような意味をもつ歴史的時間だったのでしょうか。私は、この問題は近代農民運動史の研究にとって最も大きな論点の一つであると考えます。

本書はもちろんこの問題を視野に入れています。それは、岐阜県農民運動の時期区分のうちにみられます。この区分は、本書では、一九一二年から二三年までの「初期小作争議段階」と、二四年から二七年までの「本格的小作争議段階」（二八年から四一年までは、この段階の「後退期・衰退期」に位置づけられています）というかたちをとっていますが、本書の課題はこの双方の段階の問題、すなわち、「岐阜県における初期小作争議の先駆性とともに、一九二五—二七年に高揚する本格的小作争議段階の峰《ピーク》の解明にある」（八頁）とされています。しかし、このうちの前者は文字通り、先進地としての「岐阜的」な地位に直接かかわっているのに対して、後者は、ほかならぬ栗原氏が問題にしたところの、農民運動の急進化のなかでの「香川的」問題にかかわっています。つまり、本書は、一九一〇年代から二〇年代後半にかけての岐阜県農民運動の展開を分析することによって、先ほどから問題にしている二つの〝先進〟の構造をどのような歴史的脈絡のなかに位置づけるかという課題を、おのずから内包させているわけです。私は、本書の叙述にしばしば表われてくる農民運動の「初期」性と「本格」性という表現を、このような問題としてとらえ直すことができると考えます。

## Ⅲ

それでは、本書は、農民運動＝小作争議の「初期」性と「本格性」をどのような内容のものとして把握しているのでしょうか。第一章と第二章は、この両者における闘争課題（要求）、闘争形態、戦術、争議主体・指導者、イデオロギーなどについての分析がなされ、さらに第五章でそれが総括的に整理されています。ここでは、この分析のそれぞれの特徴について紹介する余裕はありませんが、本書で描き出されている争議の「初期」性と「本格」性を分別する基軸的な論理は、端的にいえば、前者における農民の結集形態が共同体的組織化にあり、後者のそれが階級的組織化にあるとされている点にあります。すなわち、初期小作争議段階での運動は、小作人の結束のための「村八分」や違約金制裁にみられるような、部落を単位とする共同体的関係に依拠していることに大きな特徴があり、これに対して、中部日農結成（一九二四年）後の本格的小作争議段階では、このような共同体的強制は後景にしりぞいて、運動は、広域的・横断的な組織としての「農民組合の指導力による階級意識の形成による貧農層を含めた全階層的な目的意識的組織性が著しくなっていく」（二七〇頁）ということです。ただし、運動史と経済史の統一的な把握を目指そうとしている本書のために、急いでつけ加えておかなければならないことは、このような運動の論理の差異性にもかかわらず、両段階には、農民的小商品生産の前進という連続性・共通性が確認されているということです。初期小作争議の組織化の論理が、共同体的諸関係に依存したものであったとしても、それは、「農民的小商品生産の一定の前進を代表する中農層の成長を原動力として展開している」のであって、それが、「本格的小作争議段階の永久的減免闘争へ連なる担い手層の連続性でもある」（二六八頁）というわけです。

右の点は、支配の論理として設定されている「農民的小商品生産の上からの組織化」という、本書のもう一つのキー・タームを考えるうえで重要な論点になってくることになりますが、それは後述することにして、ここでは運動の論理にそくして、私の意見を少し述べてみたいと思います。

小作争議を本書のように二つの段階に分けて総合的に分析されたことは、本書の最も大きな価値であると考えます。その基本的枠組みについては、私も別稿で論じたことがあります[22]。しかし、本書の初期小作争議段階（以下、A段階とします）における共同体的結集と本格的小作争議段階（以下、B段階とします）における階級的結集についての理解の仕方に関しては、私は、少し異なった意見をもっています。

第一に、本書が、しばしば「共同体的諸関係」と表現される場合の共同体とは、部落を単位とするムラ共同体のことにほかなりません。そしてそこには、日本農業を構成するもう一つの労働・生活組織の単位としてのイエ共同体のことは視野に入っていません。しかし、私は共同体のもう一つの側面としてのイエ共同体の問題ぬきにしては、A段階の農民運動にしても、そのB段階への変容にしても、構造的に理解できないのではないかと考えています。たしかに、A段階では、本書が強調するように、ムラ共同体の諸規則を最大限に利用した農民の闘争が展開されますが、しかしそれは、運動がムラ共同体の復権をめざす性格のものであったとか、そこへの回帰をめざすものであったとかいうことを意味するものではありません[23]。この時代で復権をいうのであれば、むしろ、ムラ共同体内部でのイエ共同体の復権・自立というべき事態が歴史的に登場するに至ったというほうが、より正確だと思います。というのも、それは、小作争議の歴史的背景としてしばしば指摘される「農民的小商品生産の進展を基盤とする小作農家の経営的前進」ということの社会的表現にほかならないからです。つまり、A段階では、このような小作農家の経営的前進＝イエ共同体の自立によって、伝来のムラ共同体的諸規範がむしろ弛緩するに至ったという側面が存在しているわけで、小作争議勢力が「共同体的諸関係」を利用しえたということの背景には、新たな階層による農村社会秩序の再編＝創出過程の進行が考えられなければならないと思います。

ところで、右のような視点からA段階の農民運動をみますと、重要なことは、ここでの運動が、自立しつつあったイエ共同体の代表としての戸主＝家長によって担われていたということです。第1表は、本書で分析されているA段階の争議指導者（本書では第一―二表）に、本書執筆者の一人である大門正克氏の御教示で年齢をつけ加えたものですが、ほとんどが四〇～五〇歳台の年長者です。私は、彼らの多くが農家の戸主であると推断します。ところが、B段階になると、このような構成はかなり変化して、運動の指導的主体は二〇～三〇歳台の農村青年に移ってきます。

第1表　本巣郡小作要視察人（1920年）

| 氏名 | 自小作別 | 年齢 |
|---|---|---|
| 名和白太郎 | 小作 | 53 |
| 高橋兎市 | 自作 | 42 |
| 後藤浜次 | 自小作 | 49 |
| 八代孝 | 小作 | 43 |
| 豊田隆 | 小作 | 33 |
| 吉田鶴松 | 自小作 | 48 |
| 棚橋松次郎 | 自小作 | 49 |
| 川瀬多八 | 自作 | 43 |
| 宇部兵九郎 | 小作 | 48 |
| 高田玉吉 | 小作 | 54 |
| 横山倉二郎 | 小作 | 59 |
| 岩田真郎 | 自小作 | 45 |
| 豊田徳松 | 小作 | 46 |
| 山田義作 | 自小作 | 42 |
| 山田領蔵 | 自作 | 68 |
| 青山繁松 | 自作 | 47 |
| 高橋桂松 | 自小作 | 62 |
| 棚橋清一郎 | 自小作 | 38 |
| 春日井千代太郎 | 自小作 | 51 |
| 早川利喜蔵 | 自小作 | 43 |
| 早川源吾 | 小作 | 39 |
| 吉本又三郎 | 小作 | 31 |
| 鷲見芳吉 | 小作 | 56 |
| 鷲見浅吉 | 小作 | 57 |
| 高田七次 | 自小作 | 53 |

本書でA段階の表1に対応するB段階のものはありませんから、直接的な比較はできませんが、この段階における農民運動指導者の自伝や記録をみますと、全国的な活動家にしても、在地の指導者にしても、彼らの運動へのかかわりはほとんど二〇歳台のことに属しています。[24] しかし、このことは、単に、

運動の担い手が壮年または（新式の呼称でいえば）実年層から青年層に移って、急激に若がえったということのみを意味するものではありません。この転換は、イエ共同体＝家長的な秩序からの個の自立という、この時代に進行したもう一つの自立化傾向の表現であったということが重要だと思います。その視角から、B段階の農民運動指導者に関する諸文献を読みなおしますと、彼らが農民運動を始めるにあたっては、その多くが、程度の差はあれ、自己の生家との葛藤を体験していることがわかります。一九二〇年代後半以降の左翼農民運動の活動家のなかには、その生家が地主であったというものも少なくありませんが、そのような場合、その葛藤はきわめて激しいものであったことは想像に難くありません。しかし私は、この問題を特定の階層にのみ指摘しうる事態であったとは考えません。その生家がたとえ小作農家であったとしても、B段階の農民運動の指導者となった青年たちは、なんらかのかたちでイエ（そしてその象徴としての父）と自己の間に葛藤を体験していると思います。

埼玉県南畑村で自小作農家の長男として生まれた農村青年渋谷定輔（一九〇四年生）は、一九二〇年代後半から三〇年代にかけて農民運動の指導者として自己を形成していくわけですが、その過程で彼が通過せざるをえなかった最大の問題は、まさにイエの問題、父と息子の煩悶・対立にほかなりませんでした。彼は、「自由になりたい！　まず〝家〟から解放されたい[25]」とイエからの脱出を思い描きながら、他方で、自分がいなくなったらこのイエはどうなるのかと悩みます。そして彼は、そのように悩みながら、かつてこの村に起こった小作争議[26]とは異なった新たなタイプの農民運動（農民自治会運動[27]）を始めていくわけです。

全国的な組織としての日本農民組合が結成されるのは一九二二年のことですが、この組織ができてしばらくしますと、〝いまの農民組合は農家の戸主のみが会員で、組合はまるで中老の会のようだ。こういう年輩の戸主組合員は、小作料さえまけてもらえばあとはどうでもいいという観念で、そこから一歩も進まない。これでは農民組合は進歩しないし、階級的運動はたたかえない〟という内容の批判が、日農内部でも顕著になってきます[28]。この批判は、日農第五回大会（一九二六年）日農青年部を発足させることにつながっていきますが、このような農民組合の組織的動向の背景には、イエ共同体における家父長的秩序からの農村青年の個人としての自立の主張が、時代の潮流としてあったと思われます。事実また、国家権力自身も、家父長制家族制度の弛緩と階級闘争の展開を相即的な関係においてとらえていたのであり、この時期には家族制度論争が大きな政治問題として展開されたのでした(29)。

要するに、私がここで指摘したいことは、A階級の運動及びそこからB段階への変容は、ムラ共同体とイエ共同体、そしてイエを構成する個という三側面の相互の問題として考えられなければならないだろうということです。とりわけ、イエと個の関係は、近年の農民運動史研究で看過されている視点です。しかし、この問題は、農民の意識と行動を考えるうえでは欠かせない第一次的な論点だと思います。本書は、しばしば、農民の「階級意識の形成」を前提とした「階級的組織化」を論じていますが、私は、イエと個の関係をぬきにした農民の階級意識論は、最も肝心な点が抜けおちざるをえないのではないかと考えています(30)。

## Ⅳ

そこで、第二の問題に移りますが、本書はB段階の特質としての、小作農民の「階級意識の形成」と運動の「階級的組織化」を、どのような内実をもって分析しているでしょうか。

まず、小作農民の階級的覚醒を支える中核に位置するものとして、明快に主張されているのは、「V」意識です（七一～七四頁、二六九～二七〇頁など）。つまり、農民的小商品生産の発展を前提とする農業生産の費用価格（C＋V）における労賃意識の自覚化こそ、農村社会における「農業労働の正当性」を認識させる基盤であり、それが小作農民の階級的覚醒を促したのである、ということです。

私は、この主張は小作争議が本格化するに至った歴史的条件の説明として正当な指摘だと思います。ただ、ここで注意しておかなければならないのは次の点です。つまり、この時代の農家経営において「C＋V」が形成されそれが小作争議の条件になったということの意味は、生産手段として金肥などが大量に使われはじめ、さらには、都市労働力市場での賃金上昇に引きずられて農業日雇賃金などが上昇したことが、小作農家をして、農業生産にこれだけの生産費用がかかるのだからこんなに高い小作料をとられていては経営が成りたっていかないのではないか、という要求を掲げさせる客観的な根拠となったのだということです[31]。つまり、この文脈で語られている「V」の形成というのは、被雇傭者の立場からのものではなく、いわば経営者の立場からのもので、「農業労働の正当性」の主張というのは、農家経営において労賃部分を評価したうえで経営収支が成り立つようにせよ、そのような意味で小作農民の農業者としての労働を正当に認めよ、ということにほかなりません。そうであるとすれば、これをプロレタリア的な階級意識と同日に論ずることができないのはいうまでもありません。小作農民における「V」意識の形成が促したものは、農業労働を営むものとしての経営的自立・前進の要求であって、農村プロレタリアとしての意識ではありません。

ところで、小作農民の階級的覚醒ということの内実を、右のような意味での「V」意識の形成を軸として考えるならば、本書では次のような問題がただちに生じてきます。それは、このような意味での小作農民の階級的覚醒が、本書で「支配の論理」のキイ概念として設定している「農民的小商品生産の上からの組織化」を内容とする「協同主義」と、なぜ、いかなる意味で対立・矛盾の関係にあることになるのかという問題です。

本書の中で、この対立・矛盾関係を最も強調しているのは、第三章第二節の網代村の分析においてです。この部分の執筆者は、村民による共同開墾や農会事業の活性化、産業組合の農民的基盤強化、自作農創設事業の展開などにみられる「農民的小商品生産の先駆的体系的な上からの強力な育成と地主層による農民の階級的組織化の徹底的な否認こそ、小商品生産の発展の中で階級矛盾の認識が育つ回路を塞ぎ、逆に新しい支配秩序を形成する役割を果した」

（一六六頁）と述べています。しかし、先に指摘したような意味での「V」意識の形成が、農民的小商品生産の発展の歴史的所産であるとすれば、それがどうして、「農民的小商品生産の先駆的体系的な上からの強力な育成」にとって、決定的に敵対・対立することになるのでしょうか。むしろ、「農民的小商品生産の先駆的体系的な上からの育成」は農民の経営的自立の要求を根拠づけた「V」意識の形成を前提的な媒介として展開された政策だったのではないでしょうか。

　網代村の分析では、農民的小商品生産の組織的育成は、小作争議を鎮静させるものであるという前提から出発し、そこから前者と後者を敵対的な階級矛盾として把握するという図式がみちびき出されているのですが、この点については、すでに「『農民的小商品生産の組織的育成』が争議を終息させたといいうる根拠は、事実の上でも、かつまた論理的にも何一つみい出しえ」ない[32]、とか、商業的農業という本来的に商品経済的問題が、「はじめから小作争議や農民運動を阻止するために設定された政治的罠としてしか扱われない[33]」といった手厳しい反論・批判がなされています。しかし実は、網代村の分析とは異なった視角からの把握は、本書の中で、この村に続く山添村の分析にみられるのです（第三章第三節）。この節の執筆者は次のように述べています。「本格的小作争議段階で、農会は活発化し、産業組合も大きく事業を伸ばした。担い手に関しても、農民組合員が、農会では総代の八割、産組では理事の七割を占める状況が生じた。実際、この時期の山添村の農会・産業組合では活性化の基盤は農民組合にあったといえよう」（一八六頁。傍点引用者）。つまり、ここでは、本格的小作争議における農民の組織化と産業組合・農会などへの農民の組織化は、あい対立する「階級矛盾」としてとらえられているわけではなく、むしろ前者は後者の前提とされているわけです。共同研究の分断を計るようで気がひけますが、これは明らかに網代村の分析視角に対立しています。

　しかしながら、結局、本書の全体としての基調は、総括の章に示されているように、網代村のシェーマが採用されており、山添村のそれは捨象されています。つまり、B段階では、農民運動に対抗する支配の論理として、階級矛盾を隠蔽・封鎖する機能を果たす農民的小商品生産の育成・組織化が展開され、これが農村支配再編の主要潮流となっていったというわけです（「協同主義」の体制的定着）。

この場合、私がたいへん気になるのは、「小商品生産の組織化」というタームに「上からの」という限定がついていることです。「上からの」というのは、「政策的な」とか「権力的な」とかいう意味だと思いますが、ともかく本書では、「上からの小商品生産の組織化」という言葉が頻出します。ところで読者は、「上からの」と言われると、誰しも「下からの」という対語を想定せざるをえないでしょう。ところが、不思議なことに、本書は決して「下からの小商品生産の組織化」という言葉を使おうとはしません。しかし、本書の叙述からしても、小作争議の過程はまさに「下からの小商品生産の組織化」と表現できる事態であったのではないでしょうか。B段階における小作農民の階級意識の形成を「V」意識を軸として考えるのであれば、当該段階の「階級的組織化」とは、「下からの小商品生産の組織化」という性格を内包せざるをえないからです。そのような意味では、山添村の分析は、一見孤立しているようにみえますが、むしろ本書の全体としての論旨に適合的なのではないかと考えます。

いずれにせよ、本書は、「農民運動と農村支配体制の対抗＝再編」を明らかにするという課題をもって書かれているのですが、この「対抗＝再編」のありようはもっと詰めて考えられるべき課題を残してしまっているように思われます。

以上では、B段階における農民運動＝小作争議の階級性を「V」の形成を軸としてとらえることから生じる問題について述べました。しかし、本書は、他方で、この段階の農民運動の「階級的組織化」の内実を、運動の政治的視角からも語っています。ここでは、「階級的組織化」の指標は、農民組合の、村レベルでの個別的組織化から広域的組織化へ、経済的な闘争組織から社会主義イデオロギーの影響を媒介とする目的意識的・政治的な闘争組織への変化に求められています。本書が、A段階とB段階の分水嶺を、日農創立とそれを契機とする中部日農の結成という横断的農民組合の成立に見出しているのは、右のような視角によるものといえます（六～八頁、六八～六九頁など）。

かつて、階級闘争史の方法として、地方的な闘争から全国的な闘争へという指標や、経済的闘争から政治的闘争へという指標が語られたことがありますが[34]、ここでの本書の視角は、右のような議論の農民運動への適用といえるようにも思います。

ところで、本書が右のような意味で農民運動の「階級的組織化」を語るときには、そこでの階級観念は、事実上、労働者階級ないし無産階級に近接するものとしてとらえられています。このことは、B段階の農民運動の成立を、社会主義イデオロギーとの結びつきを不可分のものとして把握している点にもあらわれています。（二七〇頁）。これは、その当時の農民運動家の把握した観念としては、まさにそのとおりの自己認識でした。この点について、田中学氏は最近の論文で次のように述べています。すなわち、小作農民の階級観念は、農村内部では地主階級に対抗するという意味で単一の階級意識をもち、その限りで、小作農民としての同質性の認識があったことは事実であるが、ここでの階級観念はただそれだけのものではなかった。「当時の階級観念の核はやはりプロレタリアであり、無産階級であった」。つまり、「農村社会を農業者のホモジニアスな世界として、あるいは伝統的な共同体的社会として把握する常識的な見方に対して、農村社会の内部にも階級があり、亀裂があるということを強調したのである」が、「その一方の階級である小作人は、少なくとも観念においてはプロレタリアを核とする同心円のうちに包摂されるものと理解されていたのである」[35]（傍点原文）。

田中氏の指摘は要を得た説明ですが、さらに付け加えておくならば、このような同時代的な自己認識は、当時の農民運動家や労働運動家の農業問題認識を反映するものでした。本書でしばしば登場する横田英夫は、地主対小作人の関係は「資本家対労働者の関係と同一」であることを強調していますが[36]、日農の創立者である杉山元治郎も、大地主と小作農家の増加は「畢竟重商工業政策の結果と農業資本主義政策の致すところ[37]」と述べ、賀川豊彦も、「資本主義的兼併は農村にまで手が延びて農村の兼併は日本に於ても盛んに行はれ、十八世紀及び十九世紀の英国を見るやうな気がする[38]」と述べています。鈴木文治なども、「農業は全然企業化するに至った[39]」と言っています。すべて彼らに共通するのは、資本主義の農村浸透の結果として、日本農業が資本主義化しているという認識です。このような認識から、小作問題が本質的プロレタリアートの問題であるという把握がなされるのは当然です。そこには、小作農民の台頭のうちに彼らの経営的自立の動きをみるという視角はありません[40]。この点は、さかのぼれば、明治社会主義における農業綱領の欠落という問題にまでいきつくように思われますが[41]、ここではさしあたり、階級的農民運動の階級性が、「プロレタリアを核とする同心円」のうちに描かれていたという点を確認しておけば足ります。

以上、私は、本書がB段階の特質として指摘している、小作農民の階級意識の形成と階級的組織化の内実について述べてきました。しかし、すでに明らかなように、本書の叙述は、一方で「V」意識の形成という小作農民の小経営者的自己認識を語り、他方で農民運動のプロレタリア的自己認識を語っています。つまり、本書は小ブルジョア（中間層）としての農民とプロレタリアとしての農民というあい異なる二つの側面を一つの事柄（農民運動の階級的発展）の中に押し込んで説明してしまっているわけです。その意味で、本書の説明原理には分裂があり、乖離があるといえます。

しかしこの乖離は、実は、一九二〇年代後半の農民運動が直面した歴史的事実としての問題でした。日農内部の左翼農民運動活動家であった大西俊夫は、一九二八年に、「小作農が地主との抗争によって把握する意識は、社会主義への覚醒ではなくて商品経済社会への眼が開けるのだ[42]」と書いていますが、たしかに本格的小作争議の展開は、一方で小作農民の小経営者意識の「覚醒」を促しました。しかし他方で、「農民運動はプロレタリア解放運動である[43]」という主張が大きな声となり、運動体の急速な左翼化・プロレタリア化が進行したことも事実でした。それは、まさに、客観的なレベルでの中間層の形成と運動のレベルでのプロレタリア化という乖離の過程にほかなりませんでした。

もはや詳しく展開する余裕がありませんので、結論のみを書かせていただきますが、私は、先に述べた農民運動の「香川的段階」の問題はまさにこの乖離という問題にかかわっていると考えます。そして、三・一五事件を中心とする運動への弾圧の最大の意味は、何よりもこの乖離をいっそう大きくし、その分離を決定的に促すものとして作用した点にあると思います。その限りで、「左派および運動の大衆化を阻むことが、治維法を中核としたこの段階の弾圧の枠組みである」（一〇三頁）という本書の指摘は適切であるといえます。これ以降、農民運動は激しい闘争を展開しつつも、全体としては、多くの小作農民大衆とは切り離された地点におかれて、孤立化の途を余儀なくされていくわけです。

しかし、このことは、農民運動展開のすべての契機が、国家権力によって暴圧されてしまったことを意味しません。実は、治安維持法制定にさいして農業関係者の一部がもっぱら恐れたのは、この法の「国体変革」という犯罪要件の発動ではなく、「私有財産制度の否認」が産業組合という協同組合に向かって適用されるのではないかということでした。産業組合中央会の会頭であり貴族院議員であった志村源太郎は貴族院本会議でそのことを質問し[44]、農政学者の那須皓も、「私共は決して私有財産制度を全部撤廃しやうとか云ふやうなことを主張するものではなく、又産業組合は決して左様なことを主張するものではない[45]」と強調しています。しかし、この心配は杞憂でした。治安維持法の発動は、志村や那須が恐れたような線に沿って展開したのではなかったからです。つまり、小商品生産者＝中間層としての小作農民の問題をどう処理するのかという政策課題は、この時代の治安維持法の機能とは別次元の問題として昭和恐慌後にまで積み残されていったわけです。本書は、治安維持法の枠組みと小商品生産者としての小作農民の組織化を支配の論理として一体のものとしてとらえていますが（一〇四頁など）、これはこの法の作用の拡大解釈だと思います。

## V

本書について述べなければならない点はまだありますが、すでに与えられた紙数が尽きました。残された最大の論点は、本書におけるいわば地域（又は村落）類型論的視角ともいうべき問題です。この類型化は二つのレベルでなされています。一つは、「不在＝寄生地主型」「在村＝耕作地主型」「在村＝寄生地主型」という支配的地主に照応させた村落構造の類型化であり、その類型に応じた「協調主義」「協同主義」「保守主義」という村落支配体制の類型化です。二つは、これらの全体をふくむ分析対象地域・岐阜についての、「近畿型」の周辺＝「畿内周辺部」という類型化です。しかし、結論のみで申し分けありませんが、私は、この類型化にどのような意味があり、どこまで普遍性をもち、またこの二つのレベルでの類型がどのような関連にあるのか、といった問題についてよく理解できなかった、というのが率直なところです。前者のレベルでいいますと、地主の在村性・耕作性の論点がいつのまにか地主規模の大小の論点に移っていたり（一二三頁）、本書が設定した類型からいえば支配体制の保守反動化に照応するはずの典型的在村・寄生地主が、むしろ農民組合に理解を示す開明派の村長であったり（第三章第三節）するのをみますと、どうもこの類型化には無理があるのではないかと考えざるをえませんでしたし、後者のレベルでいいますと、〈畿内周辺部〉に対応する〈畿内中心部〉に統計上、香川県が入ってきますと、これを「一九二〇年代階級闘争の焦点となった」（二八五頁）ことをもって例外視（階級闘争としての農民運動そのものを分析しているのに）するなど、ここでの叙述も恣意的であるとの印象をまぬがれません。

以上、本書について、私はいくつかの問題点を指摘してきました。読み誤まりからくる批判があるかもしれません。

しかし、この小文で書いたことの多くは、本書に対する批判というよりも多分に私自身の自問自答に近いものでした。本書は、冒頭に書いた〝いま、なぜ、農民運動史なのか〟という問題を改めて考えなおすうえでも、また、近代農民運動史研究についての重要な論点を考察するうえでも、きわめて刺激的な本でした。私は、ここで書いたことがすべて自己の研究課題にかかわることであると考えています。本書の執筆者のかたがたに、この小文を書く機会を与えて下さったことを感謝するとともに、栗原百寿氏の死後三〇年にあたって、農民運動史研究の現代的意義を問いなおしつつ、新たな研究を進めていきたいと思います。

註

(1) 農民運動史研究会編『日本農民運動史』東洋経済新報社、一九六一年、又は『栗原百寿著作集』Ⅵ、校倉書房、一九八一年。なお、原文には、「農民運動」という言葉に（農民運動とは何かということはのちに改めて検討されるが、ここではさしあたって農民運動または農民闘争と同様の広い意味のものとして理解しておく）というカッコ文が付されている。
(2) 一九四六年一〇月一一日のマッカーサー元帥の声明（『農地改革資料集成』第一四巻、四四五頁）。
(3) 前掲『栗原百寿著作集』Ⅳ、校倉書房、一九七八年、二二九頁。
(4) この経過については、前掲『栗原百寿著作集』Ⅵの「解説」（一柳茂次執筆）参照。
(5) 同右。
(6) 『栗原百寿著作集』Ⅶ、校倉書房、一九八二年。
(7) 前掲一柳茂次氏の「解説」参照。
(8) たとえば、『日本農業年報』第二一集、一九七二年、参照。
(9) 磯辺俊彦「地域農政の展開と『むら』」『村落社会研究』第二〇集、御茶の水書房、一九八四年。
(10) 同右。
(11) しかし、今日、このような問題は、こと「農民」だけにとどまらないようです。より根源的には、「労働者」「労働」の本質的な属性さえ自明のものではないという議論がおこなわれているからです。たとえば、山口節郎「労働社会の危機と新しい社会運動」(『思想』一九八五年一一月号)。
(12) 蓮見音彦「農村社会学の課題と構成」『社会学講座4　農村社会学』東京大学出版会、一九七三年、三頁。
(13) 金原左門『大正デモクラシーの社会的形成』青木書店、一九六七年。
(14) 西田美昭編著『昭和恐慌下の農村社会運動』御茶の水書房、一九七八年。
(15) 森武麿「日本ファシズムの形成と農村経済更生運動」『歴史学研究』別冊特集、一九七一年。
(16) 安田常雄『日本ファシズムと民衆運動』れんが書房新社、一九七九年。
(17) 金原前掲書、一七頁。
(18) 拙稿「両大戦間期における農村『協調体制』論について」『新しい歴史学のために』第一八〇号、一九八五年〔本書収録〕。
(19) 本書の目次と執筆者は次のとおりです。

序章　課題と対象(森武麿)
第一章　初期小作争議と『小平復命書』
　第一節　初期小作争議と地主小作関係(森武麿)/第二節　初期小作争議対策と『小平復命書』(白戸伸一)
第二章　農民組合の結成と展開(大門正克)
　第一節　中部日本農民組合の結成と分裂/第二節　普選=治安維持法体制下の農民運動
第三章　農民運動と支配構造
　第一節　不在地主型村落——西郷村の事例——(青木猛)/第二節　在村地主型村落(Ⅰ)——網代村の事例——(大門正克)/第三節　在村地主型村落(Ⅱ)——山添村の事例——(栗原るみ)
第四章　小作争議対策の本格的展開
　第一節　自作農創設事業と諸団体(平賀明彦)/第二節　小作調停と争議取締(林博史)
第五章　総括(森武麿)
　第一節　農民運動の諸段階/第二節　支配体制の諸段階

(20) 農商務省農務局『小作制度調査委員会議事録　其ノ一』参照。なお、本書第一章第二節はこの問題の分析にあてられています。

(21)『歴史学研究』第四七九号、一九八〇年。

(22)林宥一・安田浩「社会運動の諸相」(『講座日本歴史9　近代3』東京大学出版会、一九八五年)。

(23)この点に関して、斎藤仁氏は、「小作争議は、共同体規範による運動であり、その限りで村落同体復元運動という側面をもつといってよいが、しかしそれは、私的利益を否定するところまで共同体を復元しようというものではない」。「農民相互間の商品経済的な競争を否定するような契約を小作争議はまったくもたなかったのである」と述べています。「土地所有構造についての一試論――戦前日本の小作争議と村落」(滝川勉編『東南アジア農村構造の変動』アジア経済研究所、一九八一年)。

(24)たとえば、渡辺正男編『小作争議の時代』みくに書房、一九八二年、建設者同盟史刊行委員会『早稲田大学建設者同盟の歴史』日本社会党中央本部機関紙局、一九七八年、など。

(25)渋谷定輔『農民哀史』勁草書房、一九七〇年、三四頁(一九二五年五月一七日)。

(26)この争議については、拙稿「小作地返還闘争と地主制の後退」(『歴史学研究』第三八九号、一九七二年)参照(本書収録)。

(27)拙稿「農民自治会論」『季刊世界政経』第六四号、一九七八年、参照(本書収録)。

(28)前掲「社会運動の諸相」参照。

(29)臨時法制審議会におけるこの論争については、川島武宜『イデオロギーとしての家族制度』岩波書店、一九五七年、第四章参照。

(30)なお、鈴木正幸氏は、「近代天皇制の国家形態と階級闘争」(階級闘争史研究会編『階級闘争の歴史と理論』3、青木書店、一九八〇年)で、労働者の階級意識に対する国家的規定性について、家父長制的秩序原理とそのイデオロギーを過大評価してはならないと述べていますが、ここでは農民の「階級意識」については直接論じられてはいませんので、鈴木論文へのコメントはさしあたり留保したいと思います。

(31)暉峻衆三『日本農業問題の展開』上、東京大学出版会、一九七〇年。

(32)庄司俊作「一九二〇年代の農村支配体制に関する覚書」同志社大学人文研究所『社会科学』第三四号、一九八四年。

(33) 玉真之介「宮城県農会による『仙台白菜』の産地編成と販売統制」全国農協中央会『協同組合奨励研究報告』第一一輯、一九八五年。
(34) たとえば、犬丸義一「近現代の人民闘争＝階級闘争史の分析方法」東京歴史科学研究会編『歴史を学ぶ人々のために』三省堂、一九七〇年。
(35) 田中学「日本の農民組合とコレクティヴィズム」椎名重明編『団体主義　その組織と原理』東京大学出版会、一九八五年、三一七〜三一八頁。
(36) 『農村革命論』一九一四年（『明治大正農政経済名著集』第一二巻、農山漁村文化協会、一九七七年、一一七頁）。
(37) 日農機関紙『土地と自由』創刊号、一九二二年一月二七日。
(38) 同右。
(39) 「農村問題の帰趨」『建設者同盟』第一巻第三号、一九二二年。
(40) ただし、横田英夫の場合は、先の『農村革命論』の小作人認識と、のちの『農民の声を聞け』（日本評論社、一九二〇年）などにおけるそれではかなり異なっていますが、この点については別稿で述べます。
(41) 牧原憲夫「明治社会主義の農民問題論」『歴史評論』第三三九号、一九七八年。
(42) 『農民闘争の戦術・その躍進』（『昭和前期農政経済名著集』第二一巻、農山漁村文化協会、一九七九年、七二頁）。
(43) 日農第五回大会（一九二六年）における青年部の創立宣言。
(44) 貴族院議事速記録第二三号（一九二五年三月一一日）。
(45) 「普選後の新社会における産業組合の使命」『農政研究』第四巻第八号、一九二五年。

# 11　農民運動史論

本章の課題は、第二次大戦前の農民運動史に関する栗原の業績を検討することである。以下、この検討作業を、まず第一に、栗原が農民運動史を重視し、その研究に本格的に着手するようになった歴史的背景と主体的状況をふまえ、第二に、彼の農民運動史研究の理論と方法がどのような性格をもっていたかを明らかにし、第三に、その実証的研究の特徴を確認し、最後に栗原以後の研究史との関連で栗原農民運動史論の継承上の問題点を整理する、という順序で行なうことにする。

## Ⅰ　「二つの道」論における農民闘争史

栗原の農民運動史に関するまとまった論稿は、彼の農業問題研究者としての生涯の末期に集中している。「農民運動史」と題されて著作集のⅥ、Ⅶ巻に収録された論文も、すべて一九五三〜五五年に執筆されているのであるから、一九五五年五月に死去した栗原の生涯からすると、彼の農民運動研究は、その死に先立つこと三〜四年間のうちに手がけられて精力的にまとめられたものであったということができよう。その研究に注ぎ込まれたエネルギーは、のちに「異常な熱情」[1]と回顧されるほどであった。

とはいえ、これ以前の論稿にも農民運動史への言及がないわけではない。「いわゆる『奴隷の言葉』をもって綴られ(2)」ざるをえなかった戦時下刊行の『日本農業の基礎構造』はともかくとしても、敗戦直後の諸論文をとりまとめて一九四九年に刊行した『日本農業の発展構造』や、同年の「農業危機の成立と発展」、「明治前期におけるいわゆる二つの道の闘争について」（著作集Ⅱ）などでは、「上からの地主的農業改革」に対抗する「下からの農民的農業革命」として、農民闘争の歴史がしばしば語られている。

しかし、ここで語られている農民闘争は、「地主的土地所有と農民的小商品生産との構造的矛盾(3)」を構成要因とする「農業危機」の展開と事実上同義のものである。すなわち、ここでの農民闘争は、農業資本主義化の「二つの道」のうち、独占資本との新しい結合を形成しつつある地主富農化の道に対抗して、「戦前から戦時下にかけての農業危機を一貫して示されたところの、農民的小商品生産（農民分解）の自己貫徹のエネルギー(4)」にほかならず、それ以上の検討はなされていないのである。

もちろん、この段階での栗原が、農民闘争のうちに「小作貧農からの農民的上向のエネルギーの蓄積、農民的小商品生産の発展という新しく産れ出る力(5)」を見ていたことは、既に、小作貧農の革命性をその反プロレタリアないしプロレタリア化の面でのみ強調する見解（平野義太郎ら）への批判的論拠となっていたし、のちの栗原農民運動史論にひき継がれていく基本的認識であった。しかしながら、周知のように、この時期の栗原の理論は、「二つの道」論の日本農業への具体的適用として構成され、それゆえに、農民闘争は地主の富農化傾向をともなう「地主的農業改革」に対する「農民的農業革命」として一般化されていたから、のちにみるような農民運動の内部構造にかかわる分析は、まだ問題にされていない。

近代的農民運動史の研究史上、栗原百寿が特筆されるのは、彼が農民運動史の構造的分析に初めて本格的にとりくんだからにほかならない。しかし、運動それ自体を独自にとりあげて構造的に分析するという問題意識は、この段階ではまだ形成されていなかったといってよいであろう。

## Ⅱ　問題意識の形成

栗原のうちに、農民運動の本格的研究が必要かつ重要であるという問題意識が形づくられたのは、その著作で確認しうる限りでは、一九五一年一〇月刊行の『現代日本農業論――日本農業の構造的変化――』執筆前後であった。この著書は、農地改革後における日本農業の構造的変化を実証的に分析したうえで、地主制の解体と国家独占資本主義による農業の全面的・直接的把握を論証したものであったが、この労作で注目すべきことは、従来の「二つの道」理論の適用が放棄されるとともに、その終章（第四章）として、「農民的主体性の変化」なる章が設定されて「主体的分析」が強調されたことである。栗原はこの章の冒頭で次のように述べている。

「われわれは以上第一章から第三章にわたって、日本農業の構造的変化の客観的過程を、できるかぎり詳しく分析して、その歴史的な、社会経済史的な意義を確定しようと試みてきた。しかしながら、日本農業の構造的変化という重大な社会経済的事象の認識にとっては、客観的分析だけでは、なおいまだ不十分であって、さらに農民層の主体的動向の分析によってそれを検証し、補充し、認識することが必要なのである(6)」

右のように位置づけられた「主体的分析」は、以下、一方で「農民組合運動の変化」として、他方で「農業団体の変化」として叙述されている。いうまでもなく、このうちの前者は農民運動史研究として、後者は農業団体史論として開花していった(7)。

では、栗原が『現代日本農業論』以降、とくに「農民層の主体的動向」として農民運動史の構造的研究を意識し重視し始めたのはなぜか。

『現代日本農業論』の執筆を通して、「日本農業の構造的変化」をみきわめることによって、先述の「二つの道」論の再検討を余儀なくされたことは、「農民的農業革命」のうちに一般化していた農民闘争の歴史を見直す一つの条件となったことは確かであろう。しかし、栗原にとって決定的なことは、戦後農民運動の急速な後退という眼前の現実であった。敗戦直後に未曾有の高揚を示した農民運動は、第二次農地改革の実施が開始された一九四七年を転換点として(農民組合勢力は量的には四九年頃まで増加)、一九五〇～五一年には壊滅的ともいえる沈滞状況を迎えた。

「このように、戦後の農民組合運動が、終戦直後は嵐のような躍進的発展をとげながら、二二年以後は壊滅的な沈滞におちいるにいたった[8]」という眼前の現実は、栗原をして農民運動に対する批判意識を高めさせた。彼は、『現代日本農業論』においても、敗戦後の農民運動に、「猫も杓子も流行を追うような安易な気持ちで農民組合のバスに乗りこんだ[9]」とか「『甘い想定』のもとに水ぶくれした農民組織[10]」という形容を与えているが、このような評価は、彼の最後の著書となった『農業問題入門』ではもっと手厳しく、その最終章のわずか一～二頁のうちに、「質的にはきわめて脆弱」、「ルーズな全村組織に立脚していたずらに水ぶくれ」、「張子の虎」、「脆弱な農民運動の空中分解」、「全国的な崩壊状態[11]」といった表現を頻出させているのである。

だが、栗原のこの批判は、〝あれほど高揚した農民運動がなぜかくももろくも後退してしまったのか〟という問題意識の形成と対をなしていた。戦後農民運動の衰退という眼前の現実に対する批判意識こそ、栗原の農民運動史研究の自覚化の前提にほかならなかった。そしてそれは、彼の戦前農民運動史研究の次のような問題関心にも連なるものであった。

「戦前の農民運動は、激しい輝かしい闘争をやってきたが大きくいえば負けたといえる。どうしてあの激しい輝かしい闘いが負けたかという原因、この弱い根源をつかんでおくことは、今後においても非常に重大だと思う。（中略）もし戦前の農民闘争をもう一度経験しなおすことができるとすれば、あんな理論や闘争はやりたくない」[12]。

右の率直な告白はあまりに清算主義的であるが、それにしても、後述するように、戦前農民運動の発生（高揚）と収束（解体）のメカニズムの分析こそは、彼の農民運動史研究の最大のテーマであったことはまちがいない。栗原の農民運動史研究の実証上の対象地域として、最も先進的に農民運動＝小作争議を展開させ、しかもその後退においても「先進性」を示した岡山と、戦前農民運動において最高水準を示しながら急速に解体した香川が選ばれたのは偶然ではなかったといえよう。

いずれにせよ、栗原を農民運動史研究に駆り立てた直接の契機は、現在と過去の農民運動に対する批判的意識の形成であり、農民運動史の批判的検討を通して将来への展望（新たな農民運動）を切り拓こうとする志向であった。こうして、一九五三年から五五年にかけて、一方で、「農民運動史研究の意義と方法」を書いて体系的な「科学的農民運動史」の提唱を行ない、他方で、実証的研究として「岡山県農民運動の史的分析」と「香川農民運動史の構造的研究」がまとめられるに至った。

## Ⅲ　「科学的農民運動史」研究の提唱

一九五四年に発表された「農民運動史研究の意義と方法」[13]は、農民運動史研究の方法的理論化を試みた意欲的な論文である。階級闘争の理論は少なくないが、農民運動史に関するこのような論文は、日本では、その前にも後にもない。この時代は、一方で社会科学（とくにマルクス主義）の客観性・真理性が確信され、他方で、主体的実践が強烈に求められるという状況のもとで、客観性と主体性の関連をめぐって多様な領域で論争が展開されていた（いわゆる主体性論争など）。この論文は、そのような時代の歴史的状況を投影しているとみることもできる。

論文冒頭、「今日、わが国において、農民運動の歴史を、改めて本格的に調査、研究することは必要であろうか」という自問に対する「無条件に必要であり、しかも緊急に必要である」という自答は、農民運動史研究に対する栗原の決意を示している。彼はまず、「資料的農民運動史」、「運動家的農民運動史」、「農政的農民運動史」という従来の農民運動史の三形態を批判したうえで、農民運動史の本格的形態は「科学的農民運動史」以外にないことを主張する。そして、この「科学的農民運動史」は、「農民運動を発展構造的に、換言すれば農業構造と農業理論と農民運動との相互規定的な展開過程として、把握すること」であり、農業問題理論の体系的研究の不可分の一環として位置づけられるものであるとされる。

本論文の第一節、第二節では、右のように、農民運動史研究の意義と学的位置が語られ、次の第三節では農民運動史の対象と方法が展開される。ここでは、農民運動史は、「無自覚的な偶然的な農民運動から、即且対自的に階級的な、それゆえ目的意識的で組織的な革命的農民闘争にいたるまで、階級的農民行動のいっさいがそれぞれの階級性の強弱に応じて系統的に序列された全構造、この階級的な農民行動の総体的構造」が対象になると位置づけられたうえで、その「科学的歴史記述」の方法論が提示される。

だが、この箇所は本論文のうちで最も難解である。というのも、農民運動史という対象自体が理論と実践の相互規定的な発展構造を内在させている限り、そのような発展構造の分析が必要なのであるが、栗原は農民運動史を「科学的記述」たらしめるために、さらにここに、客観的および主体的な外在的・批判的分析が介在されなければならないとして農民運動の「概念的再構成」を行なっているからである。端的にいえば、ここでは「理論と実践」が重層的に

（研究対象としての農民運動史の「理論と実践の相互規定的な発展構造」と「本来あるべき理論と実践の相互規定的発展のメカニズム」の関連の問題として）再構成されているわけで、それがこの箇所を読みとりにくくしているのである。それは、以下のごとくである。

科学的農民運動史の概念的再構成は、①「農民運動の背景であり根源であり前提であるところの、農業構造の分析」からなる「客観的構造分析（基礎構造分析）」、②「階級的な農民行動の総体を、それぞれ具体的に上からの地主的、官僚的、資本家的な階級行動に対立するものとして、いわゆる階級対階級の関係において序列し、体系づけ」、「農民行動の階級的連繋の構造」を明らかにする「主体的構造分析（実践構造的分析）」、③「農民運動の展開過程を理論と実践との相互規定的発展の過程として把握する」「発展構造的分析（理論と実践の相互規定的分析）」に区別される。

ところで、右の①も②も、本質的にはそれぞれ歴史的・発展的分析なのであるが、ここで③の「発展構造的分析」が独自に区別されるのは、農民運動の分析が次のごとく「特別の歴史的分析」だからである。

一定の農民運動は、一定の社会経済構造に対応するところの一定の階級的な農民意識形態を媒介にして展開される。しかし、農民運動が発展し、目的意識的な運動になると、この関係は次第に科学的体系をととのえてくるようになる。まず、一定の農業理論、農業構造分析にもとづいた運動の実践的理論の体系が形成され、それにもとづいた運動が展開される。そして、その運動の実践をつうじて――その実践の勝利と敗北、高揚と沈衰、前進と後退等々の結果をつうじて――、運動がもったところの実践理論の正誤が判定され、さらにそれに対応する農業理論、農業構造分析の妥当性もまた検証され、そのうえで、さらに実践的農業理論の体系は全般的に確認され、批判され、前進させられていく。

このように、農民運動の発展過程は、理論による実践の指導と実践による理論の形成という不断の交互作用的発展構造を内包している。したがって、農民運動の発展構造分析は、運動過程そのものの忠実な分析をつうじて、運動の批判と評価がおのずから内在的に行なわれていくはずのものであり、その意味で、この発展構造分析は農民運動の「内在的批判史」なのである。

栗原の農民運動史の発展構造分析とは、右のような意味をもつものである。しかし、彼の「概念的再編成」はこれで完結するのではない。というのは、「実際の農民運動は、往々にしてその指導理論がかならずしも正しくないとともに、その実践運動もまたかならずしも十分徹底的に行なわれないために、指導理論による農民運動の規定が一面的、非合理的であるにもかかわらず、実践運動による指導理論の批判、改訂、発展ということが十分行なわれず、ために運動は停滞し、理論は固定化して、本来の発展構造的な、理論と実践の相互規定的な発展が十分に行なわれない場合がありうる」からである。それゆえに、栗原は、この「発展構造分析」は客観的および主体的な外在的批判によって補充され、改訂され、深化されることが絶対に必要である、と主張する。かくて、農民運動の発展構造的な内在的分析と客観的および外在的分析は、相互規定的に補充しあってはじめて十全な農民運動の総合構造的把握になりうるのである。農民運動の「史論的再評価」をともなうこのような「批判的農民運動史」こそが、科学的農民運動史にほかならない。

やや詳しく紹介したが、栗原の提唱した、農民運動史の唯一のあるべき形態としての科学的農民運動史は、右のようなものとして構成されている。その叙述はきわめて厳密な認識序列がふまえられているが、ここで問題とされていることは、単に農民運動にとどまらず、人間の営みからなる歴史事象の科学的認識の成立根拠一般に属する問題でもあって、そこに栗原の戦前以来の問題関心の延長を見出すことも可能である。(14) だがわれわれは、ここではむしろ、従来の農民運動史――とくに「運動家的運動史」――に対して敢えて異を唱え、その限界を指摘し、新たに「批判的農民運動史」としての科学的農民運動史を提唱した栗原の理論的緊張を確認しておきたい。先の「もし戦前の農民闘争をもう一度経験しなおすことができるとすれば、あんな理論や闘争はやりたくない」という心情吐露的な栗原の言葉も、右の厳密な「概念的再構成」の脈絡のうちに位置づけられる必要があろう。

本論文の最後（第四節）では、以上のような方法論にもとづいて日本農民運動史を把握する場合の問題点が、「思いつくままに」、次の一三点にわたって列記されている。

①日本農民運動史の段階と型、②農民運動の主体規定の問題、③農民運動の指導理論の問題、④農民運動の後退の問題、⑤政治闘争への方向転換の問題、⑥農民運動の闘争目標、⑦農民運動と弾圧の問題、⑧いわゆる土地問題の評価、⑨労農同盟の問題、⑩「耕作権確立」と「土地を農民へ」、⑪農民運動と農政、⑫農民運動と景気変動、⑬農民運動と部落ヒエラルヒー(15)。

本章では右の各論点に言及する余裕はない。だが、この論文とほぼ同時に書かれた「戦前の農民運動――理論と実践の問題点について――」をみると、これらの論点が、栗原のなかでどのような脈絡で位置づけられていたかがもっとはっきりする。彼はこの論文では、「戦前の農民運動を回顧する場合、大体つぎの五つの面から考察するのがよいのではないか」としている。すなわち、第一には、「日本農業は誰によってつかまえられているか、あるいは日本農業を根本的に支配している階級は何か」、「地主的土地所有はどういう性格であるか」という点についての指導理論の問題、第二に、右のこととの関連で、「農民運動は誰と対決するのか」という戦術・戦略の問題、第三に、農民運動が階級闘争であるとすれば「この階級闘争の目標は何か、つまり来るべき革命はどういうものであるか」という問題、第四に、「戦前の農民運動は結局、官僚・地主の前に屈服した、負けた、という事実を認識」しなければならないとするならば、この敗退の原因は何か、という問題、第五に、「農民組合運動の幅」すなわち労農同盟の問題、がそれである(16)。これらの問題を通して、栗原が戦前の農民運動をみる立場はきわめてネガティヴなものである。その根本にあるのは、戦前日本の農民運動があのように高揚したにもかかわらず、結局は「負けた」のだという歴史的把握であり、われわれの考察はこの冷厳な現実認識から出発しなければならない、という主張にほかならない。栗原が繰り返し強調するこのような問題の設定、次にみる岡山、香川の分析にも貫かれているところである。

## Ⅳ　岡山と香川における実証分析

前述のように、栗原が具体的・実証的に手がけた農民運動史研究は、岡山と香川において展開された農民運動の分析であった。

右の二県における農民運動は、岡山のそれが既に日露戦後から展開され、日農成立前後にピークに達し、大正末期には早くも衰退するという「先進性」を示すのに対して、香川のそれは岡山が既に衰退過程に入った大正末期から急激に高揚して昭和初期に衰退する、という時間的ズレがある。しかし、それにもかかわらず、栗原のこの二つの論文は、農民運動＝小作争議の発生・高揚と収束・後退のメカニズムを解明することを最も中心的課題としているという点で、同質の性格をもっている。この点は、岡山の分析にあたって、「大正期農民運動の衰退ということは日本農民運動史の重大問題である。その構造的な根拠を闡明しないかぎり、日本の農民運動が大正末期政治運動へと華々しく方向転換しながら、三・一五いらいの弾圧によってついに圧殺されていったという弱さの根源を科学的に把握して、そこから新しい教訓を引き出すことは不可能である。この点の分析にとって、岡山県農民運動史はきわめて典型的な事例を提供しているものである」[17]と述べられ、また香川の分析にあたっても、「香川の農民運動は、それがきわめて急激に発展した点において」、同時に「政府の集中攻撃によってついに一挙に完全に崩壊させられた点において」、「じつに大正後期の、日農を中心とする日本農民運動の高揚の姿をもっとも集中的に、もっとも典型的にあらわしている」がゆえに、その分析は「日本農民運動が、大正後期に急激に急進化していきながら、昭和以降全般的に沈衰して、結局ついに戦時下の弾圧のもとに屈してしまったことの、基本的メカニズムの一端が解明されうる」[18]と述べられているとおりである。

確認しうることは、この二つの論文における課題意識の同一性であり、二つの個別地域の分析を通して、近代農民運動の一般的構造を明らかにしようとする栗原の問題意識である。農民運動の地域類型化という課題意識はここにはみられない。したがって、この二つの論文で析出された戦前農民運動の構造は基本的に共通性をもっているのであるが、後述するように、この分析の仕方は、若干の論理的差異があることも事実である（以下、この二論文のうち、岡山をA論文、香川をB論文とする）。

## (1)　発生の論理

まず、農民運動＝小作争議の発生・高揚の歴史的前提として共通に把握されていることは、農業の商品生産的発展と地主的土地所有＝高額小作料の対立・矛盾という論理である。この論理それ自体は、先述のように、『日本農業の発展構造』でも確認されており、『現代日本農業論』でも「地主制と農民的小商品生産との矛盾」[19]という表現でみられる。

しかし、まず第一にA・B論文がともに強調していることは、この矛盾の発現するメカニズムが独占資本の農民収奪のうちに存在するという次のような論点である。すなわち、わが国農業における商品生産的発展は、独占資本の確立過程に照応するものであった。したがって、農業の商品生産的発展は、不可避的に、「農産物生産費ないし農業経営費の昂騰、農産物価格の低廉、農業の薄利、生計費増大ないし消費財価格の昂騰、農家経済収支の不調」[20]という独占資本の農民収奪を随伴し、農家経済を窮乏化せしめた。しかし、この窮乏化は商品生産発展の進行が不可避的に促した窮乏という意味で、「前向きの商品経済的、資本主義的窮乏」[21]（Bでは「前向きの困難」「農業生産力の発展にともなうところの商品経済的困難[22]」であって、農民の覚醒を促したのはこのような意味での「前向きの」窮乏化であった。だが他方、このような条件のもとで促された農民の覚醒は、独占資本そのものには向けられなかった。というのは、独占資本の農民収奪は「市場をつうじ、独占価格を媒介とするものであって、農民の意識にとっては一応手のとどかないもの、不可避的なもの、いわば自然災害的なものとして映ずる[23]」のであったから、「この直接にとどかない独占資本にたいして農民が闘争することはきわめて困難であった[24]」。したがって、農民が、目に見えない独占資本の収奪ではなく、まず直接目に見える地主の高額小作料こそが、農家経済を圧迫し、農業の商品生産的発展を阻害しているという意識をもつようになるのは必然であった。

概略右のように述べて、栗原は、具体的には、地主と小作農民の対立（「地主制と農民的小商品生産の矛盾」）として顕在化した小作争議が、本質的には、独占資本の農民収奪の結果として現われたものであることを主張しているのである。

第二に注意すべきことは、右の「農業の商品生産的発展」の経営的基盤は、水田における米麦作部門――『日本農業の基礎構造』の表現でいえば「正面的な」「基幹的生産部門[25]」――において語られているということである。この点も、A論文では、岡山における最も象徴的な興除村農民運動の客観的基盤が、「典型的な米麦二毛作農法の小作前進型農村[26]」にあったと位置づけられ、B論文では、香川農民運動の展開条件が、米麦作部門の生産力向上による商品経済の発展にともなう小作農民の前進のうちに位置づけられていることにみられる。

ところが他方、右のように、ほぼA・B共通する論理で説明された農民運動＝小作争議の発生・高揚は、その収束と後退を説明する論理においては一定の差異をみせることになる。

## (2) 後退の論理

まずA論文では、「この岡山県農民運動の停滞、それはじつにもっとも早く農民運動の高揚した先進地帯が、いわば必然的に、もっとも早く運動の後退過程に入ったという、農民運動の後退の先進性（?）ということであった[27]」とされて、運動高揚の先進性を規定した条件（「農業構造の前進性」）のうちに運動後退の「先進性」を規定した条件が存在するという論理が見出される。他の箇所では、大正期の中富農的な「第一期農民運動」が前進的農業構造を基礎条件として進展したものであるかぎり、昭和期の貧農的な「第二期農民運動」は必然的に欠落せざるをえなかったとも述べている[28]。

つまり、ここで示されているのは、岡山県農民運動の高揚を規定した前進的農業という条件がその後退をも規定したという、原因のうちに結果があるという認識である。この点は、岡山の典型として叙述されている興除村農民運動の分析でも同様である。すなわち、一方で、この村の農民運動の前提となった農民の性格は、①興除村の不在地主型村落、②農民の商品生産者的性格、③ゲゼルシャフトリッヒな社会的結合、を歴史的条件として、「パイオニア・スピリットの実力主義、個人主義、競争心、そして商魂たくましき企業者的精神」「百姓という名の商人ともいうべき本来の商品生産的農民としての性格[29]」が指摘されるのであるが、他方で、そのような農民の性格は、「損得ずくの商人的打算、興隆期には農民運動を買いすすみ、退潮期にはいち早く売り退くという投機的心理、小作争議といい農民組合運動といっても、あくまで自分自身の経営的発展を基準として進退するという個人主義的態度[30]」として、そのまま運動の限界と後退を条件づけるものであったともされているのである。

このように、A論文に関するかぎり、前進的農業と農民の商品生産者的発展は、小作争議＝農民運動の前進にも後退にも適用可能な両義的な条件として認識されている[31]。だが、この点は、B論文になるとやや様相を異にしてくる。香川の農民運動の展開が米麦を中心とする農業生産力の向上を前提とするものであったという認識は、前述のとおりである。これに対して、昭和初期以降の運動の急速な解体は、香川農民運動に対する集中的な弾圧が大きく作用したとはいえ、根本的には、農民が争議というかたちでは動かなくなって「眠り込んで」しまったことにあるとして、その要因に、①それまでの激しい小作争議で小作料が一応平均一割程度まで永久減額され、慣行小作権が強化されたこと、②村内における地主の地位が弱化し、官憲も地主側をある程度抑制したこと、③上からの農業保護政策が展開されたこと、④新しい商業的農業が急速に発展していったこと、を挙げているのである(32)。

右の①～④は、必ずしも十分な実証を伴っているわけではないが、この指摘は栗原以降の今日までの小作争議研究の重要な分析課題ともなってきた論点であって、その説明はA論文のそれよりも具体的である。このうち、栗原が特に強調しているのは④である。この点は、争議発生の条件と結びつけられて、次のような論理構成のうちに位置づけられている。

(a) 争議発生の一般的前提＝米麦生産力の向上に伴う小作農民の商品生産者的成長。この成長過程は、同時に、独占資本主義の確立に伴う「前向きの窮迫」が促される過程でもあった。

(b) 右の条件のもとで、農民は困難(「前向きの窮迫」)を打開するため、「あるいは消極的に米麦以外の副業ないし兼業に走るか、あるいは積極的に、まず手のとどく小作料の減額につきすすむか、そのいずれかの道をえらぶより仕方がなかった(33)」(傍点引用者)。だが、大正末期の場合、米麦以外の商業的農業や副・兼業事情はいわば谷底の状態であった。そうであるとすれば、小作農民は小作料減額を要求するしかない。大正末期に香川農民運動が高揚する原因はこのような条件のもとにおいてであった。

(c) ところが、昭和初期以降の香川農業には、葉煙草や除虫菊などの新たな農作物が導入され、養鶏が躍進し、藁工品生産も増大するなど、新しい商業的農業が発展し、出稼ぎ労働も農会の斡旋事業として組織されるに至った。昭和初期の農民運動の鎮静化のうちにはこのような背景が見出される。

右の(a)、(b)、(c)をやや図式的に表現すれば、(a)においては争議発生の前提として米麦を中心とする商品生産的発展

（すなわち「基幹的生産部門における正面的発展」[34]）が位置づけられ、(c)においては争議鎮静の前提として米麦以外の新たな商品生産的発展（すなわち「副業的ないし兼業的生産部門における側面的進展」）が位置づけられ、この(a)と(c)の狭間の(b)のうちに小作争議＝農民運動の高揚が位置する、という論理構成になっているのである。

以上、B論文における小作争議鎮静化のメカニズムは、農業の商品生産的発展一般としてではなく、その具体的内容にたちいり、両大戦間期における農業構造の変容と結びつけて論じられようとしており、具体的な農家経営分析をふまえた小作争議研究にとって示唆的な論点をふくむものとみなすことができる。

### (3)　中富農的農民運動と貧農的農民運動

A論文とB論文の差異にかかわるもう一つの重要な論点は、中富農的農民運動と貧農的農民運動の関連という問題である。結論から言えば、この論点についてはB論文ではまったく触れられておらず、この点の言及はもっぱらA論文でなされている。そこには、栗原以後の農民運動史研究においてしばしば言及されてきた次のような叙述がみられる。

「大正から昭和初頭にかけての第一期のわが国農民運動は、客観的には独占資本の農民把握のもとに、農民的商品生産と地主的土地所有の矛盾の発現であったが、これを主観的にみれば、小作農民層の勤労者的自覚、小作農民の近代的な『我の自覚』として展開されてきたものであって、そこでは、まだ本来の意味の貧農的ラインと富農的ラインとは未分化のままに共棲して、地主の高額小作料と独占資本の収取とに抗して商品生産的農業を前進せしめようとする中富農的欲求が基調をなしていたのであった。そして、この未分化の農民運動は、大正末年から昭和三、四年にかけての退潮期を経過して、昭和五、六年の大恐慌を契機に新しい、第二次の高揚期にはいるとともに、ようやく第一期の未分化状態を脱して、貧農的ラインが基調となっていくのである[35]」。

右の叙述をそのまま図式化すると大正期＝中富農的農民運動（両ラインの未分化・共棲）、昭和恐慌期＝貧農的農民運動（両ラインの分化）、というかたちになる。しかし、この図式はA論文全体の論旨にそくしてみると誤解を生む。第一、A論文のどこをみても、「貧農的ライン」の実態は確認されていない。右の叙述では、大正期の中富農的農民運動のうちに「貧農的ライン」が「共棲」しているとされているが、A論文には論理的にも実証的にもそのようなラインが存在する余地はない。また昭和期の農民運動は「貧農的ライン」が分化すると述べているが、これもA論文の栗原自身の叙述を裏切る表現である。彼は、「第一期の中富農的農民運動の先進的高揚とその必然的崩壊、そして第二期の貧農的な農民運動の欠落」[36]（興除村の分析箇所では、「農民運動の第二の波をほとんどブランクで終ってしまった」[37]という指摘――以上、傍点引用者）という理解を示しているのであって、共棲→分化という把握ではない。つまり、先に引用した栗原の文章にあらわれた二つのラインを、一定の地域において展開された農民運動＝小作争議の内部構造の問題として理解することは、A論文の論旨にそくしてみると明らかに誤りである。「貧農的ライン」と「中富農的ライン」が小作争議の内部構造の問題として本格的・実体的に分析されるに至ったのは、栗原以後の研究者によってであった[38]。

しかし、それにもかかわらず、栗原のうちに貧農的農民運動という認識があったことは確かである。だが、この認識は、彼の農民運動史研究のなかではきわめて観念的である。栗原が貧農的農民運動を想定し強調するのは、「他府県、とくに東北地方においては昭和期農民運動が鋭く高揚していった」[39]という前提のもとに、その運動が貧農的主体によって担われていた（はずである）という認識があったからである。このような貧農的農民運動への言及は、昭和恐慌下の全農全会派による農民委員会活動の高い評価と結びつけられて、「農業危機の成立と発展」[40]や『現代日本農業論』[41]などの叙述にしばしば見受けられるところである。しかし、栗原にとっての貧農的農民運動論は、彼が中富農的農民運動を分析したのと同じレベルのものであるとはとうてい言い難く、多分にそれは、あるべき姿としての理念的な性格が色濃い。栗原農民運動史論の柱は中富農的農民運動史論にあるのであって、貧農的農民運動史論は観念的認識のまま、その実体的分析は未着手に終わったというべきであろう。(42)

## Ⅴ　栗原農民運動史論の継承と問題点

栗原の農民運動史研究については、以上の論点のほかにふれられるべき問題があると思われるが、以下では、本章で言及した論点に沿って、その継承上の問題点を簡単に整理することでまとめにかえたい。

①　栗原後の研究の一つの方向として、農民運動の反地主的性格と反独占的性格の関係如何という問題設定による研究が存在する。(43)栗原自身にも、「地主一本槍の経済闘争の枠の拡大こそ、深刻にもっともっと早く下さるべきであった」(44)との指摘がある。

この問題のたてかたは、農村における地主と小作農民の階級対立の顕在化としての小作争議の発生が、根本的には独占資本の農民収奪に想定されたものであったという、栗原の把握と関連しているようにも考えられる。だが、このような研究方向が、農民運動のあの課題は反地主（ないしは反封建）であり、この課題は反独占である、といったような二元論的分析にいくならば、それは問題の歪小化であるといわざるをえない。重要な問題は、小作争議をふくむ農民の諸運動が、独占資本主義段階の歴史的規定性をどのように受けているかという、その関係構造の分析のはずであり、反地主と反独占を峻別し、互いにそれを「矛盾する側面をもつ闘争」(45)と性格づけてしまうことではない。

②　筆者は、地主・小作の階級対立が独占資本主義段階のいかなる歴史的規定をうけて顕在化するのか、という問題として設定することが、栗原の問題提起の積極的な受けとめ方であると考える。ただ、そうであるとすれば、この問題視角からは、栗原自身の先の説明、すなわち、価格関係などを媒介とする独占の農民収奪が「目に見えない」も

のであるから、農民はまず「直接目に見える」地主の高額小作料を意識するのだ、という説明の仕方自体に疑問が生ずる。高額小作料の高額性は、小作農民にとって、それほど自明の「直接目に見える」ことであったのだろうか？という疑問である。高い小作料が、「高い」ものとして「目に見える」ようになるのは、一定の歴史的関係においてであって、そのような関係の分析こそが争議発生のメカニズムを解くポイントではないか。近年の小作争議研究の中心的テーマの一つは、どのような歴史的条件のもとで、高額小作料の高額性が農民の「目に見える」ようになったのか、ということであった。

独占資本主義への移行・確立にともなって、農民経営の内部に費用価格（「C＋V」）観念が形成されてくることが、費用価格を確保しようとする小作農民をして、小作料の高さを「目に見える」ようにした歴史的条件であったとする学説[46]は、右の問題に対する一つの理論的解答である。この説では、とくに、自家労賃をふくめて費用価格を計算するような意識が形成されてくることによって、小作料の高さが「見える」ようになるという意味で、「V」意識の形成が重視される。

他方、小作料の高さが「見える」ようになる条件は、農民的小商品生産のもとで、小作農民のうちに米を販売する階層「（商品生産小作農）」が形成され、この階層が特に高米価局面において、小作料批判を強めるというメカニズムからも分析されている[47]。

③　だが、昭和恐慌期以降の一九三〇年代の農民運動を視野に入れると局面の異なった問題が生ずる。とくに昭和恐慌期の小作争議は、農家経営と農村の解体の危機のなかで、生活手段を奪われて窮乏化した下層の小作人と経営の危機に瀕した零細地主との、農地をめぐる非和解的対立が問題の焦点を描いたのであったから、農家経営の前進過程での困難（前向きの窮乏化）という視角をそのまま適用することができないからである。

先述のように、栗原の「貧農的」農民運動論は観念的次元にとどまっており、その後の実証的分析も蓄積が少ない[48]。

そのうえ、「中富農的」農民運動段階との比較で、恐慌期農民運動のネガティヴな性格を強調する議論もある。この議論は、恐慌前の小作争議＝農民運動が、農民層の統一により地主的土地所有に本格的・現実的批判を加え得たのに対して、恐慌後のそれは、この統一が分解して闘争力が弱まり、消極的・防衛的になってしまったというものである(49)。

確かに、恐慌期の農民運動が、運動展開の階層的基盤が狭められたうえで尖鋭化せざるをえなかったという側面は否定しえない。しかし、だからといって、農民運動が土地取上争議に中心を移していったことをもって、『耕作権の確立』闘争の生んだ陥穽であった」とするごとき議論(50)は、地主的土地所有の日本的特質の問題を運動の欠陥に置き換えるものでしかないであろう。

われわれは右の問題を次のような視点から考えるべきであろう。すなわち、農業恐慌の全面的深化のもとで、小作農民を中心とする下層の零細農民経営が解体の危機に陥り、同時に他方で、地主的土地所有の膨大な底辺を形成する在村的性格の強い零細耕作地主が経営破綻に追い込まれた。その結果として、小作貧農と窮乏地主が同一村落内部でせめぎあうという、一種の「閉塞状況」が現出して村落秩序に亀裂が生じ、そしてそのような農村「解体」とでもよびうるような状況下で体制的危機が深まっていった(51)。つまり、この時期において、地主的土地所有の矛盾は、右のように、農村内部の分裂・相剋というかたちをとった小作争議として（東畑精一の表現を借りるならば、「小農組織(52)」内部の問題としての性格を色濃くして）、集中的に表現されたのであった。そうであるとすれば、われわれの問題のたてかたは、第一次大戦後に高揚した小作争議＝農民運動が、この段階に至って、なぜ農村内部の分裂・相剋としてしか発現せざるをえなくなったのか、ということでなければならないであろう。そしてこの点は、いわゆる「中富農的」農民運動の収束のありかたにかかわってくるはずである。

④　前述のように、栗原は、「中富農的」農民運動が昭和初期に収束・後退していく論理を、A論文では、商品生産者的発展の両義的側面に求めていたが、B論文では、より具体的に、商品生産の内容的変化をともなった農業の構

造的変容から分析しようとする視角を示していた。その場合、栗原が争議鎮静化の条件として注目したのは、米麦以外の商業的農業の新たな興隆ということであった。小作農民が地主に対して動かなくなったのは、この興隆のもとで、中堅農家層の経営が自立的な性格を備えるに至ったということである。

新たな商業的農業の展開を視野に入れて小作争議の後退を考えるという方法は、栗原以後、いくつかの個別分析でみられる。奈良におけるスイカ(53)、大阪におけるブドウ(54)、岐阜におけるカキ(55)、などがそれらの分析でとりあげられている商業的農業である。これらの研究はそれぞれアプローチが異なるから一括することはできないが、少なくとも、「農民的小商品生産」の発展を小作争議の促進要因とはみなしていない、という共通性をもっており(56)、その意味で、米作や養蚕部門での〈農民的小商品生産こそが農民運動発展の原動力であった〉という分析にみられる「農民的小商品生産」とは(57)、その内容を異にしている。

したがって問題は、それぞれの段階における「農民的小商品生産」の歴史的性格を明らかにすることである。そのさい重要な点は、農業における商品生産者的発展が地主的土地所有のいわば内部に構造的に内蔵され（米と養蚕が典型）、そのもとでの生産者の自立化が土地所有の矛盾を激成していくという段階と、二〇年代小作争議を経た地主的土地所有の一定の後退という条件下で、商品生産的発展が地主的土地所有のいわば外部に、「土地所有に対する農業経営の機能的な自立＝分離(58)」という性格をもって展開される段階の、その構造的差異を明確にすることである。後者の段階の問題は、「中富農的」農民運動の収束に直接かかわるが、この問題の分析にとって、階層論的アプローチはとくに重要であると思われる。「土地所有に対する農業経営の機能的な自立＝分離」が進むとはいえ、戦前日本農業において結局それは全面的なものではなく、特に、経営的下層にとっては、地主的土地所有からの「自立＝分離」は困難であったと考えられるからであり、その限りで、戦前日本農業が小作争議展開の客観的条件を全面的に払拭したなどとはいえないからである。「貧農的」農民運動の歴史的評価は、この点に密接にかかわっているように思われる。

⑤　最後に小作争議＝農民運動が単に経済的運動であったのではなく、「小作制度にまとわりつく身分的差別の不当性・不合理に対する市民主義的批判ともいうべき性格を内容とするものであった」[59]とすれば、小作農民の「目に見える」ようになったのは、小作料の高額性だけでなく、歴史的自己の全体であったはずである。換言すれば、近代農民運動の展開過程は、「農民みずから体験の蓄積をつうじて団結の内容を次第につよめていった階級的成長のいっさい」をふくむ「ながい醱酵期間」[60]を歴史的前提としたところの、小作農民の「自己発見」の過程でもあった。そうであるとすれば、第一次大戦後の小作争議の担い手を、同時代的な条件のみで分析するだけでは不十分であろう。特に今日までの研究史の蓄積では、「ながい醱酵期間」における農民像は、倹約とか勤勉（経営観念なき勤労）とかいう「通俗道徳」を行動様式とし、商品経済の論理に対してはこれに抵抗するものとして描かれることが少なくないことを考えると、小作争議の農民像は「ながい醱酵期間」を視野に入れて分析される必要があるといわざるをえない[61]。

註

（1）　農民運動史研究会編『日本農民運動史』東洋経済新報社、一九六一年、「序」。
（2）　『栗原百寿著作集』Ⅰ、校倉書房、一九七四年（以下、『Ⅰ』と略記）一一頁。
（3）　『栗原百寿著作集』Ⅱ、校倉書房、一九七五年（以下、『Ⅱ』と略記）二五頁。
（4）　同右、二八頁。
（5）　『栗原百寿著作集』Ⅲ、校倉書房、一九七六年（以下、『Ⅲ』と略記）四一頁。
（6）　『栗原百寿著作集』Ⅳ、校倉書房、一九七八年（以下、『Ⅳ』と略記）二二九頁。
（7）　このうち、「栗原の農業団体論は、昭和二六年から二八年にかけて彼にとって苦しい谷間において研究され叙述されたもの」で、「端的にいえば生活のために書いた」ものであるから、「彼にとっては、意にかなわぬ、気のすすまぬ仕事であったと思われる」（『栗原百寿著作集』Ⅴ、校倉書房、一九七九年、解説〈石渡貞雄〉、三七二頁、以下『Ⅴ』と略記）という見方がある。しかし、これはやや皮相な見解ではないか。栗原自身、一九五四年の時点で、農業団体論は「三年越の問題」である（『Ⅴ』二四〇頁）と述べているように、その研究は、農民運動史研究と同時に意識され始めたのである。したがって、栗原にとっての農業団体論は、『現代日本農業論』の終章がしめしているように、「農民的主体性の変化」の二本の柱の一つとして構想されていたと考えるほうが素直ではないかと思われる。

（8）『Ⅳ』二三四頁。
（9）同右、二三三～二三四頁。
（10）同右、二三四頁。
（11）『栗原百寿著作集』Ⅸ、校倉書房、一九八四年（以下、『Ⅸ』と略記）二四五～二四七頁。
（12）「戦前の農民運動」、『Ⅳ』四二頁。
（13）『Ⅳ』所収。以下この論文の引用註記は繁雑になるので省略する。
（14）中川清（栗原百寿）「最近の歴史論争について」『東北帝国大学新聞』一九三七年六月二四日。
（15）これらの諸点は、本論文執筆の約半年後に栗原が死去したために、彼自身によっては全面的に展開されることはなかったが、彼が主査となっていた農民運動史研究会の課題として継承された。この研究会が一九六一年に出版した『日本農民運動史』の第一部「農民運動史の諸問題」で設定されているテーマには、栗原がしめした論点のほとんどがふくまれている。
（16）『栗原百寿著作集』Ⅵ、校倉書房、一九八一年（以下、『Ⅵ』と略記）四三頁。
（17）同右、六一頁。
（18）『栗原百寿著作集』Ⅶ、校倉書房、一九七八年（以下、『Ⅶ』と略記）一六頁。
（19）『Ⅳ』一三頁。
（20）『Ⅵ』六九頁。
（21）同右、七〇頁。
（22）『Ⅶ』三五頁。
（23）『Ⅵ』七〇頁。
（24）『Ⅶ』三九頁。
（25）『Ⅰ』一一六～一一七頁。

(26)『Ⅵ』一三九頁。
(27) 同右、一二一頁。
(28) 同右、一三九頁。
(29) 同右、一七四頁。
(30) 同右、二〇八～二〇九頁。
(31) なお、中村政則は、この点について、「大正期農民運動の興隆と退潮の原因を小商品生産者的小作農の存在形態（＝二面的性格）に着目して理解しようとする視点がうかがわれる」としている（『近代日本地主制史研究』東京大学出版会、一九七九年、二三五頁）。
(32)『Ⅶ』二三八頁。
(33) 同右、三九頁。
(34)『Ⅰ』一一六～一一七頁。
(35)『Ⅵ』二〇九頁。
(36) 同右、一三九頁。
(37) 同右、二五一頁。
(38) その代表的なものは、小作争議主体のうちに「商品生産小作農」と「飯米購入小作農」の二階層を析出した西田美昭の一連の論文。「小農経営の発展と小作争議」『土地制度史学』第三八号、一九六八年、ほか。
(39)『Ⅵ』一三八頁。
(40)『Ⅲ』三四頁。
(41)『Ⅴ』一三七頁。
(42) なお、有元正雄は岡山県農民運動を一九二七年頃を境として前期と後期に分け、前期を自小作前進型の「興除型」、後期を一九二七年以後に展開された和気郡神根村争議を典型とする貧農型の「神根型」として分析され、栗原の指摘にはなかった新たな論点を付け加えている（「戦間期農民運動の史的分析――岡山県を中心として――」『広島大学文学部紀要』第四八巻特輯号一、一九八八年）。

(43) 大島清「農民運動の諸問題」(東畑精一・宇野弘蔵編『日本資本主義と農業』岩波書店、一九五九年)、同「昭和恐慌と反独占農民運動」(法政大学経済学会『経済志林』第四八巻第三号、一九八〇年一二月)、同「昭和恐慌下の農民委員会運動」(同前『経済志林』第五一巻第二号、一九八三年一〇月)、島袋善弘「一九二〇～三〇年代における農民運動の展開」(山梨県立女子短期大学『紀要』第一三号、一九八〇年)、同「農民大会・村民大会運動の展開」(同前『紀要』第一四号、一九八一年)、同「農民委員会運動の展開」(同前『紀要』第一五号、一九八二年)、同「一九二〇～三〇年代における小作争議の展開」(同前『紀要』第一六号、一九八三年)など。

(44) 『Ⅵ』五二頁。

(45) 前掲、島袋「一九二〇～三〇年代における小作争議の展開」。

(46) 暉峻衆三『日本農業問題の展開』上、東京大学出版会、一九七〇年。

(47) 前掲、西田美昭「小農経営の発展と小作争議」、同「農民運動の発展と地主制」『岩波講座日本歴史18　近代5』岩波書店、一九七五年、など。

(48) 酒井惇一「昭和恐慌期における『貧農的』農民運動の研究」東北大学農学部農業経営学研究室『農業経済研究報告』第六号、一九六五年、林宥一「昭和恐慌下小作争議の歴史的性格」大江志乃夫編『日本ファシズムの形成と農村』校倉書房、一九七八年〔本書収録〕、中村政則『近代日本地主制史研究』第四章、など。

(49) 西田美昭「昭和恐慌期における農民運動の特質」東京大学社会科学研究所編『ファシズム期の国家と社会Ⅰ　昭和恐慌』東京大学出版会、一九七八年。

(50) 坂根嘉弘「小作争議・小作調停および農民組合運動」山田達夫編著『近畿型農業の史的展開』日本経済評論社、一九八八年。

(51) 暉峻衆三『日本農業問題の展開』下、東京大学出版会、一九七四年。

(52) 東畑精一『農地をめぐる地主と農民』酣燈社、一九四七年、一〇頁。

(53) 山路健「大和平野における水田生産力の展開」『日本農業発達史』別巻上、中央公論社、一九五八年。

(54) 三宅順一郎「河内地方における農業経営の変貌」(同前)、三好正喜「独占資本主義確立期における近畿農業の検討」大阪経済大学日本経済史研究所『経済史経営史論集』一九八四年。

(55)　大門正克「農民的小商品生産の組織化と農村支配構造」『日本史研究』第二四八号、一九八三年。
(56)　大門正克「農村社会構造分析」『戦間期の日本農村』世界思想社、一九八八年、一四二〜一四四頁、参照。
(57)　前掲、西田美昭「農民運動の発展と地主制」、同編著『昭和恐慌下の農村社会運動』(御茶の水書房、一九七八年)、鈴木邦夫「農民運動の発展と自作農創設」(『土地制度史学』第八五号)など。
(58)　綿谷赳夫「日本における農民層の分解」『綿谷赳夫著作集』第一巻、農林統計協会、一九七九年、一〇〇頁。
(59)　林宥一・安田浩「社会運動の諸相」『講座日本歴史9　近代3』東京大学出版会、一九八五年、一九八頁。
(60)　一柳茂次「農民の組織化――『反地主』の場合と『反独占』の場合を対比させつつ――」『思想』第四二〇号、一九五九年。
(61)　栗原を含めた農民運動史の研究史については、林宥一「近代農民運動史研究の軌跡」(『歴史科学大系24　農民運動史』解説、校倉書房、参照〔本書収録〕。

# 12　近代農民運動史研究の軌跡

## Ⅰ　近代農民運動史の対象

本書は、日本における近代農民運動史に関する論稿を収録した。

ここでいう近代農民運動とは、第二次大戦前における日本資本主義の確立期から敗戦による再編までの、直接生産者農民の農村における変革的諸運動を指す。とりわけ、それは、地主的土地所有を基軸として構成されていた農業・農村における経済的・社会的・政治的支配秩序に対する小作人を中心とする農民の闘争を主たる内容とするものである。

だが、ここで、農民運動という言葉に右のような内容を与えるにしても、あらかじめ次の点に留意しておく必要がある。

小作争議ないし小作組合運動が本格的に高揚し、小作問題が一世の耳目を聳動させ、独自の社会問題を形成したのは第一次大戦直後からであった。だが、この段階に至っても、小作人の運動を農民運動と同義とする社会通念が形成されていたわけではない。小作争議の加速度的増加を背景として一九二二年に結成された日本農民組合とその組織的伸長は、社会運動としての農民運動発展の画期となったけれども、それでもなお、「現今社会に通常農民運動と称されて居るものは（地主小作対抗運動よりも）多く前者即ち農民全体が結束して対外的に行ふ運動である」[1]といわれており、初期の日農も「農民のための利益擁護機関」[2]として各種農業団体と同列視されていた。まして、これ以前の農民運動といえば、それは「全農業者」の行なう農政的・農事改良的諸事業以上のものではなく、しかもその主体は「全農業者」の利益代表たる地主層を中心とするものであったから、農民運動が小作農民の運動として観念される余地は少なかったといってよいだろう。[3]

さらに付け加えるならば、独自の社会階層としての小作農民は、客観的には、地主的土地所有の支配下でその存在が明白であったにもかかわらず、一般社会の認識としては必ずしも自明のことであったわけではない。小作人は地主的土地所有そのもののうちにいわば即自的に一体化されており、相互の利益主張の分化を前提とした地主・小作関係という観念自体が未成熟であったのである。長塚節の『土』が『東京朝日新聞』に連載されたのは一九一〇（明治四三）年のことであったが、当代随一の知識人でさえ、この作品に、「斯様な生活をして居る人間が、我々と同時代に、しかも帝都を去る程遠からぬ田舎に住んでいるという悲惨な事実」を見出して驚きを隠さなかった。[4]一九二〇年代に岐阜県農民運動の指導者の一人であった中沢弁次郎（後述）が、「我々の先輩は明治維新の大改革に拠つて国家と資本家を発見した。欧州戦争に依つて起つた思想革命に依つて社会と労働者（主として都会地の）とを発見した。けれども明治維新以来俄かに台頭した地主階級（土地資本家）の政治的、経済的、社会的勢力の蔭に、長く蔽ひ隠されて居た農村に於ける小作人階級を発見したのは、夫れ以後の極めて最近のことであつた。（中略）夫れ迄は国家も小作人階級の存在を問題とせず、一般社会も亦これを問題としなかつた」[5]と比喩的に述べていることは、社会思想史的にみて重要な指摘であって、単なる小作問題のプロパガンダとみるべきではないであろう。もちろん、明治社会主義者のような少数の先覚者のうちには土地問題・小作問題の重要性を認識していた人々がいなかったわけではない。だがその認識は、すでに指摘があるように、小作農民を独自の社会階級として把握するものではなかった。彼らにとって小作農民はプロレタリアとほぼ同義であったのだから、小作人問題は労働問題のうちに解消されており、独自の「農業綱領は不要だった」[6]。「農業綱領」が本格的な議論の対象となったのは、後述の日本資本主義論争期以降であった。

要言すれば、小作争議の高揚・小作組合の簇生・全国組織としての日農の結成とその組織的拡大、という第一次大戦後の数年間の歴史的展開は、社会における小作問題の「発見」の過程であり、その過程で、いわば agrarian movement としての農民運動に、担い手の分化と変質をともないながら peasant movement としての内実が付与されていったのである。ここであつかう近代農民運動の対象は、このような時代的変容を受けたところの peasant movement である。

以下では、一九七〇年前後までの近代農民運動史研究を、①第二次大戦以前の段階、②戦後第一段階、③戦後第二段階、の三つの時期に区分して概観しながら本書に収録した論文に若干の解説を付し、ほぼ半世紀にわたる農民運動史研究の軌跡をたどることとする。ただ、右のうち①の時期に属する論稿は、厳密に言えば農民運動史研究ではなく、同時代的課題に対してとり組まれた現状分析なのであるから、②、③の時期の論文とは性格を異にしているのであるが、この同時代的分析は歴史分析にも大きな影響を与えているのであえて史学史的検討の対象とした[7]。

## Ⅱ　同時代的分析（戦前段階）

### (1)　資本主義論争以前

前述のように一九二〇年前後は小作問題が社会問題となった時期である。その背景にあったのは小作争議の加速度的増加であるが、これに対応してあらわれた農政機構内部の新たな動向（一九二〇年の農商務省農務局農政課における小作分室と同省内委員会としての小作制度調査委員会の設置）と農業労働者問題を議題とする第三回ＩＬＯ総会（一九二一年）に示された「世界の大勢」の日本国内へのインパクトが、この問題にいっそうの増幅作用を与えた(8)。

このような状況下で、当時の主要マスメディアであった新聞・雑誌に農村問題に関する発言が増加した。その発言者は、農政官僚、学者、帝国議会議員、既成政党関係者、帝国農会や各県農会など各種農業団体役員、県・郡・町村の地方行政担当者、各地の名望家、篤農家など広範囲に及んだが、このうち農民運動の大衆化に大きな影響を与えたのは、新聞記者など（農業関係ジャーナリスト）の動きであった(9)。初期日農の五名の理事のうち三名がキリスト教の牧師（杉山元治郎、小川渙三、賀川豊彦）であり、二名が新聞記者（古瀬伝蔵、村島帰之）であったことにみられるように、日農結成に新聞記者の果した役割は小さくなかったが、本書の収録論文の執筆者である横田英夫と中沢弁次郎も新聞記者として農村・農民問題論を展開し、のちに、最も早く近代農民運動が組織的に発展した岐阜農民運動の指導者となった人物である(10)。

横田英夫は「日本の農民組合運動の草分け(11)」ともいうべき人物であるが、三八歳という短い生涯のうち実践活動は晩年の二年足らずであり、農業問題ジャーナリストとしての年月の方がはるかに長い。彼の著述活動は、一九二四年の『農民組合の話』を除けば、一九一一年から二二年頃までであるが、その所論は時とともに変化しており、これを区分すれば次の三つの時期に分けられる。

①『農村革命論』（一九一四年）、『農村救済論』（同年）、『日本農村論』（一九一五年）、『農村改革策』（一九一六年）にみられる自作農主義的・国家主義的農本主義者ともいうべき段階。

② 自作農＝「経済的独立者」「愛国的観念の所有者」、小作農＝「経済的奴隷」「国民としての欠陥者」という①での把握を自己批判するが、「農（土）に帰ること」を主張して反文明論的・土着的農本主義者としての性格が全面

に出てくる『農村問題の解決』（一九一八年）の段階。

③　米騒動と二〇年恐慌を経て、原内閣の農業政策に具体的批判を加える過程で、地主的土地所有による高額小作料こそが農村問題の焦点であることを明確に認識するに至り、小作料を「引下げよと云ふ小作人の主張及び実行は、決して危険でも過激でもない」[12]として小作争議勢力を支持する『農民の声を聞け』（一九二〇年）、『現下の農民運動』（一九二二年）、『小作料はいくらが相当か』（一九二二年）、『小作問題研究』（同年）の段階。

右の三段階は、それぞれ連続的側面と断絶的側面が交錯しており、また、同一著書の中でも相互に矛盾した主張がしばしば見うけられ、その整序作業は横田研究の課題として残されているが、おおよその時期区分としては右のように考えてよいであろう。[13]このうち③の時期に書かれた『現下の農民運動』は論文集であるが、「自序」によれば「一つの纏まった系統執筆と見做して差支ない」とされており、一九二〇年から二一年にかけての米価下落問題と第三回ＩＬＯ総会における農業労働者問題を中心テーマとしながら、高揚の兆しをみせつつある「現下の農民運動」の性格と方向を論じている。

本巻に収録した**「農民運動としての『米穀不売同盟』」**はこの著書に収められており、一九二〇年代末に系統農会によって展開された米投売防止運動を農民運動史上の意義という視点から論じたものである。論旨は次のごとくである。

(1)「米穀不売同盟」は、米騒動が米価暴騰に対抗する消費者の直接行動であったのに対して、生産者が同盟してとった直接行動である。(2)それは、農民自覚の表徴ないし路標であって、その意味で、この「米穀不売同盟」は「到来すべき農民運動の第一歩」とみるべきで、これを転機として「農民の一大自覚が促進されるであろう」、(3)しかし、この運動自体は全農民の名によって成立しているが、その内実は「米の生産者」ではなく「商品たる米の所有者」たる地主を主導とするもので、大部分の農家（推定六割）はこの運動によって利益を受けない。(4)このような利益の不均等・不一致は「農村に於ける階級的分裂」に起因し、「同盟」の名によって統一されている「農民」はこの根本的矛盾のために必ず分裂せざるを得ず、ここに全く別個の農民運動が必然化する条件が見出される。

要するにこの論文は、前半で米穀投売防止運動の農政運動史上における画期的意義を認めつつ、後半では、この運動の瓦解の必然性を説き、そのうちに新たな農民運動が惹起する条件を見出しているのである。米投売防止運動の農政史上の意義については栗原百寿をはじめとしていくつかの言及があるが、いずれも横田の指摘には触れていない(14)。前半と後半の関係は必ずしも実証されているわけではないが、歴史過程は横田の指摘どおりに動いたのであって、農民運動史研究にとっては検討を要する論文である。

横田と同世代の中沢弁次郎の農村問題・小作問題に関する評論活動も一九二〇年代前半に集中しており、『小作制度論』（一九二三年）、『岐阜県に於ける小作問題の研究』（同年）、『農民生活と小作問題』（同年）、『小作問題の新展開』（一九二四年）、『最近の小作問題』（同年）などの著書が刊行されている(15)。右のうち『小作問題の新展開』は、一九二一年から二四年に、『農政研究』、『帝国農会報』、『斯民』、『文化農報』、『農業世界』、『実業之日本』、『国民新聞』などに掲載された二〇篇の論文からなり、本書に収録した「小作運動論」はこの著書に収められている。

この論文は、小作運動を、(1)小作料減免という経済的要求、(2)平等な社会的待遇を求める「倫理的基調」をともなった人格的承認要求、(3)「横断的階級意識に基く、政治的色彩の濃厚なる法制的要求」、の三つの「三大主潮」に分け、この三つの要求が一体となって展開されているところに小作運動の基本的性格を見出しており、運動の特質を簡潔に描写している。

ところで、この中沢と横田に共通しているのは、次の二点を前提としていることである。

第一は、小作問題が地主・小作間の分配の不公平の問題であるという認識であり、したがって、小作料減免運動は高額小作料の「相当小作料」への修正運動ととらえられていることである。同時期、小作問題を小作料の量的分配の問題ととらえ、一定の数式で「公正」な小作料を算出した試みとして那須皓『公正なる小作料』[16]（一九二四年）があるが、横田、中沢も同様の試みを行なっている。横田の場合、「労働報酬」を生産費の一部に組み込んで「小作収支計算」を行ない、「相当小作料」を一石一五円の換算米価で一反あたり七斗五升と算出し[17]、中沢も先の論文では収穫高のうち三分の二を小作人に分配すべきであるとしている。ついでに言えば、先の那須の「公正なる小作料」算定の試みも、小作料軽減の要求を「失はれたる労賃の恢復運動[18]」とする視点から、農業者自家労賃が基準とされている。

これらの議論は、次の時期になると小作問題を分配関係に解消するものとしてほとんど顧みられなくなるが、この時代の農民運動がとった「収支計算書」戦術に一定の具体的指針を与えたことは事実であって、第二次大戦後の小作争議研究で再び焦点があてられることになる。

第二に、右の「相当小作料」算定の基礎が小作人の農業労働における労賃評価におかれていることと関連するが、これらの議論が小作人＝労働者論に立脚していたことである。ただこの場合、横田と中沢の間にはやや差がある。すなわち、前者は、「我国の小作人は純然たる農業労働者である。一般の賃金労働者と何等択ぶ所はない[19]」と断言していたのに対して、後者は、広義においては「小作人は労働者と云ふ名称の裡に包含され可《ママ》きものに相違はないが、狭義的解釈の上にも純然たる賃金労働者となり見做すことは聊か失当である[20]」としていた。中沢がこう言うのは、小作人が「企業者」的側面ももっているとの理解によるが、しかしこの中沢の場合でも、現状では「分配の割合が合理的でない為に、企業利得を地主に掠取されて居る[21]」のであるし、第三回ＩＬＯ総会の議題である「農業労働者」の範囲は明らかに広義のものであるから、小作人代表が総会に参加する資格なしとするのは「一種の社会的欺瞞[22]」であると批判している。中沢の議論は、「農民の大多数は企業者であると同時に労働者である。小作細農の如きは何等企業的利潤を受くることなく（万一其の生ずる場合には直ちに高められたる地代となって吸収し去られる）、其の得る所は極めて低廉なる労働報酬に過ぎざるが故に、本質的には之を労働者と目すべきものである[23]」という那須皓の説と同質である。

ただいずれにせよ、小作人の小作料減免要求を正当なものとし、ＩＬＯの農業労働者問題に関して日本政府が主張した「小作人非労働者」説に反駁する根拠は、小作人を基本的に労働者とみなす立場から出ていたのであって、そこにみられたのは、のちの栗原百寿の言葉を借りれば、「労働者は農民と同じだ」という「素朴な労農同盟の空気」[24]であった。

## (2) 資本主義論争段階

小作争議を中心とする第一次大戦後の農民運動は、一定の小作料減免を実現する成果をもたらしたが、一九二〇年代後半に入ると、地主の反転攻勢や運動に対する国家の規制・弾圧の強化や、小作農民の運動参加を防遏し、そのエネルギーを他方向に向ける政策（自作農創設維持政策など）によって、変容があらわれた。この変容は、(1)初期の小作争議にみられた共同体動員的側面が弱まり、小作農民層内部に分化が進んだこと、(2)経済闘争から政治闘争化・左翼化への運動の方向転換が進んだこと、(3)地主の反転攻勢に対抗するために「耕作権の確立」というスローガンが掲げられるに至り、地主・小作の対立が「所有権」と「小作権」の対抗という様相を強め、運動の重心が「土地闘争」に移りつつあったこと、などにみられた[25]。

第二次大戦前の資本主義論争（または封建論争）はいうまでもなく日本における革命戦略をめぐる実践的な性格を帯びたものであったが、それは、このような農民運動の転換期に始められ、約一〇年間にわたって断続的に展開された。この論争そのものへの言及はここでの直接的な課題ではないが[26]、論争が農業・土地問題を主要なテーマとしていたが故に、そこに農民運動にかかわる論点が内包されていたのは当然であった。

しかし他方、これらの論点は、農民運動論として孤立的に提起されたのではなく、何よりも日本資本主義と国家権力及び革命の性格規定にかかわって議論されたものであった。その意味では、独自に農民運動論として分析されたこの時期の論文は意外と少ないともいえる。もちろん、『土地と自由』、『無産者新聞』、『プロレタリア科学』、『マルクス主義』、『農民運動』、『農民闘争』などの機関紙誌にはおびただしい数の「論文」が掲載されているし、また、大西俊夫『農民闘争の戦術・その躍進』（一九二八年）、前川正一『左翼農民運動組織論』（一九三一年）、木村靖二『日本農民運動史』（一九二九年）、青木恵一『日本農民組合運動史』（一九三一年）などの労作も刊行されている。しかし、その多くは、運動の戦略・戦術にかかわるプロパガンダに終始しており、運動の実体と乖離した主張も少なくない。のちに栗原百寿（後述）が、「運動家的農民運動史」に対して行なった「主観的・独善的評価」「単純に直接的な傾向性」という指摘は、一緒くたにはできないが、おおむねこの時期の同時代的農民運動論にもあてはまるといえよう。

しかし、右のことは、このような農民運動論を歴史分析の対象からはずしてよいことと同一ではない。必要なことは、運動論と運動の内部構造との距離ないし相関関係の分析であって、前者を無視することではない。だが、まさにこの点は、第二次大戦後に本格的に開始された農民運動史研究の出発点における問題意識と課題でもあったので後述することとしたい。ここでは、本書に収録した猪俣津南雄「**農民問題の根本的問題と当面の問題**」に触れながら、日本資本主義論争と農民運動論の接点に位置すると考えられる論点について言及しておく。

ここで猪俣の論文に注目するのは、この論文が、日本資本主義論争の序曲をなした野呂栄太郎による猪俣批判[27]の直接の対象とされた論文「現代日本ブルジョアジーの政治的地位」[28]とほぼ同時期に執筆され、猪俣の見解が農民運動論というかたちをとって表現されているからであり、従ってまた、このの論争で展開される論点もこの論文にほぼ出揃っているからでもある。猪俣論文の要旨は次の如くである。[29]

(1)　現代日本における農民階級の根本問題は、農業生産力を高める力をもたない日本資本主義が農民を「中途半端」に農村にとどめ農村過剰人口を形成せしめていることにある（小農制の存続）。

(2) この農民の直接支配者は地主である。彼らは農業資本家になり得なかったが、資本主義の発展とともに自らを「貨幣資本家」(または擬制資本家)に高め、「封建的な諸特権をブルジョア化して持越している」存在である(地主の二重性格)。

(3) この地主が小作農民から収取する小作料は「経済地代」(超過利潤)はもちろん、平均利潤も「手間賃」(自家労賃)も含む「高利地代」である。この地代は封建領主の年貢型の持越しであるが、それは封建地代ではなく、その成立根拠は農村過剰人口の存在による小農の競争にある(「高利地代」としての小作料)。

(4) したがって、小作人の中心的要求は小作料の軽減であって、この闘争はそれ自体として革命的意義を有する。というのは、地主のブルジョア化がいかに進んでもそれは地主の消滅を意味せず、生産力の発展を抑止する土地所有制は厳然として残るからで、その解消は「被搾取農民のブルジョア民主主義的要求」のための闘争によらなければならない。ここに農民運動の「此上もなく重要な進歩的役割」がある(農民運動の意義、役割)。

(5) だが、この要求の実現はプロレタリアートとの結合においてのみ可能であり、逆にプロレタリアートは、貧農大衆の支持なくして権力を維持することは不可能であり、また、帝国主義の転覆を戦略目標とすることなしにこのブルジョア民主主義の徹底は実現しえない(労農同盟とその戦略目標)。

(6) 農民諸階層のうち労農同盟の中核となるのは貧農層である。だが、ブルジョア民主主義革命を極限に押し進めるには「小所有者的本能」をもつ中農層を含めた全農民と共に進まねばならない。したがって当面の第一前提は、分裂している農民組合を合同せしめる「全国的一大農民組合の結成である」(農民組合の任務)。

この猪俣論文の農業・土地問題認識は、一方で野呂栄太郎、高橋貞樹(内田隆吉)、村上吉作(野村耕作)らの批判を喚起し、他方で猪俣の反批判と櫛田民蔵の論争への参加などによって、封建論争・小作料論争を誘発していくことになるが、ここでは農民運動論に直接かかわる限りで、二、三の点に注目しておきたい。

第一に、猪俣の議論を封建的搾取関係の物質的・階級的基礎の残存という立場から批判したのは野呂の前掲論文であったが、地主的土地所有に即してより具体的に猪俣を批判し、同時に野呂の「国家最高地主」説をも退けたのは村上吉作「日本における地主的土地所有の危機」であった。[30]村上は、「封建的搾取関係をこの高度な資本主義発展の今日まで維持し続けた所の決定的な原因」として「地主の土地取上権」と「地代の自然物形態」の二点を指摘し、とりわけ後者は「高き地代を隠蔽し、小作料の封建的比率を合理化し、小作関係をして貨幣契約関係に発展する事を不可能ならしめて封建的隷属関係を再生産し、かくして地代の封建的搾取を可能ならしめている所の最後の要因」であるとした。少なくともこの論文を書いた段階の村上は、農村における封建制の残存を強調する点でむしろ野呂よりも徹底しており、[31]猪俣はもちろん野呂、稲村隆一、和田叡三らも「現在農村を支配している農民運動と階級対立との性質を明確に認識せざる所」ありとして批判された。

注目すべき点は、村上が、第一次大戦後の農業危機を農業の封建的関係の残存に起因する第一形態の農業危機と、低位な資本構成をもつ農業と高度な資本主義との矛盾から生じる第二形態の農業危機に区別し、現在の農村階級対立が地主・小作の対立以外のものではなく、当面の農民運動が第一形態の農業危機克服への努力であるとし、「現在、危機の第二形態に対する闘争はなんら農民の間には起ってはおらぬ」としたことである。村上のこの指摘は、後述する農民運動の「反封建」と「反独占」にかかわる問題を内包していたが、この時点の村上にとって農民運動は反封建闘争の性格をもつものとして評価され、したがってその運動の具体的方向は、農村における封建的残存物の支柱ともいうべき小作料の全廃に集中すべきものと位置づけられたのである。[32]

第二に、村上のいわば対極に位置し、猪俣を補強するかたちであらわれたのが櫛田民蔵「わが国小作料の特質について」である。[33]この論文要旨は、(1)わが国の小作料は現物納であっても、観念的には貨幣化されており生産物地代としての封建時代ではない、(2)労賃部分にまでくい込む小作料＝地代の高率性は、賃貸借関係を前提とした小作地に対する「競争」に基づくものであり、その意味で、小作料の高さを実現しているのは「経済外強制」ではなく「経済的強制」である。⑶この地代は封建的地代でもなく資本家的地代でもないという意味で「前資本主義的地代」の範疇に入る、というものであった。

小作争議との関係で注目すべき点は、櫛田が、「農家経済が貨幣化するに従ってその収支関係は明らかになり、それらが明らかになるに従って小作人の運動もまた恒常的なものとなる。昔日の自然発生的な農民一揆と今日の組合運動とはこの基礎において区別せられる。小作人組合が組織立てられて行くのは即ち農村経済の貨幣化を、延いてまた現物納小作料が単に現物でなく観念的に貨幣化されていることを証明する」と述べて、物納小作料が「観念的には貨幣化」されている根拠として小作人運動とその組織化を挙げ、更に、この小作人運動の圧力による小作料の引下げが、政府の上からの小農維持政策とあいまって、現行小作料を「資本家的地代」に一歩ずつ近づけるものとして位置づけたことであった。櫛田のこの指摘そのものは、小作料減免運動を「失はれたる労賃の恢復運動」と位置づけ、「公正なる小作料」を提起しようとした那須皓らの議論に近い。櫛田がこの論文で「所謂『公正な小作料』」としての資本家的地代への一歩前進」と述べているところなどは那須の著書が意識されているとも読めるものであるが、いずれにせよ、先にみた一九二〇年代の小作運動論の系譜をあえて日本資本主義論争期に求めるならば、それは「講座派」にではなくこの櫛田らの議論のうちに見出される。

この櫛田論文に対してはただちに野呂[34]や平田良衛[35]らの反批判が加えられ、のちには平野義太郎[36]や相川春喜[37]が論争に加わっていくが、先の村上は一九三〇年一一月から五年にわたる投獄のために反論できず、櫛田への言及がみられるのは出獄後の一九三七年に発表された「農村産業組合対策に就いて[38]」である。ただし、この論文は櫛田批判を含んでいるが、村上の農業問題認識と農民運動観自体が相当な変化をみせている。それは次のような指摘にみられる。

⑴日本農民は「封建的性質」と「近代的小商品生産者としての性質」を兼備しているが、前者についてはその社会

的根拠を失いつつある、⑵第一次大戦後の農村における危機は地主・小作関係にあらわれたが、現在の危機はそれだけでなく資本主義と農業の矛盾から生じている、⑶右の事情が農民を活発化させているが、その農民は「封建的農民としての小作農」ではなく「小商品生産者」としての農民一般である。産業組合政策はこのような農民の小商品生産者としての性質に添ったものである、⑷この産業組合を破壊して左翼的・階級的協同組合をこれに対置させようとする農民組合の方針は、農民に支持されるものではない。我々は徒らに農民の封建的性質やその悲惨な現状を誇張したり、或いはその（半）プロレタリア的性質を誇張することで農民とプロレタリアとの差別を塗りつぶし、農民と労働者を同一のものとして統合しようとすることを止めるべきである。

この論文は直接的には農村産業組合に対する村上の私見を述べたものである。ただ先述の論文との比較でいえば、第一に、農村における封建制の強調は後景に退き、先の論文で「危機の第二形態に対する闘争はなんら農民の間に起ってはおらぬ」としたところの「第二形態」の問題がまさに中心に据えられていること、第二に、櫛田ら「労農派」に対する批判はみられるが、他方で櫛田の見解をとり入れている点もあり（封建的農業関係の社会的根拠の喪失など）、批判の矢は「講座派」（特に山田盛太郎）にも強く向けられていること、第三に、農民運動論では農民を貧農・半プロとみなした上で立てられてきた「労農同盟」論が退けられ、「小商品生産者としての農民が圧倒的に存在する」という事実認識に立った運動を提起していること、において明らかな変化がみられる。中村福治はこの論文が、「現実の農業をめぐる基本的関係を、地主的土地所有と農民的小商品生産＝小作農民経営の経営的発展との二者対抗関係において捉えている」(39)という点で栗原百寿に系譜するものと評価し、そこに村上の「成長」を看取している。この論文が重要な論点を指摘していることはそのとおりだと考えるが、先の論文からこの論文への変化を「成長」とみるか「変容」とみるかは議論の余地があり、この論文から右のようなシェーマを引き出せるかどうかも疑問が残る(40)。

先の猪俣論文に含まれていた第三の問題は、農村における階級構成と農民運動の組織論・戦略論の関係である。この問題は二七年テーゼ、三一年テーゼ草案、三二年テーゼ、全農全会派の農民委員会方針、「日本の共産主義者へのてがみ」などを通じて繰り返し議論の対象となった論点である。[41] この議論の過程は錯綜しているが、問題の焦点は階級構成における所有論的基準（地主―自作―小作）と経営論的基準（半プロ―貧農―中農―富農）を戦略論・組織論として、いかに統一的に、いかに農村の現実と農民の要求にみあったかたちで組みたてるかという点にあった。この問題は第二次大戦後の論文に譲るが、[42] 日本資本主義論争にかかわって一点指摘しておけば、この論争における革命戦略の差異と農民組合組織論は必ずしも整合的ではなかったということである。換言すれば、「ブルジョア民主主義革命」論の農民組合組織論と「プロレタリ革命」論のそれの間に截然とした区別を見出すのは困難であって、[43] その意味では、農民運動の指導について「戦略上の意見の違いはたいしたものではない」[44] という指摘や、全農全会派と全農総本部派の二つの農民運動の意義は、革命戦略のいかんを問わず、その「共通した側面からくみだされる」[45] という指摘には適切な認識が含まれている。

## Ⅲ　歴史的分析

### (1) 戦後第一段階

敗戦を経た占領下で政治・経済・社会の諸分野において旧制度の改革が進められたが、農民運動は農地改革過程で、労働運動とほぼ歩調を揃えて急速に高揚した。農民運動は新たな同時代的条件のもとで進められたのであり、その意味では、戦前農民運動は敗戦という区切りを経て史的分析の対象となった。けれども、敗戦直後の農民運動は、その指導者の多くが戦前農民運動にもかかわり、たたかいの「英雄」や「生き証人」がいたるところにいたのであったから、戦後農民運動がまったく新たな歴史的条件下で始められたわけではなかった。少なくとも主体的条件としては明らかに戦前農民運動との連続性がみられ、事実、運動家の多くは戦後農民運動を「再出発」ととらえていた。

このような状況下で敗戦直後にいくつかの戦前農民運動史が書かれているが[46]、それは「史的分析」というより、むしろ新たな運動への決意をともなう過去の再確認という様相がストレートにあらわれていた。

戦前農民運動が史的分析の対象として本格的に意識化され始めたのは、むしろ、眼の前の農民運動が農地改革の終了とともに急速に衰えるに至った一九五〇年代に入ってからであった。それを担ったのは、栗原百寿を主査として一九五三年に生まれた農民運動史研究会である[47]。この研究組織による成果は、栗原死後の一九六一年に『日本農民運動史』（東洋経済新報社）として刊行されたが、本書は一九五三年から五五年にかけての研究会の調査報告が基礎となっている。

栗原「**農民運動史研究の意義と方法**」は、この研究会における理論と実証に方向性を与えただけでなく、その後の農民運動史研究に大きな影響を与えた論文である。彼はこの論文で、従来の農民運動史を「資料的」、「農政的」、「運動家的」農民運動史の三形態に区分して批判的総括を行なったうえで、「農民運動を発展構造的に、換言すれば農業構造と農業理論と農民運動との相互規定的な展開過程として、把握すること」をめざす「科学的農民運動史」研究を提唱した。

栗原は他方で、実証研究として「岡山県農民運動の史的分析[48]」と「香川農民運動史の構造的研究[49]」をのこした。この二つの論文に貫かれている問題意識の核心は、「戦前の農民運動は、激しい輝かしい闘争をやってきたが大きくいえば負けたといえる。どうしてあの激しい輝かしい闘争が負けたかという原因、この弱い根源をつかんでおくことは、今後においても非常に重大だ[50]」という言葉にあらわれている。この問題意識は眼前の農民運動が脆くも衰退しつつあることに対する批判意識と連なっているが、いずれにせよ戦前農民運動の発生（高揚）と収束（解体）のメカニズムの分析こそが、彼の農民運動史研究の最大のテーマであった。したがって、栗原の研究の実証上の対象地域が、最も先進的に農民運動を展開させ、しかもその後退においても「先進性」を示した岡山と、戦前農民運動組織において最高水準を示しながら急速に解体した香川が選ばれたのは偶然ではなかったといえよう。

栗原「**農民運動の上り坂と下り坂**」にも右の問題意識と彼の農民運動史観が端的に語られている。すなわち、一九二〇年代後半に農民運動の「上り坂」と「下り坂」の分水嶺を認め、「上り坂」に対しては、(1)労農提携の素朴な意識、(2)小作料減免争議における対地主攻勢、(3)運動組織の積極性・持続性、「下り坂」に対しては、(1)脆弱な基礎の上に立った「農民運動の方向転換」、(2)貧農のヘゲモニーの未確立、(3)「小作争議一本槍」で反独占闘争への農民動員の失敗、(4)零細小地主との抗争による小作争議の小規模化、などがそれぞれ指摘されている。

栗原の「戦前の農民運動」[51]なる小文は、運動の五つの論点（指導理論上の問題、戦術・戦略の問題、農民の階級闘争の目標は何かということ、戦前の農民運動が敗北したということ、労農同盟について）にかかわる問題を箇条書き的に提出し、先述の日本資本主義論争（封建論争）に対して「革命論は外からきた感じが強い」、「革命論争は理論が実践に優位していた」と厳しい批判を加え、運動についても、「組織的な基盤が脆弱であった」、「貧農さえ全面的に参加しなかった」、「経済闘争から政治闘争への方向転換—非常に安易に行なわれた」、「地主一本槍の経済闘争の枠の拡大こそ、深刻にもっともっと早く下さるべきであった」、「素朴な労働同盟が上からの戦略的労農同盟に変えられた」などと問題点を列記している。これらの問題点の多くは、栗原の死（一九五五年）ののち、大島清、竹村奈良一、一柳茂次、山口武秀、遊上孝一を監修者として刊行された先述の『日本農民運動史』の諸論文で展開されている。

いずれにせよ、戦前農民運動史研究の基礎は栗原によって築かれたといって過言ではない。だが、栗原は、農民運動史研究の独自性を主張したが、それは客観的な農業構造分析との統一的・総合的把握のうちに位置づけられていたのであったから、栗原の問題提起のうちには、彼自身の農業問題研究において検出された農民的小商品生産の発展論

（小農論）と農民層分解の形態を農民運動の展開と関連させて分析する課題が内包されていたはずであった。しかし、この課題に対する意識的分析はこの時期には弱く、それが本格的に行なわれ始めたのは、次の「戦後第二段階」においてであった[52]。

ところで、先の『日本農民運動史』はこの時代の農民運動史研究のモニュメントであるが、所収論文はそれぞれ特徴があり、見解のちがいを内包していた。このうち遊上孝一「**農民運動の主体**」は、佐賀県基山村争議などの農民運動の実証をふまえて、(1)戦前農村における第一義的・基本的矛盾は小商品生産者農民との地主制の間にあり、「資本主義的階級関係」は第二義的であった、(2)したがって、戦前の農民組織の主体は、同時代の農民運動が主観的に貧農、半プロ、農業労働者の組織化を強調したにもかかわらず、客観的には小商品生産者農民（小作、小自作）であった、(3)大正期から昭和期にかけて小作争議が小作料の問題から土地問題に移行したことをもって農民運動が「革命的発展を示している」[53]とみることは誤りで、運動発展の指標を「主体的組織率の高まり」、「小作農の攻勢」、「小作人の団結の力」におくならば、昭和期の運動はいずれも否定的であり、逆にそれ以前の運動のほうが、大衆的基盤をもっていた、ことを指摘している。

しかし、同じく『日本農民運動史』所収の大島清「農民運動史の段階区分」は稲岡進の恐慌期土地闘争＝「革命的発展」論を退ける点では遊上論文と共通の結論に立ちながら、内実は、(1)恐慌期の土地問題争議（第二次高揚期）はそれ以前（第一次高揚期）に比して消極的・防衛的であるが、「耕作権の確立」から「土地を農民へ」のスローガンに示されるように、運動が地主的土地所有そのものの否定に向かって目標を明確にしたという意味では「発展」である、(2)「第二次高揚期」には農民組合による「高利及独占価格に対する闘争」、「重税及公課軽減のための闘争」、「無利子営農資金の貸与」などの反独占農民運動の萌芽形態が提起され農民運動史上に重要な意義をもった、としており、遊上論文とは明らかに異なったベクトルをもっていた。このベクトルのちがいは、次の「戦後第二段階」以降になるとよりはっきりとした分化を遂げ、一方で遊上論文は後述の西田美昭などの小作争議論に継承され、他方で大島論文は「貧農的」農民運動を評価しようとする後述の研究註（69）などや大島自身及び島袋善弘らの、戦前農民運動史のうちに反独占的方向を見出そうとする研究に連なっていった。[54]

一柳茂次「**農民の組織化**」の直接の課題は、当時の反独占農民運動の主体的・客観的条件を明らかにすることに置かれ、戦前農民運動はその限りで言及されているのであるが、この論文で注目すべきはその視角である。ここで論じられている主要テーマは、農民運動の内容が「反地主」か「反独占」かという問題そのものではなく、運動における「自然成長性」と「意識的計画性」（目的意識性）という問題である。[55]一柳は、戦前の小作農民運動がもっていた特徴は、何よりもその「ゆたかな自然成長性」にあり「具体的事実のうえにうちたてられた厚みのある大衆闘争の典型」であったことを強調する。そして、⑴横田英夫や須永好などは運動の自然成長的段階を体現したすぐれた指導者とみるべきであって、「右翼農本主義者」とか「右翼社民」「反共」とかの標識でのみ評価されるべきではないこと、⑵小作農民運動の戦術的発展が、歎願—土地返還—小作米不納—土地不返還というコースをたどったなかには、農民みずから歴史的体験の蓄積を通じて団結の内容を次第に強めていった階級的成長のいっさいが含まれていること、⑶戦前の農民運動に繰り返されてもちこまれた農業労働者・貧農を独自の組織にまとめるという左翼の方針が成果をみなかったのは、弾圧や階級意識の未熟さのためではなく、農業労働者や貧農には「小作農民」が「ながい醗酵期間」を通して獲得してきたような階級としての客観性がほとんどなかったからであること、などを指摘した。

一柳は、先の『日本農民運動史』にも、「寄生地主的土地所有と農民運動」、「恐慌と農民運動」、「全農全国会議派の歴史的意義」、「岐阜県農民運動史」、「寄生地主的大土地所有地帯の農民運動史」、「絹業・主蚕地帯の農民運動」の多くの論文を寄せており、栗原とともにこの時期に最も秀れた研究をのこしたが、彼の農民運動論の特徴は、運動における「自然成長性」を重視しようとする視角がみられることである。当時、右翼農本主義者とかダラ幹とされて

「運動家的運動史」からも排除されていた横田や須永が再評価されたのも一柳のこのような視角においてであり、彼の近代農民運動史研究に占める地位は、栗原らとともに大きい。特に先の「農民の組織化」は農民運動の思想史的分析として稀有のものである。

小作争議の個別実証分析は次の時期以降に著しく進むが、この時期にもいくつか注目すべき論文が、書かれていることは看過されてはならない。これらの論文は、今日の段階からみれば荒削りのようにみえるが、「生き証人」よりの聴取が縦横に利用されたり、執筆者みずからの生活の拠点である地域の性格を解明しようとする切実な問題意識がうかがわれたり、現代において失われがちな分析対象との生き生きとした対話がみられるのであって、雨宮謙「山梨県窪中島部落に於ける農民運動の基礎的解明」(56) 松尾尊兊「城南争議ノオト」などは、そのような論文のすぐれた例である。

雨宮論文は、一九二〇年代に勃発した山梨県における大鎌田村窪中島小作争議の基礎的条件を分析したものであるが、その分析は、日本資本主義の生成・発展のもとでの商品経済の農村社会への浸透と、具体的な地域社会における生活環境及び農民意識の変容の相互関連の究明という視角からなされており、その視角と実証方法において同時期に執筆された栗原の岡山や香川の分析と比較しても遜色がない水準をもっていた。

松尾論文は、一九二五年から二六年にかけて京都府久世郡御牧村・佐山村・綴喜郡美豆村の三か村に展開したいわゆる城南小作争議を対象としたものであるが、論文の基礎となっているのは一九五五年から五六年にかけて行なわれた争議参加者による座談会である。したがってこの論文は、座談会の記録という性格をもっているが、松尾の手によって整合的にまとめられ、(1)城南争議が京都府下の全地主対全小作貧農の階級闘争の性格をもっていたこと、(2)争議を通して二割の小作料永久減免が実現し、その結果、飯米と肥料代の確保など農民の生活が向上したこと、(3)争議が地主に対して打撃を与え、土地売却など地主の退却がみられたこと、(4)以上の結果、以後、佐山村、美豆村には争議が起らなくなったこと、(5)この城南争議にみられる農民運動勢力が第一回普選において「全国に於て唯一人の農村地区よりの当選者」として山本宣治を帝国議会に出す力となったこと、など後の小作争議研究においても注目される論点が指摘されている。(57)

鎌田久明「小作騒動から小作争議へ」の分析対象は、一八七三年に地券交付をめぐって惹き起こされた石川県鹿島郡良川村の小作騒擾と、一八九二年から一九〇二年にかけて永小作権をめぐって闘われた同郡一青村の小作争議である。前者は、地主の上級所有権にのみ排他的所有権を認めようとした維新政府の政策（地租改正）と請作（小作）の「耕作所有権」ともいうべき下級所有権の衝突の結果、その妥協の産物として良川村に永作権が設定されたこと、後者は、地主制の確立過程で地主側が小作人に残されている永小作権の廃絶を通告してきたことから生じた争議で、大審院に至る法廷闘争として展開されるが地主側の永小作権廃絶の意図は達せられなかったこと、が分析されている。この鎌田論文は、第一に、多くの小作争議研究が第一次大戦後に集中しているのに対して「地主制の発展期」の争議を対象としたものとして、第二に、本来、「分割所有」的・重畳的性格を有していた耕地における地主的土地所有と慣行小作権の対抗がどのようなかたちで推移したかを明らかにしたものとして、貴重な論点を含む。戦前小作争議における土地問題をめぐる対抗の歴史的性格を、農民組合の戦略の問題としてのみではなく、同一地片における地主と小作人の「土地支配権」の対抗という視角からとらえた論文は戦前から少なからず存在しており、(59)鎌田論文の客観的意義はこのような論点を歴史具体的に分析する手がかりを与えていることにある。(58)

この他、社会学の方面でもこの時期に農村調査が盛んに行なわれ、その中で戦前農民運動を村落構造の視点から分析した論文が書かれている。(60)

なお、この時期、一九五九年から六二年にかけて青木恵一郎の大著『日本農民運動史』（全五巻及び補巻）が、一九六〇年に農民組合史刊行会編『農民組合運動史』が、それぞれ刊行された。これらは栗原の分類によれば「資料的農民運動史」に入ると思われるが、いずれも中途半端なそれではなく、農民運動史の画期的な修史事業として当該分野の研究に大きく稗益することとなった（青木の著書は一九六一年度毎日出版文化賞受賞）。「近来、農民運動に関する歴史叙述の仕事を議論ですりかえて、資料的には青木の仕事を一歩も出ないといって良いような、論文、書物がみられる(61)」という批判があるが、この批判は部分的には認められる。

## (2)　戦後第二段階

ここで対象とするのは主として一九六〇年代後半から七〇年前後の研究である。この時期には、日本経済の高度成長と産業構造の変化にともなって農業部門の比重が著しく低下し、日本社会の農村的構成は巨大な変貌を蒙り、農民の主体的な運動と組織も衰滅に近い状況を呈した。旧来の社会構造の変化は農村調査などの研究条件や研究の課題意識の変質をもたらし、「戦後第一段階」の農民運動史研究とその対象の間に多少とも残っていた即自的一体性もほぼ払拭されるに至った。それだけ研究対象の客体化が進行したわけである。

このような中で、この時期以降の農民運動史研究は、労働運動史における争議史分析の重視(62)とほぼ軌を一にして、主として小作争議分析を基礎として展開されていくようになった。この小作争議研究の特質は、第一に、農民（組合）運動が各地で展開された小作争議のあり方に規定されているという視点にたち、第二に、争議主体の存在形態、要求の性格、その帰結など争議の内部構造を客観的に分析することを通して社会経済的・政治的構造を明らかにしようという問題意識をもち、したがって第三に、それは争議＝運動史そのものとして完結するのではなく、当該時期の経済構造、政策体系、政治過程の分析へ連結していく方向を内包していたことである。

酒井惇一「昭和恐慌期における『貧農的』農民運動の研究(63)」と西田美昭「小農経営発展と小作争議」は、このような小作争議＝農民運動史研究の方向に大きな影響を与えた論文である。

酒井論文は、山形県村山地方の農民運動の分析を通して、栗原のいう「貧農的な第二期農民運動」の発生・高揚・衰退のメカニズムを明らかにすることを課題とし、次の諸点を指摘した。

(1)早期から農民的小商品生産が発展していた村山地方は「大正期」にその傾向をさらに強め、水稲生産力の上昇・安定、養蚕業の普及と繭価の有利性、副業としての草履表生産の発達などを通して「農民の自立化」が進んだ。(2)この「自立化」は運動発生の可能性の形成を意味したが、それが現実に転化する契機となったのは昭和恐慌による農民の極度の、急速な窮乏化であった、(3)この過程で村山地方の農民運動＝小作争議は急激に高揚し、一九二八年から三〇年にかけて全農山形県連は幅広い小作料減免闘争・土地取上げ反対闘争をくり広げ、現実に要求を実現し、組織の拡大も進んだ、(4)恐慌下の攻撃的小作争議は一九三〇年の弾圧事件（小田島事件）を転機として影をひそめ全農組織も潰滅的打撃を受けた、(5)この運動は小作料減免闘争のほかに「養蚕農民救済」、「税金軽減」、「電灯料値下げ」、「村内民主化」、「借金棒引」など多面的な闘争をも展開し、少なくない成果を挙げた、(6)これらの運動の主体的推進力となったのは小作貧農（〇・五〜一町）・中農下層（一〜一・五町）であった。

以上の分析をもとにこの論文は、村山地方の農民運動を庄内地方の「中富農的農民運動」と対照させて「貧農的農民運動」と性格づけ、その上で、農民運動の主体を「小所有・小商品生産者としての中農層」とした先述の遊上論文を一面的であると批判し、「戦前農民運動には、中富農層を主体とする農民運動と貧農層を主体とする農民運動があり、それは商品生産のなかで分解した中富農層と貧農層が現存するという事実の反映であり、それ等が統一し得る根拠として半封建的地主制に対する闘争があった」と結論づけた。

右の酒井論文で指摘された農民運動主体の階層的差異は、主として地域的差違を内実とするものであったが（村山地方＝貧農的農民運動、庄内地方＝中富農的農民運動）、新潟県北蒲原郡における「三升米事件」という一定地域で展開された小作争議の内部構造に農家経営の階層的差異を検証するという視角で争議分析を行なったのは、先の西田論文である。その要点は、⑴農民的小商品生産の進展を通して小作農民層が、米を販売する「商品生産小作農」と米を購入する「飯米購入小作農」という存在形態の異なる二階層に分化するに至ったこと、⑵「大正期」に小作争議が高揚した条件は、右の二階層が高米価局面において、米販売者と購入者という全く異なった立場からではあるが高率現物小作料に対して反発を強め、反地主運動に統一して立ち上ったことに見出されること、⑶逆に、争議衰退の条件は、小作争議が激烈かつ長期にわたる中でこの二階層の小作農の利害が分化し、むしろ下層の小作人が脱落して小作農の階層的統一が分裂したことにあること、という主張にある。

西田は「小作争議の展開」という別稿で、研究者としての最初の仕事であるこの論文ができあがる過程を紹介しており、これと併せて読むと問題意識がよくわかる。それによれば、彼の出発点の問題関心が、「世界史的段階としての大農場制の優位が証明されている現在」の日本における零細規模農業のメカニズムにあり、その具体的分析として「農民経営・農民層分解のあり方が小作争議＝農民闘争のあり方をどのように規定しているのか、このことの追究のなかにこそ、零細農耕制を基調とする日本農業の特質を説き明かす鍵が存在すると考えた」としている。したがって西田の小作争議論は農民層分解論と不可分であるが、争議にそくして言えば先の論文のポイントは、戦前農民運動の原動力をいわゆる「貧農のエネルギー」にではなく、農民的小商品生産の発展を体現する「商品生産小作農」（小作料飯米部分を生産物から差引いてなお自己の手元に剰余が残り、しかもこの剰余部分の販売を目的として再生産を行なう小作農）のうちに見出したことにある。西田はこののち、北海道蜂須賀農場争議[65]や山梨県英村争議[66]など多くの小作争議分析を手がけていくが、「三升米事件」分析で提出した基調は変わっておらず[67]、先の酒井論文に対しても、酒井が農民運動の主体とした「貧農」には存在形態の異なる二層の小作層がみられるとして、村山地方の農民運動を「貧農的」とすることの批判も行なっている[68]。

西田や酒井の行なった実証分析と問題提起はその後、「貧農的」農民運動の評価[69]、「商品生産小作農」と農民的小商品生産の規定[70]、米価と争議の関係[71]、などの問題をめぐる議論をともないながら新たな研究が蓄積されてきているが、右の二つの論文は、先の「戦後第一段階」の農民運動史研究——特に栗原——を強く意識しており、その意味で「戦後第一段階」の延長線上に位置づけられる仕事でもあった。

「戦後第一段階」からこの時期にかけてのもう一つの重要な研究は、暉峻衆三を中心とする農村調査から生み出された諸成果[72]であり暉峻自身の農業問題研究[73]のなかで行なわれた小作争議分析である。

このうち暉峻『日本農業問題の展開』上、の特徴は、日本近代の農業問題の動態分析を市場論（とりわけ労働市場）を媒介として行なったことにあるが、第一次大戦後の小作争議の展開論理もこのような分析のなかで位置づけられている。すなわち、第一次大戦後の資本主義発展のもとで、近畿など先進農業地域において賃銀労働市場と農民的小商品生産の進展がみられ、そこで小作農民の自家労働に対する価値意識の覚醒がすすみ、「C＋V」（肥料代、農具損料などの自家労働）の確保要求が形成され、それが地主の高額現物小作料収取と衝突するに至る、という点に小作争議発生の構造的要因を求め、同時に「V」要求水準（農業日雇賃銀水準）の低さのうちに争議の限界をもみているのである。

暉峻の農業問題研究には、先の資本主義論争段階で瞥見した猪俣＝櫛田的な（戦後では大内力的な）日本資本主義の「小農制」存続・維持の理解の仕方と、野呂＝山田的な「半封建的」基底論とを、いかに総合するかという緊張関係が強くみられ、その具体化が市場論を媒介とする農業問題分析となっているのであるが、暉峻の小作争議論はこのような農業問題分析の特徴が凝縮して表現されている。それゆえ、この小作争議分析は、戦前日本資本主義と農業問題の相互規定関係の理解の仕方と密接にかかわって、その後の研究においても里程標としての地位を占めていくことになった。

以上、栗原が、「農民運動の科学的分析が単純に孤立的にではなくて、農業問題の理論の全体系の一環として、全体系と不可分の緊密な関連において行なわなければならない」と述べたことは、右にみたこの時代の争議分析において具体化する方向をもつに至った。さらに、今日では、国家の政策や政治支配・法体制と結びつけられて（或いは、それらの研究のうちに組み込まれて）研究が進められ、注目すべき成果があらわれている。(74)その意味では、本稿で述べた時期以降の近代農民運動史研究は、運動の「孤立的」論理で語られる傾向が強かった従来の限界を克服しながら、新たなひろがりをもって進展を迎えているということができる。だが反面、運動史が農業構造論や政策・政治体制論に組み込まれるとともに、運動の固有性・独自性をその歴史性において把握する視角が後退し、「農民運動の世界」を独自に追求する問題意識が弱まっていることは、逆の問題として残されている。そのことは、一方で、運動のいわば共時的構造連関のみに焦点があてられることで、それ以前の歴史との連関が語られることが少なくなり、他方で、農民組合運動史研究と小作争議分析の間に一定の断絶がみられることなど、ある意味で逆の狭さをみせていることのうちにもあらわれている。

しかし、冒頭で述べたように、農民一揆研究と比べて一時代以上の時差をもってスタートした近代農民運動史研究は、史学史的にみてむしろまだ新しい分野であるといってよいだろう。

註

（1）高島一郎「農民運動に関する考察」『農政研究』第一一巻第一一号、一九三二年。
（2）古瀬伝蔵「農民運動と指導者」（同右）。
（3）この点について、協調会『最近の社会運動』（一九二九年）でも、一九二〇年代までの「農民運動は地主小作人を打って一丸としたる生産者の運動であると解せられていた」（四一八頁）としている。
（4）夏目漱石「『土』に就て」『漱石全集』第一一巻、岩波書店、一九五七年、三三八頁。
（5）中沢弁治郎『農民生活と小作問題』巌松堂書店、一九二四年、一一七〜一一八頁。

(6) 牧原憲夫「明治社会主義の農民問題論」『歴史評論』第三三九号、一九七八年。

(7) ①の時期に属する一九二〇～三〇年代に史的分析の対象として本格的に研究が開始された「農民運動史」は、農民（百姓）一揆であって、本庄栄次郎、佐野学、小野武夫、木村靖二、黒正巌、田村栄太郎らの労作があいつぎ、その後の研究の基礎が築かれた。またこの時期には、各県当局（内務部や農務部）によって、それぞれの地域における農民一揆の史料調査が活発に行なわれているが、この動きは同時期における眼前の農民運動の展開を反映したものであった。

なお、農民一揆研究の現段階については『一揆』（全五巻、東京大学出版会、一九八一年）参照。また、この「歴史科学大系」では、第二二巻、二三巻の『農民闘争史』（校倉書房）が当該分野の研究を収録している。

(8) 拙稿「日本農民組合成立史論Ⅰ　日農創立と石黒農政のあいだ――第三回ＩＬＯ総会――」参照『金沢大学経済学部論集』第五巻第一号、一九八四年（本書収録）。

(9) 農業関係ジャーナリストの組織的動向については、鈴木正幸「大正期農民政治思想の一側面（上）、（下）」『日本史研究』第一七三、一七四号、一九七七年。

(10) この二人は、ともに埼玉県に生まれ、新聞記者などを経て岐阜県農民運動のリーダーとなったという点で、似た経歴をもっている。

(11) 山崎春成「解題」『明治大正農政経済名著集12　農村革命論・農村救済論』農文協、一九七八年。

(12) 横田英夫『小作問題研究』巌松堂書店、一九三二年、三〇四頁。

(13) 横田の著述に関する時期区分は、大門正克「横田英夫と小作収支計算書」（『岐阜近代史研究』創刊号、一九七八年）が行なっているが、本稿も基本的に同じである。

(14) 栗原百寿「帝国農会を中心とした系統農会の農政運動史」（『栗原百寿著作集』Ⅴ、校倉書房、一九七九年）、『日本農業発達史』第七巻、中央公論社、一九五五年、宮崎隆次「大正デモクラシー期の農村と政党（一）」（『国家学会雑誌』第九三巻第七・八号）、玉真之介「系統農会による米投売防止運動の歴史的性格」（岡山大学産業経営研究会『研究報告』第二三巻）など。

(15) 中沢は一九三〇年代以降も『農村問題講話』（改造社、一九三〇年）、『窮乏農村の再建方策』（大東出版社、一九三四年）、『都市農村相関経済論』（時潮社、一九三五年）、『蚕糸統制経済講話』（一九三六年）など多くの著書を出している。

(16) 那須皓『農政論考』岩波書店、一九二八年、所収。
(17) 『小作問題研究』後篇第六章。なお、横田と小作収支計算書については、前掲大門論文参照。
(18) 前掲『農政論考』二二九頁。
(19) 『現下の農民運動』同人社、一九二二年、一九五頁。
(20) 前掲『農民生活と小作問題』一四一～一四二頁。
(21) 同右、一四二頁。
(22) 同右。
(23) 那須皓『農村問題と社会理想』岩波書店、一九二四年、三六四～三六五頁。
(24) 「戦前の農民運動」(『栗原百寿作集』Ⅵ、校倉書房、一九八一年、所収)。
(25) 林宥一・安田浩「社会運動の変化」『講座日本歴史9　近代3』東京大学出版会、一九八五年、参照。
(26) 日本資本主義論争に関する文献はきわめて多いが、近年のものでは長岡新吉『日本資本主義論争の群像』ミネルヴァ書房、一九八四年、G. A. Hoston, *Marxism and the Crisis of Development in Prewar Japan*, Princeton Univ. Press 1986、大石嘉一郎「『日本資本主義発達史講座』刊行事情」(『日本資本主義発達史講座刊行五十周年記念復刻版　別冊1　解説・資料』一九八四年)、山崎隆三『近代日本経済史の基本問題』ミネルヴァ書房、一九八九年、など。なお、大石嘉一郎編集・解説『歴史科学大系9　日本資本主義と農業問題』校倉書房、一九七六年、も参照。
(27) 「猪俣津南雄氏著『現代日本ブルジョワジーの政治的地位』を評す」『思想』一九二九年四月。
(28) 『太陽』一九二七年一一月。
(29) この論文を含む猪俣理論の詳細な紹介は、大島清「猪俣津南雄――その生涯と農業論・戦略論」(同『人に志あり』一九七四年、所収)。本稿の猪俣紹介も右に負う所が大きい。なお、本書に収録した猪俣論文の伏字部分のルビは、猪俣津南雄『横断左翼論と日本人民戦線』而立書房、一九七四年、所収の同論文によった。
(30) 『プロレタリア科学』一九三〇年一一月。なお村上の全著作は中村福治の解説が付せられて『日本における地主的土地所有の危機』(文理閣、一九八八年)として刊行された。
(31) ただし、村上が「封建的搾取一般の前提であり社会的条件」として分散的小農民の圧倒的存在とその競争を位置づけていたことは猪俣との共通項として留意されなければならない。
(32) 野村耕作(村上吉作)「小作料全廃闘争について」『プロレタリア科学』一九三二年一月。
(33) 『大原社会問題研究所雑誌』第八巻第一〇号、一九三一年六月。
(34) 「解党派の農業理論批判」『プロレタリア科学』一九三二年八月、「櫛田氏地代論の反動性」『中央公論』一九三一年一〇月。
(35) 「猪俣津南雄並に日本経済研究会の地代論について」『プロレタリア科学』一九三一年八月。
(36) 「半封建時代論」『改造』一九三五年一二月。
(37) 「櫛田民蔵氏の理論傾向」『経済評論』一九三五年一〜二月。
(38) 『経済評論』一九三七年一月。
(39) 「村上吉作の経歴と学問」前掲『日本における地主的土地所有の危機』。
(40) 村上が「小商品生産者」としての農民の存在形態に注目したことは確かに重要なことであるが、ただこの論文を栗原的「対抗」と結びつけるのは無理である。むしろそれは、八木沢善次などが一九二〇年代後半の農民運動の潮流に看取していた「より一層地主を対象にしてゐる運動」と「より一層経営に向けてゐる運動」という並列的認識に近い(「我国農民運動の二潮流」『解放』一九二六年一〇月)。
(41) 石堂清倫・山辺健太郎編『コミンテルン　日本にかんするテーゼ集』青木文庫、一九六一年、全農全国会議常任全国委員会編『全農全国会議とは何か』一九三二年、など参照。
(42) この点に関しては、一柳茂次「全農全会派の歴史的意義」(農民運動史研究会編『日本農民運動史』東洋経済新報社、一九六一年)が詳しく追っている。
(43) コミンテルンの世界戦略において、この二つの革命論自身が「中進国革命」の二つのあり方として揺れ動いていたことについては、加藤哲郎「『三二年テーゼ』の周辺と射程——コミンテルンの『中進国革命』論」(上)(下)『思想』第六九三、六九四号、一九八二年三・四月。
(44) 山辺健太郎「指導イデオロギーと農民運動」前掲『日本農民運動史』所収。
(45) 前掲一柳論文。
(46) 稲岡進『農民運動史』日本科学社、一九四六年、青木恵一郎『日本農民運動史』民主評論社、一九四七年、黒田寿雄・池田恒雄『日本農民組合史』新地書房、一九四九年、など。

(47) この研究会については『栗原百寿著作集』Ⅵ（校倉書房、一九八一年）の解説（一柳茂次執筆）参照。

(48) 同右所収。

(49) 『栗原百寿著作集』Ⅶ、校倉書房、一九八二年、所収。

(50) 「戦前の農民運動」前掲『栗原百寿著作集』Ⅵ、四二頁。

(51) 同右。

(52) 栗原の農民運動史研究について詳しくは、拙稿「農民運動史論」『栗原百寿農業理論の射程』所収、一九九〇年〔本書収録〕。

(53) 稲岡進『日本農民運動史』青木書店、一九五四年。この原型は『日本資本主義発達史講座』の第六回配本の「農民の状態及び農民運動小史」（一九三三年）であるが、まともに読めないほど文章が削りとられて出版された。ただ、「此の期（恐慌期）に於ける農民運動は、質的にも組織的にも、……………〔革命的発展〕を遂げて居る」という叙述にみられるように、基本認識は戦後刊行されたものと同じである。

(54) 大島清「昭和恐慌と反独占農民運動」法政大学経済学会『経済志林』第四八巻第三号、一九八〇年、同「昭和恐慌下の農民委員会運動」（同第五一巻第二号、一九八三年）、島袋善弘「一九二〇～三〇年代における農民運動の展開」（山梨県立女子短期大学『紀要』第一三号、一九八〇年）、同「農民大会、村民大会運動の展開」（同第一四号、一九八一年）、同「農民委員会運動の展開」（同第一五号、一九八二年）、同「一九二〇～三〇年代における小作争議の展開」（同第一六号、一九八三年）。

(55) 農民の自然成長と運動の目的意識をめぐる関係は、一九二〇年代後半における「無産階級運動の方向転換」期に発生した論争的問題でもあった。青野季吉「自然生長と目的意識」『文芸戦線』一九二六年九月、同「自然生長と目的意識再論」同、一九二七年一月、渋谷定輔『農民哀史』勁草書房、一九七〇年、など参照。

(56) 『日本史研究』第三二九号、一九九〇年。なおこの論文は一九五三年度に中央大学経済学部へ提出された卒業論文である。

(57) ただし、この松尾論文には御牧村についての叙述が欠落している。この点については、野田公夫「城南小作争議を契機とする農業構造再編と農民的小商品生産の展開」同『戦間期農業問題の基礎構造』第二章、文理閣、一九八九年、参照。

(58) 末弘厳太郎『農村法律問題』改造社、一九二四年、参照。
(59) 小野武夫『農民運動の現在及将来』日本学術普及会、一九二五年、布施辰治「土地闘争を顧みて——封建的小作慣行の分析とその証明に関する序説——」(一)～(五)『経済評論』一九三六年一〇、一一、一二月、一九三七年三、五月。なお、最近では川口由彦『近代日本の土地法観念』東京大学出版会、一九九〇年、が注目される。
(60) 村落社会研究会編『農地改革と農民運動』(時潮社、一九五五年)所収の各論文、同『政治体制と村落』(時潮社、一九六〇年)所収の河村望「小作争議期における村落体制」など。
(61) 内海庫一郎「青木恵一郎覚書」『武蔵大学論集』第二八第二・三号、一九八〇年。
(62) 労働運動史研究における「組合研究から争議研究」への移行については二村一夫「労働運動史(戦前編)」(労働問題文献研究会編『文献研究・日本労働問題(増補版)』総合労働研究所、一九七一年。
(63) 東北大学農学部農業経営学研究室『農業経済研究報告』第六号、一九六五年。
(64) 古島敏雄ほか編『明治大正郷土史研究法』朝倉書房、一九七〇年、所収。
(65) 「農民闘争の展開と地主制の後退」『歴史学研究』第三四三号、一九六八年。
(66) 「養蚕製糸地帯における地主経営の構造」永原慶二ほか『日本地主制の構成と段階』東京大学出版会、一九七二年。
(67) 西田がその後、「他の誰よりも農民的小商品生産の発展を高く評価する論者に変貌」したという見方もあるが(中村政則「アメリカにおける最近の日本地主制・小作争議研究の動向」『歴史学研究』第五七六号、一九八八年)、右のポイントからすれば基本は変っていない。
(68) 「昭和恐慌期における農民運動の特質」東京大学社会科学研究所編『ファシズム期の国家と社会Ⅰ　昭和恐慌』東京大学出版会、一九七八年。
(69) 中村政則『近代日本地主制史研究』第四章、東京大学出版会、一九七九年、拙稿「農民運動史研究の課題と方法」『歴史評論』第三〇〇号、一九七五年〔本書収録〕、同「昭和恐慌下小作争議の歴史的性格」大江志乃夫編『日本ファシズムの形成と農村』校倉書房、一九七八年〔本書収録〕。
(70) 中村政則前掲論文(註67)。
(71) 牛山敬二『農民層分解の構造』第一章、御茶の水書房、一九七五年。

(72)　暉峻衆三編『地主制と米騒動』東京大学出版会、一九五八年、金原左門『大正デモクラシーの社会的形成』青木書店、一九六七年、牛山前掲書など。

(73)　『日本農業問題の展開』上、東京大学出版会、一九七〇年、下巻は一九八四年。

(74)　西田美昭編著『昭和恐慌下の農村社会運動』御茶の水書房、一九七八年、安田常雄『日本ファシズムと民衆運動』れんが書房新社、一九七九年、森武麿編『近代農民運動と支配体制』柏書房、一九八五年、伊藤正直・大門正克・鈴木正幸『戦間期の日本農村』世界思想社、一九八八年、斎藤仁『農業問題の展開と自治村落』日本経済評論社、一九八九年、長原豊『天皇制国家と農民』日本経済評論社、一九八九年、三好正喜編著『戦間期近畿農業と農民運動』校倉書房、一九八九年、坂根嘉弘『戦間期農地政策史研究』九州大学出版会、一九九〇年、川口由彦『近代日本の土地法観念』東京大学出版会、一九九〇年、など。

〔追記〕　当初の予定では、大島清「農民運動史の段階区分」（前掲『日本農民運動史』所収）および酒井惇一「昭和恐慌期における『貧農的』農民運動の研究」（右の註（63））をも収録する予定であったが、紙数の関係で解説で触れるのみにとどめざるをえなかった。また、この他の貴重な蓄積（たとえば中村吉治編『宮城県農民運動史』日本評論社、一九六八年、など）についても、著者の不手際で言及できなかったことをお詫びする。

## 【出典一覧】

1 『歴史学研究』第三八九号、一九七二年
2 『歴史評論』第三〇〇号、一九七五年
3 『歴史学研究』第四四二号、一九七七年
4 世界政治経済研究所『季刊　世界政経』第六四号、一九七八年
5 大江志乃夫編『日本ファシズムの形成と農村』校倉書房、一九七八年
6 『史学雑誌』第八八巻第九号、一九七九年
7 『歴史学研究』第四八九号、一九八一年
8 金沢大学経済学部『金沢大学経済学部論集』第五巻第一号、一九八四年
9 京都民科歴史部会『新しい歴史学のために』第一八〇号、一九八五年
10 『歴史評論』第四三五号、一九八六年
11 西田美昭・森武麿・栗原るみ編著『栗原百寿農業理論の射程』八朔社、一九九〇年
12 編集・金原左門、解説・林宥一『歴史科学大系　第二四巻　農民運動史』校倉書房、一九九一年

# 【解説】 林宥一氏の近代日本農民運動史研究

大門正克
西田美昭

## はじめに

一九七二年から一九九九年までの、二八年間にわたる研究生活を通じて、林宥一氏は、「貧農的農民運動論」と「地域的公共関係論」という二つのテーマを追究してきた。このテーマにもとづくとき、林氏の研究生活は、大きく三つの時期に区分することができる。第Ⅰ期は、「貧農的農民運動論」に全精力をつぎこんだ一九七二年から一九八一年までであり、第Ⅱ期は、長野県埴科郡五加村の共同研究を転機として、「貧農的農民運動論」から次のテーマへと移行していった一九八二年から一九九〇年までであり、第Ⅲ期は、五加村の共同研究をまとめ、「地域的公共関係論」を本格的に展開した一九九一年から一九九九年までである。

右の時期区分のうち、本書には、二〇歳代半ばにして近代日本農民運動史の研究者として歩み始め、研究成果を積み重ねた第Ⅰ期・第Ⅱ期の論文・批評をおさめている。本書に先立ち、今年六月には、林氏の第Ⅲ期の研究をまとめた『「無産階級」の時代』（青木書店）が発刊されており、本書の出版と同じ九月には、林氏の書評や批評・エッセイに追悼文を加えた『銀輪』（金沢大学経済学部『銀輪』刊行委員会、十月社）も刊行の運びとなっている。

林氏の死後、本書を含めて三冊の氏の著作が刊行されたことになる。これらの著作に、先の五加村の研究成果をまとめた『近代日本の行政村』（大石嘉一郎・西田美昭編著、日本経済評論社、一九九一年）を加えることにより、私たちは第Ⅰ期から第Ⅲ期に至る、林宥一氏の研究の全生涯をほぼ正確に知ることができる。

## 一　本書の編集方針

林氏の遺されたノートによれば、林氏は生前に農民運動史研究を二冊にまとめる計画をもっていたようである。一冊は『近代農民運動史論』と題したものであり、そこには「農民運動史研究の課題と方法」（本書2）から「階級の成立と地域社会」（一九九三年、前掲『「無産階級」の時代』収録）までの一三本の論文・批評が配列されていた。もう一冊は、『「農民哀史」の世界』と題したものであり、主に一九七〇年代に執筆した埼玉県南畑村小作争議の研究、農民自治会論が並べられていた。『「農民哀史」の世界』は、林氏の重要な研究テーマであり、これだけで一書にまとめることも魅力的であったが、二冊に分けてしまうと、林氏の研究の軌跡がかえって見えにくくなると判断し、本書のようなかたちで一書にまとめることにした。なお、本書のタイトルは、林氏自身が考案した『近代農民運動史論』をもとにして名づけたものである。

一九七二年、二〇歳代半ばのときに「小作地返還闘争と地主制の後退」（本書1）を発表して研究をスタートさせた林宥一氏は、一九七九年の「昭和恐慌下小作争議の歴史的性格」（本書5）までの短い期間に数多くの研究成果を発表して、近代日本農民運動史研究の峰を一挙に築いた。いま、その過程をふりかえってみても、研究の密度の濃さに感銘をうける。林氏は、この間、自ら提起した研究課題に自ら応えながら研究の道を切り開いていた。本書の編集にあたっては、この研究過程がよくわかるように示すことを第一と考え、論文を年代順に収録することにした。林氏自身が本書を作成するのであれば、別様の編集方法もあったであろうが、年代順に収録することが、林氏の研究の軌跡を理解し、さらには一九七〇年代から八〇年代初めにかけての日本近代史研究を理解するうえで意味があると判断したからである。

林氏は、研究の当初からすぐれた批評家であり、数多くの批評論文や書評を書き残している。氏の研究の方法や課題を知るためには、こうした批評を欠かすことができないと判断し、書評も含めた一二本の論文・批評で本書を構成した。この一二本によって私たちは、一九七〇年代から一九八〇年代という時代にあった林宥一氏が、何を考え、何に問題関心を寄せ、何を実証したのかという、一人の研究者の軌跡をよく知ることができるはずである。

## 二　第Ⅰ期の特徴

はじめて書かれた論文には、著者のその後の問題関心や研究の方向性が胚胎していることが少なくない。林宥一氏の最初の論文「小作地返還闘争と地主制の後退」（本書1）も、そのひとつである。卒業論文に手を加え、二五歳のときに『歴史学研究』に発表されたこの論文は、その後の林氏の研究の出発点を形づくるものとなった。県庁文書や地主資料を利用して、埼玉県入間郡南畑村の小作地返還闘争を分析したこの論文で、林氏は小作地返還闘争の意義を次の二点にまとめている。第一は、小作地返還闘争は商品経済の展開した地域で発生しており、その意味で地主的土地所有の後退の必然性を示していたこと、第二に、小作地返還闘争は正確には小作地共同返還闘争としての性格をもっていたことである。とくに後者の点は重要であり、小作農民がかれら自身の団結を一つの権利として要求していたことに注目した林氏は、そこに「人間として生きるべき生存権の思想の萌芽」をみることができる、と指摘した。小作農民の小商品生産者化にもとづく要求が、「不可避的に政治的自由と民主主義的諸権利の要求へと発展せざるをえない」のが大正期以降の農民運動の特徴であり、この「生存権の思想の萌芽」は、「必然的に『土地と自由、民主主義の獲得』への要求へと発展し」、これらは「やがて昭和初期の新しい段階の農民運動へひきつがれていく」というのが本論文の展望であった（以上、傍点、引用者）。

ここには、林氏ののちの研究につながる問題関心がすでにはっきりと示されていた。それは第一に、小作争議は生存権の要求に結びつかざるをえないという指摘であり、第二に、農民運動の政治史的分析の必要性、その点とかかわった昭和初期の農民運動史研究の必要性が自覚されていたことである。この二つの点は密接に関連しており、林氏はその後、この課題に精力的にとりくむことになる。

いま、その経過を追いながら林氏の問題関心の推移を跡づけてみよう。「農民運動史研究の課題と方法」（本書2）は、一九七五年に書かれた研究史整理の論文であるが、単なる整理の域を越えた一個の批評として、農民運動史研究に重要な提言をしたものであった。

林氏はここでまず、農民運動＝小作争議の研究として西田美昭をとりあげ、昭和恐慌期の農民運動を消極的・防衛的なものとする西田の評価を批判し、「耕作権の確立」「土地を農民へ」という農民組合のスローガンをみても、昭和恐慌期の農民運動は、「地主的土地所有権に対抗する農民的所有権の積極的主張にまでつき進んだ」（傍点、原文）と評価すべきだと強調した。いっぽうで、大正デモクラシー研究と農民運動史研究を接続させた金原左門氏に対しては、その成果を認めつつも、農民運動が一九二〇年代半ばになると「協調主義・体制順応主義→国家主義の線で構造化し、一本化していく」という把握に批判を投げかけた。林氏は、一九二五年の「小作調停法とその運用過程」が、「小作調停法体制ともいうべき国家権力による新しい法体系の創出」につながったことを認めつつも、一九二〇年代半ばの農民運動はいまだ「流動的、過渡的」であることを強調し、とりわけ昭和恐慌期の農民運動の歴史的性格を考察し、恐慌期農民運動と日本ファシズムの農村再編過程との関連を考える必要があることを論じた。

右のような批判をもとに、林氏は農民運動史研究の今後の課題を次のように設定した。

(a)「農民運動を、日本帝国主義の歴史過程における人民諸階層の総体的な階級闘争の一翼として位置づけながら、そのうえで、それが国家権力による社会的政治的編成の各段階において如何なる階級対抗をしめし、その対抗の中でどのような変革主体を形成していったかという、いわば歴史（とりわけその集中的表現としての政治史）学の問題としての課題が日程にのぼってきているように思われる」。

(b)「我々の次の課題は、すでに地主制との関連でのべた、昭和恐慌期の貧農を中心とする農民運動の現実と課題が、以上に述べた日本ファシズムの農村浸透・支配過程にあって、どのようなものであったのか、又は、ありえたのか、を追究することにある」。

歴史学、「とりわけその集中的表現としての政治史」学の課題が日程にのぼっていると提起した(a)、および昭和恐慌期における貧農的農民運動の研究の必要性を提起した(b)は、（本書1）の問題関心の延長線上にある課題であり、研究史の整理にもとづいてさらに明確に位置づけられたものである。そして林氏は、その後、自らの提起に自ら応えるべく研究を次々と発表していく。

(a)の提起にこたえるべく書かれたのが、「初期小作争議の展開と大正期農村政治状況の一考察」（本書3）と「農民自治会論」（本書4）であり、(b)の提起に対して本格的にとりくんだのが、「昭和恐慌下小作争議の歴史的性格」（本書5）であった。

一九七七年に発表された（本書3）では、冒頭に(a)の文章が引用されており、「農民運動の歴史的評価は、その経済的構造分析のみでは完結しえない不十分さ」があり、「運動のもつ政治的性格、すなわち、運動主体の政治的実践のあり方と政治状況へのかかわり方の関連の分析」が必要であると指摘している。こうした研究史への批判＝課題の設定のうえに、林氏は一九二一年から一九二三年の埼玉県庁文書を駆使して、当該時期の農村政治状況を分析し、とくにこの時期の小作争議指導者には、日露戦後の地方改良運動の関係者が少なくないこと、地主と小作人を仲介する村長・農会長などの役割が大きいことなどを指摘して、地主・小作間の本格的対立は一九二〇年代後半以降にもちこされるとした。

ついで、一九七八年に書かれた（本書4）は、埼玉県における農民自治会運動を本格的に検討したものであり、反都市主義を標榜しながらも農村の自治を模索した農民自治会が一九二〇年代後半にあらわれたことに注目して、林氏はあらためて一九二〇年代後半の「過渡的」「流動的」性格を強調している。

以上二つの論文と(b)の提起を受けとめて書かれた（本書5）は、昭和恐慌期の小作争議研究の水準を一挙に引き上げた重要な成果となった。それまで、昭和恐慌期における小作争議研究には、山形県村山地方の争議を分析した酒井惇一氏の研究や、山梨県英村争議を分析した西田美昭の研究などに限られており、しかも二つの研究の方法と結論はまったく対照的という研究状況を確認した上で、林氏は、恐慌期の小作争議として有名な長野県埴科郡五加村を対象地に選び、本格的な分析を行った。

（本書5）の大きな功績は、『所得調査簿』を活用して、昭和恐慌期固有の農民層分解の特質と対抗の構図を歴史具体的に示したことであった。『所得調査簿』を用いた小作争議研究は、それまで西田らによって手がけられていた。だが、昭和恐慌期を対象にした西田の英村争議の分析では、一九二二年の『所得調査簿』が用いられており、昭和恐慌期固有の農民層分解が検討できていたわけではなかった。この点で林氏の研究は、従来の実証水準を大きく引き上げ、恐慌期の『所得調査簿』を用いて階層別所得構成の変化を詳細に検討し、恐慌期固有の農民層分解（全般的落層）と対抗の構図を歴史具体的に描き出すことに成功した。ここに、（本書5）の画期的成果があったといっていいだろう。

以上の分析をふまえ、林氏は、中農的基盤の弱い五加村内川部落でおきた小作争議は、田小作料軽減要求をかかげた下層の自小作・小作農を主体とする貧農的農民運動として展開したことを実証的に明らかにした。ここで林氏は、昭和恐慌期の小作争議の論理は、「経営的前進の論理から生活防衛の論理に移って」いかざるをえなかったことを実証的に示したのであり、「生存そのものを維持する生活防衛的な論理（下層貧農のいわば生活の論理）」であるからこそ、内川争議は非妥協的な性格を保持したのだと指摘した。林氏の年来の主張であった、小作料減額争議は、不可避的に「生存そのもの」への問いに結びつかざるをえないという見通しは、ここではじめて実証的な論拠をえたといっていいだろう。林氏は、一九七二年以来、提起してきた課題を、自ら実証してみせたのであった。

ただし、この論文では、五加村争議が負った歴史的制約性にも言及されており、貧農的農民運動が手放しで評価されていたわけではなかった。歴史的制約性とは、貧農的農民運動が、そもそも、「農民層の階層的・全村的統一の客観的条件を欠」く内川部落で起きたために、昭和恐慌期の農民運動に要請されていた歴史的課題、つまり、満州事変以降の「ファシズムと戦争勢力の台頭」に「対抗しうる広汎な統一戦線の一翼」として、「全村的全農民層の運動を形成」するという課題には応えられなかったということである。ここで指摘されたことは、歴史的にきわめて重たい課題である。つまり、小作料減額争議は必然的に「生活の論理」にもとづく貧農的農民運動につきすすまざるをえなかったとしても、五加村の貧農的農民運動は「全村的全農民層の運動」に結びつかなかったからである。

さて、（本書5）には、以上のような成果があったが、（本書1）以来、林氏が掲げてきた研究課題との関連でいえば、まだ残された論点があったことも確かであった。それは、農民運動の政治史的分析の必要性をあれだけ強調していた林氏が、経済史的分析による論文を執筆したことと関係していた。林氏はなぜ経済史的分析に専念した小作争議研究を行ったのか、この論文は、小作争議が不可避的に民主主義的諸権利の要求に結びつくという林氏の論理とどのようにかかわっているのか、（本書5）では、こうした点が必ずしも明示的ではない。林氏はこの論文で、「生存そのものを維持する生活防衛」の論理を「下層貧農のいわば生活の論理」と指摘し、ここに貧農的農民運動展開の論拠を見出していた。だが「生活防衛」の論理は、はたして民主主義的諸権利の要求に結びつくといえるのか、そこでの林氏の含意は何か、――こういったことを（本書5）から確認することは難しい。

## 三　第I期における林氏のもう一つの課題――『農民哀史』の位置

（本書5）は、このように、林氏の第I期における研究の到達点であるとともに、今後への課題を残した論文でもあったが、第I期における林氏の研究の意味をさらに深く考えるためには、林氏がこの時期に追究していたもう一つの課題を検討する必要がある。それは、『農民哀史』と林氏とのかかわりについてである。

林氏が研究の出発点において渋谷定輔氏の影響を受けていたことは、よく知られている。事実、氏も第I期の論文の注などで、『農民哀史』の重要性についてふれ、検討の必要性を指摘していた。だが、林氏の『農民哀史』の世界』は未完に終わったこともあり、氏の研究のなかで渋谷定輔氏のしめる位置について、今まで本格的な検討が加えられることはなかった。

林氏の死後に作成された『故林宥一教授著作目録』（一九九九年九月）によれば、第I期の林氏は、渋谷定輔氏や農民自治会に関する論文を、私たち二人が知っている以上に数多く発表しており、そのことにまず驚かされた。いま、それらの論文を列挙すれば、以下のごとくである。

①「『農民哀史』における都市と農村」（『郷土　富士見』第三号、一九七二年）
②「三〇年代ファシズムと現代」（『世界政経』第二九号、一九七四年）
③「南畑村の小作争議」（『南畑の歴史を学ぶために』一九七四年）

④「なぜ南畑小作争議をとりあげるのか」（『農民と市民のきずなを求めて』一九七五年）
⑤「農民自治会運動の歴史的性格」（『農民と市民』創刊号、一九七五年）
⑥「農民自治会論」（『季刊　世界政経』第六四号、一九七八年）
⑦「小作争議と農村」（『地方デモクラシーと戦争』文一総合出版、一九七八年）

右の作品群は、「小作争議五〇周年記念事業」や、「富士見市　農民と市民の会」など、その多くが富士見市（南畑村）での市民運動や渋谷定輔氏にかかわって書かれたものである。私たちは、林宥一氏が、『歴史学研究』や『歴史評論』に論文・批評を発表していた最中に書きつづけていたこれらの作品を今回はじめてまとめて読み、歴史研究の出発点にあたって林氏が、南畑村争議あるいは渋谷定輔氏からいかに大きな影響をうけていたのかを再認識させられた。これらの作品の多くは記録や習作であり、そのため本書には（**本書4**）だけを収録してある。だが、記録や習作であるだけに、南畑村を拠点にした林氏の思考過程がかえってよく見えるのである。ここから、一九七〇年代半ばの林氏について次の三つの印象をえた。

第一に林氏は、歴史と現在の双方に問いかけながら歴史研究を進めようとしていたことである。たとえば、「三〇年代ファシズムと現代」と題した②では、日教組ストに対する弾圧と靖国神社法案の衆議院内閣委員会強行採決が同じ一九七四年四月一二日に起きたことを明記して「ファッショ前夜的状況の進行」に対する注意を促し、その上で一九三〇年代のファシズムへと論を進めていた。ここで林氏は、文字通り、「三〇年代ファシズムと現代」の関連を問おうとしていた。あるいは⑤では、ベトナム戦争に関する吉野源三郎の論文「一粒の麦」を冒頭に引き、吉野の論評したベトナム解放と農民自治会運動のあいだには、「問題の捨てておけぬ切実さ」という点で共通性があると指摘し、農民自治会の検討を行っている。そもそも、小作争議五〇周年の集会で報告したり、市民と農民のかかわりを再考したりすること自体が、現在を生きながら歴史を問おうとする林氏の研究姿勢をよく示しており、歴史と現在の双方に問うことの重要性を深く認識したところで林氏は歴史研究をスタートさせたのである。

だが、第二に、歴史と現在の双方に問うことの重要性を認識した林氏は、その一方で現在と歴史を直結することの弊もまた深く自覚していた。（本書１）と同じ一九七二年に書かれた①の「あとがき」で、林氏は渋谷定輔氏から受けた決定的影響力を率直に吐露するとともに、渋谷氏にどのように向き合うべきかを模索する心情もまた率直に記していた。この点は林氏の歴史研究を理解するうえで大事な点なので、やや長くなるが引用してみよう。

「（『農民哀史』をめぐる討論に加わる前に――引用者注）私には、まだ必要な作業があるのではないかと考えたのである。その作業とは、『農民哀史』そのものを歴史的社会的存在として把握してみることであった。誤解をおそれず極言すれば『農民哀史』を歴史的史料として読むということである。渋谷氏は『あとがき』の中で『農民が真に〝農民哀史〟と断絶するためには、まず農民自身が歴史的社会的存在としての自己を対象化する姿勢を確立することが必要です』とのべておられるが、私にとっては『農民哀史』そのものを『対象化』してみることが必要ではないかと考えたのである。

私が『農民哀史』を読んだのは大学四年の夏であった。その時の衝撃と感動を今でも忘れない。しかし、その〝衝撃と感動〟とはいったい何であったのか。その〝感動〟とは渋谷氏が述べておられる『真実の連帯』の一根拠となりうるものだったのか？　そうは思われない。

私は、今、私のような、激しい生産労働も知らず、そのような現実のなかで自己をみつめたこともないものが、あまりに性急に、『農民哀史』と自己を結びつけてみようとすることはむしろ危険に思えたのである。私のようなものが、『農民哀史』の中に真の連帯を発見しようとするときには、どうしても、前提の作業が必要なのではないか。それが、『農民哀史』を一度、つきはなして対象化するということであった」。

『農民哀史』から圧倒的な「衝撃と感動」を受けた林氏は、それゆえにいっそう『農民哀史』と「自己を結びつけ」ることの「危険」性を感じ、『農民哀史』を「一度、つきはなして対象化」すべきだと考えた。ここで「対象化」するとは、「歴史的社会的存在として把握」するということだが、この点については、右の文章のあとに林氏が引用している「言葉」が参考になる。林氏は、「私は次の言葉を思い起こしたのである」と書きつづけて、遠山茂樹『戦後の歴史学と歴史意識』（岩波書店、一九六八年）からの次の一節を書き留めていた。「歴史に感動を求め、教訓を学ぼうとすることと、過去を科学的に認識することのけじめが明らかであることが、国民の歴史意識の質を決める鍵である。歴史の科学的認識のためには、いきなり歴史に感動と教訓とを求めることを拒まなければならない。科学的認識とは、過去と現在の歴史的条件のちがいを知ることだからである[1]（後略）」。

「過去と現在の歴史的条件のちがいを知ること」、このことこそが林氏のいう「対象化」の内容であったといってもいいだろう。そのため氏は、必死になって渋谷定輔氏に距離をとろうとし、どうにかして『農民哀史』を一個の歴史的存在として位置づけようとした（①）。もちろん、その一方で、渋谷定輔氏に接近しすぎて渋谷氏を逆に「対象化」できないときもあった（②）。このようにみれば、第Ⅰ期の林氏は、まさに思考錯誤の過程のなかにあったのであり、南畑村を拠点にして考え続け、思考錯誤をくりかえしながら必死になって構築したのが第Ⅰ期の「貧農的農民運動論」だったといえよう。

ところで、第二に指摘した「対象化」の強調と、第一に述べた歴史と現在の双方に問うことは、林氏にあって矛盾しているように思えるかもしれないが、しかし、決してそうではない。林氏は、歴史と現在を直結することの危険性を指摘しながら、そのうえでなお歴史と現在の対話の必要性を強調したのである。このことはあるいは逆に、林氏は、歴史と現在の関連を考える必要性を指摘しながらも、しかしなお両者を直結することの弊を強調したといってもいいだろう。遠山茂樹氏の文章を引用した後に、林氏は、「現在の私は、私自身に『農民哀史』を安易に自己の問題として主体的に考える、とか、無媒介的に、現在の諸問題と結びつけて考えることを許さないのである」（傍点、原文）

とも記していた。ここでの強調点は「無媒介的に」という言葉にある。現在と歴史を「無媒介的に」結びつけないこと、そのことへの深い自覚、だが、歴史と現在はどのように「媒介」されてつながっているのか、その「媒介」を考えつづけること、歴史研究の出発点にあたって『農民哀史』と格闘した林氏は、歴史と現在についての、以上のような関連を学びとっていったのである。

このように考えると、安田常雄著『日本ファシズムと民衆運動』を書評した（本書7）のなかで、林氏が、執拗なまでに、安田氏の把握にみられる「非（又は超）歴史的叙述」を問い返し、安田氏の分析に「歴史的具体性」を求めていた理由がよくわかる。安田氏への問いには、とりもなおさず、「過去と現在の歴史的条件のちがい」を峻別するという、林氏自身の問いが含まれていたといっていいだろう。その問いは、過去と現在の単なる峻別ではない。（本書7）のなかで、林氏は、「歴史的具体性において」「語られてこそ」、安田氏の言う「『存在的事実』は、その重い呪縛から解放される筈である」、という興味深い指摘をしている。過去と現在の条件のちがいをふまえ、「歴史的具体性において」十二分に論じたときにはじめて、歴史的存在はその歴史的意味を明らかにされる、このことこそが林宥一氏が「歴史的条件」にこだわった理由にほかならなかった。このようにみたとき、同じ『農民哀史』から多大な影響を受けながらも、林宥一氏と安田常雄氏とでは、歴史研究の方法を異にしていたことがわかるであろう[2]。と同時に、以上の点を確認すれば、小作争議研究における政治史分析の必要性を強調していた林氏が、なぜ（本書5）で経済史分析を徹底しておこなったのかもおのずと明らかになる。対象のかかえていた歴史的条件の総体を徹底して明らかにすること、そのことなしに歴史研究は成り立たないことを林氏はよく知っていた。その意味で、（本書5）のような徹底した経済史分析もまた、林にとって必要な作業だったのである。

さて、林氏が渋谷定輔氏から受けた影響の第二について、言及が少し長くなってしまったが、つづけて第三の点を指摘すれば、それは「生存権」「生活の論理」への着目ということになる。この点がよくわかるのは、一九七四年に書かれた②の論文である。林氏は、この論文で昭和恐慌期における全農全国会議派の農民委員会活動をとりあげ、「農民委員会方針」が、「中農を過重評価していた」従来の方針をあらためて、貧農の組織化を重視するようになったことに注目している。そこでの「貧農」とは「イコール小作人ではなく」、「小作人としての要求をふくめて農村生活者として、様々な要求がからみあっている『具体的な一個の貧農』」としてとらえられていたこと、いいかえれば、「貧農の生活要求」が、「全農民諸階層に貫徹しうる生活要求」として把握されていたというのが林氏の指摘であった。この貧農のイメージに具体性を与えているのが渋谷定輔氏の活動であり、渋谷氏は、「農民の生活を呪わしく思いながらも、「徹底的に生きるしかない」現実の農民生活から遊離せず、農村における「生活者の論理」にたって「全農民を把握」しようとした、と指摘した。ここでいう「生活者の論理」が、(本書5)で指摘された「生活の論理」の前提にあったといって間違いないだろう。あるいは、(本書1)で指摘された、「人間として生きるべき生存権の思想の萌芽」は「生活者の論理」と重なると考えて間違いないだろう。こうしてみれば、林氏が「生存権」や「生活の論理」を追究する際には、つねに渋谷定輔氏の活動が念頭におかれていたように思われる。「生活の論理」が追求され、「生存権」が保証されることなしに、戦前の小作農民は安定的な生活を送ることができない。貧農まで含めた生存権の獲得が農村の民主主義にとって決定的に重要だと強調するとき、林氏の視野にはつねに渋谷定輔氏の活動があったのである。以上のように考えれば、西田美昭編著『昭和恐慌下の農村社会運動』を書評した(本書6)で、林氏が中農層に分析の焦点をあてていることの問題性を指摘していたことの意味もおのずと明らかであろう。

林氏が渋谷氏から受けた影響が以上のようであるとすれば、林氏の第Ⅰ期の研究の輪郭はより鮮明になる。歴史の研究を志しながら、つねに現在へも関心を持ちつづけ、歴史と現在の関連を考えつづけていた林氏、しかし、歴史と現在の安直な結合を嫌い、対象の歴史的条件を峻別することに歴史研究の意味を見出していた林氏、そして「生存権」「生活の論理」を追求することのうちに農民運動の役割を見つけていた林氏、林氏のこれらの認識の基礎には、すべてといっていいほど渋谷定輔氏の活動があった。歴史的条件（歴史の被拘束性）を最大限に考慮し、歴史と現在を直結することの危険性に最大限の配慮を払いながら、なおかつ、そのうえで歴史と現在の対話の必要性を認識し、現在に対して責任ある発言を試みようとする態度、——渋谷定輔氏の影響を強く受けながら、農民運動史研究の峰を築こうとしていた第Ⅰ期の林氏の学問研究の姿勢を表現すれば、以上のようにいうことができよう。

渋谷定輔氏の影響も含めて考えたとき、第Ⅱ期以降の林氏に残された課題もまた明らかになる。それは、主として農民運動の政治史的分析にかかわることであった。先の②にみられたように、渋谷定輔氏の「生活者の論理」は、それほど具体的でなく、林氏が貧農的農民運動に求めた「生活の論理」もまだ十分に解明されていなかった。いいかえれば、農村での民主主義のあり様を追究するという課題は、第Ⅱ期以降に持ち越されることになったのである。

## 四　第Ⅱ期の特徴

一九八〇年代になると、林氏は、新しい研究課題にとりくむとともに、それまでの自説を新たに展開すべく模索を重ねるようになった。その背景には、一九七九年から始まった五加村研究会があり、一九八一年からの金沢大学赴任があり、そして一九八〇年ごろからの協調体制論の展開があった。現在から振り返ってみるとき、第Ⅱ期は第Ⅲ期への移行期にあたっていたようにみえる。第Ⅱ期の林氏は多くの批評を手がけ、研究史上の課題を再検討しようとしていた。

「日本農民組合成立史論Ⅰ」（本書8）は、この時期の林氏が試みた新しい研究課題であり、日本農民組合の成立の国際的契機を探ろうとした論文である。それまで日農についてあつかうことのなかった林氏は、ここで本格的に日農をとりあげるとともに、日農の成立を従来よりも幅広い歴史的視野のなかに位置づけようとした。具体的には、一九二一年にスイスのジュネーブで開かれた第三回国際労働会議（ＩＬＯ総会）が日本の農民運動と農政にあたえた影響を測定することが目的であり、国際会議で議論された農業労働者問題を詳細に検討している。検討の結果、林氏は、ＩＬＯ総会が農商務省内に石黒農政といわれた新潮流を誕生させるきっかけになったこと、石黒農政は小作法制定を通じてそれまでの農村支配のあり方に修正を加えようとしたが、農商務省内では「傍流」であり、ＩＬＯ総会の影響は、むしろ日本国内における小作農民運動の自立を促し、一九二二年に日本農民組合が成立する直接的な契機となったことの方が大きかったと指摘した。

〈本書8〉は「Ⅰ」と題されており、林氏はこれにつづけて、日本農民組合成立の国内的契機を分析する「Ⅱ」以降の論文を予定していたはずであるが、「Ⅱ」以降は執筆されなかった。この時期、林氏は、「Ⅱ」に相当する内容を別に書いている（たとえば、安田浩・林宥一「社会運動の諸相」『講座日本歴史』近代3、東京大学出版会、一九八五年、など）。だが、「Ⅱ」が直接書かれなかった背景には、「Ⅰ」につづけて「Ⅱ」をすぐに執筆することを踏みとどまる思いが林氏にはあったように思われる。その一因は、協調体制論の展開にあった。

一九八〇年ごろから、庄司俊作氏・坂根嘉弘氏によって、いわゆる農村における協調体制論が議論されるようになった。部落のもつ機能や小作調停法の運用過程に注目した二人は、小作争議の終息過程を地主と小作の協調体制ととらえる議論を主張した。〈本書9〉は、この協調体制論に対する本格的な批判の論文である。林氏は、農村協調体制論が体制把握を試みる意欲的研究であることを認めたが、部落＝大字は、本質的にも、また事実のうえでも、農村協調体制論が主張するような意味で地主・小作の集団的関係を代位する機能など果たしえなかったし、何よりも、この共同体を現代的労資関係における集団的関係に見立てること自体が誤りだと指摘した。前述のように、林氏は〈本書3〉で、農会長など、争議の調停者に注目した分析を行っており、〈本書2〉のなかでは「小作調停法体制」なる言葉を使って一九二〇年代の農村支配体制を論じようとしていた。この点は、〈本書9〉の注で自らふれているように、小作調停法の役割を体制概念にまで拡張することは、体制概念の濫用という傾向があった。それゆえ、(本書9)での農村協調体制論批判は、庄司・坂根両氏への批判であるとともに、林氏自身の反省もふくまれていたのである。(本書9)を現在読み返してみて気づくことは、林氏の批判は的を射ているが、部落=大字の機能については本質批判にとどまっており、林氏自身の積極的展開は見られないことである。こののち、林氏が部落=大字の機能を歴史段階的に積極的に論じるようになるのは、五加村研究会の共同研究においてであった(前掲、『近代日本の行政村』)。その意味でいえば、協調体制論を批判した(本書9)からは、その批判の鋭さとともに、林氏自身の模索も伝わってくるように思われる。

(本書10)は、森武麿編『近代農民運動と支配体制』を書評しつつ、近代農民運動の歴史的性格について論じたものである。冒頭、林氏は栗原百寿の研究にふれ、農民運動史研究の現在的意味について論及している。林氏は、(本書10)(本書11)(本書12)のいずれでも栗原百寿の研究をとりあげている。五加村の共同研究にとりくみながら、新しい研究課題を模索していた林氏は、この時期、栗原百寿に立ち返ることで、農民運動史研究の原点を見直そうとしていたように思われる。

(本書10)のなかで、林氏は、大別して次の二点から森編著に批判を加えている。一つは、初期小作争議の評価軸になった共同体的諸関係の理解にかかわって、ムラ共同体だけでなく、とくにイエ共同体の観点から批判を加えたことであり、もう一つは、階級意識の形成と小商品生産の展開の関係について批判を加えたことである。

(本書11)は栗原百寿の農業理論にかかわる共同研究の一環として、栗原の農民運動史論を論じたものである。ここで林氏は、「科学的農民運動史」の研究を提唱した栗原の理論を丁寧に読み解いており、ついで、岡山と香川における農民運動史の実証研究を比較検討して、発生の論理と後退の論理の説明が異なること、中富農的農民運動論を柱としていた栗原は貧農的農民運動論が未着手だったこと、栗原の研究の継承上の問題点などが明快に論じられている。

本書の最後の収録となった（本書12）は、『歴史科学大系　農民運動史』の解説として書かれたものであり、近代日本農民運動史研究の整理として、これだけで一個の優れた批評となっている。戦前にまでさかのぼって近代農民運動史研究の歴史をフォローしたものは、従来なかったので、近代日本農民運動史研究を志すものは、まずはこの批評を読むのがよいであろう。資本主義論争以前から資本主義論争段階、戦後第一段階、戦後第二段階と四つの段階に整理し、一九二〇年代から一九六〇年代までの農民運動史研究が、的確に位置づけられている。

さて、林氏の第Ⅱ期の研究を跡づけてみると、この時期は批評論文を多く書いており、第Ⅰ期から受け継いだ課題の展開を模索していたことがよくわかる。だが、それは単なる模索ではなかった。林氏は一方で五加村の共同研究にとりくみ、（本書5）で残した課題を共同研究のうちに新たな水準で突破しようと努力していた。と同時に、第Ⅱ期に書いた批評論文は、いずれも本格的なものばかりであり、農民運動史研究の整理を行いながら、共同研究のうちに、また研究史のうちに新たな課題を見出そうと努力する林氏の姿をここに確認することができる。それは、共同研究の成果をへて、林氏自身が新たな研究テーマを獲得していくまでの、「ながい醱酵期間」(3)にほかならなかったのである。

## おわりに

第Ⅰ期から第Ⅱ期に至る、林宥一氏の研究生活を振り返るとき、そこではいくつかの特徴を指摘することができる。第一は、歴史研究に臨む姿勢であり、歴史的条件（歴史の被拘束性）を一貫して考慮し、歴史と現在を直結することの危険性に最大限の配慮を払いながら、そのうえでなお歴史と現在の対話の必要性を認識していたことである。いいかえれば、歴史と現在の双方に関心を寄せ、その関係をくりかえし問うていた歴史研究者であった(4)。

第二に、農民運動史研究にとりくむにあたっても、小作農民のおかれた歴史的条件を一貫して考慮し、政治的社会的側面だけでなく、経済的側面をふくめた条件の総体を問題にしたことである。と同時に、そこでは、「生存権」「生活の論理」が一貫して重視されており、農民運動は生存権をめざす水準にまでつきすすまざるをえないことがくりかえし指摘されていた。この指摘からすれば、林氏の農民運動史研究は、中農的農民運動につづいておきた貧農的農民運動を対象にする必要があったのであり、それとかかわった農民運動の政治史的分析がどうしても必要になったのである。要するに林宥一氏にとっては、貧農までふくめた農民が「生活の論理」をどのように構想し、実現していこうとしたのか、そこでの貧農的農民運動の役割に関心があったのであり、そのことを通じて、戦前の農村における民主主義の到達度を測定しようとしたのであった。農民運動史研究者・林宥一氏とは、歴史と現在の双方にわたって、ラディカルな民主主義を追究しつづけた人だったといえよう。

さて、最後に、第Ⅰ期・第Ⅱ期とのかかわりで、第Ⅲ期の研究テーマ「地域的公共関係論」について少しだけふれておく。五加村の共同研究を通じて、林氏が新たに獲得したテーマが、この「地域的公共関係論」であった。五加村の農民運動家・中村浩のその後の軌跡を追究した林氏は、農民運動が終息したあとでも、村議や部落を基盤に粘り強く活動しつづける中村の姿を見つけた。そこから林氏は、第Ⅰ期に重視していた社会運動と国家権力という局面だけではなく、社会運動と地方行政という局面の重要性をも発見した。その意味で、「地域的公共関係論」は、林氏にとって新たなテーマにほかならなかった。だが、このテーマは、第Ⅰ期以来、林氏が長い間考えつづけてきたテーマ(「生存権」「生活の論理」)の延長線上に位置づくものであり、「生存・生活」といった次元を、公共性を軸にした社会的諸関係のうちにとらえなおそうとするのが「地域的公共関係論」にほかならなかった。それはまた、農民運動を政治史的に分析するために編み出された方法でもあった。その意味でいえば、「地域的公共関係論」は林氏にとって、研究テーマの変更を意味するものではもちろんなく、「ながい醱酵期間」をへたうえでの、研究テーマの発展を示すものにほかならなかったのである。(5)

注

（1）林氏は、遠山氏のこの一節を別の個所でも引用しており（書評「中沢市朗『埼玉民衆の歴史』」『埼玉民衆史研究』創刊号、一九七五年）、当時の林氏の歴史研究にとって重要な視点だったことがうかがえる。

（2）今回、（本書7）を読み直して印象的だったのは、林氏は安田氏への批判の一方で、安田氏の著作を、「研究主体と歴史に生きた人々との対話・交流の所産」として高く評価していることであった。林氏は、「研究主体と客体との間に、なんらかの対話・交流がなくして、どうしてその歴史研究が生きたものになるであろうか」と指摘し、安田氏の著作に魅力があるのは、「歴史そのものにまっこうから向かいあっている著者の学問的な姿勢にある」と述べていた。安田氏の著作に対して、くりかえし「歴史的具体性」を問い返した林氏は、その一方で、現在を生きる著者（安田氏）と「歴史に生きた人々との対話」を最大限に評価していたのであり、ここにも、歴史と現在の相互規定的関係を考えつづけた林氏の歴史研究の方法がよく示されていた。

（3）一柳茂次「農民の組織化」『思想』第四二〇号、一九五九年。この言葉は、（本書11）のなかで林氏によって引用されているもの。

（4）金沢大学に勤務した第Ⅱ期以降の林氏は、金沢大学経済学部『地域経済ニューズレター』、金沢大学平和問題『ネットワーク・ニュース』、金沢大学教職員組合執行委員会『組合ＮＥＷＳ』、金沢大学生活協同組合書籍部『アカンサス』といった、金沢大学内で出されていた出版物に数多くのエッセイを寄せていた。現実の諸問題や歴史研究の方法などを論じたこれらのエッセイは、林氏の民主主義の実践にほかならなかった。なお、これらのエッセイの主なものや、前掲、「三〇年代ファシズムと現代」、注（1）に引用した書評は、前掲、『銀輪』に収録されている。

（5）前掲、『「無産階級」の時代』の最終章は、もともと「階級と民主主義」と名づけられていた。この最終章は、執筆されずに終わってしまったが、この点からすれば、林氏は、第Ⅰ期から第Ⅲ期まで一貫して民主主義を考えつづけていたことがわかる。

# あとがき

林宥一氏は、一九九九年八月八日、心筋梗塞によって急逝された。林氏の死後、氏の近代日本農民運動史研究が一書にまとめられていないことを残念に思い、氏の近くにあった友人が相談し、論文集の作成を計画した。ここではまず、本論文集の刊行に至る経過について記しておきたい。

一九九九年九月二五日、金沢大学経済学部の主催により「林宥一先生とお別れする会」が約三〇〇名の参加を得て金沢大学で開催された。この会には、金沢在住以外の林宥一氏の友人の出席があまり多くなかったという事情もあり、是非東京でも林宥一氏の追悼会を開こうという気運が、氏と近しい研究者たちの間で高まった。そこで、大石嘉一郎、大門正克、金澤史男、暉峻衆三、西田美昭、橋本哲哉、安田浩、柳沢遊を呼びかけ人として、この年の一一月一四日、「林宥一氏追悼会」を東京一橋の日本教育会館で開催する旨の連絡を、氏と交友のあった多くの人々に郵送した。呼びかけ文は左記の通りである。

拝啓

八月八日、私たちの大切な友人であった林宥一さんが急逝されました。北海道に帰省中に急性心筋梗塞で亡くなってしまったのです。いまだに信じられない出来事ですが、しかし、私たちはその事実を受け止めざるをえません。

林さんは、大学・大学院時代や、歴史学研究会・日本史研究会の学会、研究会などを通じて多くの方と交わってきました。ここに、林さんの早すぎる死を悼み、林さんの人と学問を振り返る追悼会を開きたいと思います。当日は、林宥一さんの研究業績目録を配布いたします。

追悼会は下記のようです。ぜひ多くの方に参集していただきたいと思います。

一九九九年九月二二日

敬具

（下記略）

幸い当日は九〇名の参加を得て氏の学問と人柄について偲ぶことができた。会は大門正克の司会で始まり、まず橋本哲哉が、林氏が急逝した事情とその後の金沢大学での「林宥一先生とお別れする会」の様子などについて報告を行った。ついで林氏の早すぎる死去について、痛恨の思いを込めつつ全員で黙祷を捧げた。続いて氏の「人と学問」について安田浩が、「農民運動史研究」について西田美昭が、林氏の研究の発展の大きな契機となった「五加村研究会以後の研究」について大石嘉一郎が、それぞれ報告を行った。さらに金原左門、安田常雄、牧原憲夫、武田晴人、今西一、池一、暉峻衆三の各氏より、氏を追悼する話しをしていただいた。そして最後に、林恵里子夫人より挨拶をいただき、この会は閉じられた。林氏の学問と人柄が、また交友の広さと深さが浮き彫りになった印象深い会であったと思う。

本書の出版計画はこの追悼会の席上で正式に紹介され、左記のようなお願いを出席者に配布すると同時に、事情があって出席できなかった方にはこの文章を郵送した。

林宥一遺稿集『近代日本農民運動史論（仮題）』刊行に向けた基金のお願い

謹啓　晩秋の候、皆様にはお変わりなくお過ごしのことと存じ上げます。

林宥一氏が八月八日に突然死去されてから三ヵ月余りが過ぎました。

林氏は、一九七二年以来、近代日本の農民運動史に関する研究を数多く発表してきました。埼玉県南畑村争議を分析した論文や、長野県五加村の貧農的農民運動を実証した論文、あるいは多くの批評など、一九七〇年代から一九八〇年代にかけての一連の仕事は、農民運動史研究の課題と方法を鮮やかに示すものとなっています。これらの仕事は現在でも十分に生命力をもっており、林氏の業績を一書にまとめて世に問うことが、今後の歴史研究にとっても貴重な財産になると考えられます。

しかしながら、昨今の出版事情が厳しいことは、皆さんもよくご存じの通りです。そこで私たちは、遺稿集刊行のための基金を募ることにしました。幸い、基金をもとにした刊行については、日本経済評論社に引き受けていただくことが決まっています。

ぜひとも基金にご協力いただきたく、ここにお願いする次第です。基金は左記の要領で募ります。周りの方にも基金を呼びかけていただければ幸いです。何卒よろしくお願いいたします。

敬具

一九九九年一一月一四日

林宥一遺稿集『近代日本農民運動史論（仮題）』刊行呼びかけ人
今西一、牛山敬二、大石嘉一郎、大門正克、奥田晴樹、金澤史男、君島和彦、金原左門、伍賀一道、小沢浩、小峰和夫、坂根嘉弘、鈴木正幸、武田晴人、玉真之介、暉峻衆三、西田美昭、野田公夫、橋本哲

哉、安田常雄、安田浩、柳沢遊、山邊知紀

基金要領（略）

幸いこの基金には多数の方から参加いただき出版の条件が整った。関係各位に深く感謝したい。

すでに本年六月〈シリーズ日本近代からの問い〉の一冊として、半分程度原稿のできていた林宥一著『「無産階級」の時代』を安田浩の編集・解題を付して青木書店から発刊している。この著書は、氏の五加村研究会以後の研究の発展を示すものである。これに対して本書は、主としてそれ以前の氏の業績を編集したものである。氏の研究のすべてを網羅することにはならなかったとはいえ、氏の研究の大筋はこの二著によってあきらかにし得たのではないかと思う。これからの近代日本農民運動史・近代地方自治史研究の発展のためにも、この二著が多くの人によって検討されることを心から願わずにはいられない。

二〇〇〇年八月一三日

西田美昭
大門正克

〈付記〉

なお、林氏の死後、左記の著作物ないし文章がまとめられている。

1．「林宥一先生とお別れする会」実行委員会編『故林宥一教授著作目録』一九九九年九月

2．安田浩「林宥一氏の急逝と追悼会についてのお知らせ」歴史学研究会『月報』四七九号、一九九九年一一月

3．金沢大学経済学部、地域経済ニューズレター『ＣＵＲＥＳ』五一号、一九九九年一二月二〇日（林宥一氏の追悼号）

4．安田浩「林宥一が残したもの――『「無産階級」の時代』『近代日本農民運動史論』の刊行にあたって」『評論』一二

〇号、日本経済評論社、二〇〇〇年八月

5. 金沢大学経済学部『銀輪』刊行委員会『銀輪』十月社、二〇〇〇年九月刊行予定（十月社は、金沢市長町三―一三―四一、電話〇七六―二六一―七四四四）

【著者略歴】

林　宥一（はやし・ゆういち）

1947年　北海道深川市に生まれる
1981年　金沢大学経済学部講師
1990年　金沢大学経済学部教授
1999年　死去
主要著作『近代日本の行政村――長野県埴科郡五加村の研究』（共著）日本経済評論社，1991年
『近代日本の軌跡4　大正デモクラシー』（共著）吉川弘文館，1994年
『「無産階級」の時代――近代日本の社会運動』青木書店，2000年

近代日本農民運動史論

2000年9月15日　第1刷発行　定価（本体5200円＋税）

著者　林　宥一
発行者　栗原哲也

発行所　株式会社　日本経済評論社
〒101-0051　東京都千代田区神田神保町3-2
電話03-3230-1661　FAX 03-3265-2993
E-mail: nikkeihyo@ma4. justnet. ne. jp
URL: http://www. nikkeihyo. co. jp/
文昇堂印刷・山本製本所
装幀＊渡辺美知子

乱丁落丁はお取替えいたします。　Printed in Japan

ISBN4-8188-1274-9

西田美昭・加瀬和俊編著
## 高度経済成長期の農業問題
―戦後自作農体制への挑戦と帰結―
A5判　六二〇〇円

一九六〇年代から始まる急激な農村構造・農家経営の変化のさなか、大規模な土地改良事業の成果に立脚して自立農家形成をめざした茨城県稲敷郡東村の変遷を実証的に分析する。

大石嘉一郎・西田美昭編著
## 近代日本の行政村
―長野県埴科郡五加村の研究―
A5判　一四〇〇〇円

近代天皇制国家の基礎単位として制度化された行政村が、いかにして民主的「公共性」を獲得していったか。膨大な役場文書を駆使し、近代日本の政治構造をその基底から捉え直す。

大門正克著
## 近代日本と農村社会
―農民世界の変容と国家―
A5判　五六〇〇円

大正デモクラシーから戦時ファシズム体制への変化、及び明治社会から現代社会への移行の契機が現われた時期の農村社会と国家の相互関連を山梨県落合村を事例として検討する。

森　武麿・大門正克編
## 地域における戦時と戦後
―庄内地方の農村・都市・社会運動―
A5判　五一〇〇円

山形県庄内地方の農村と鶴岡を中心にとりあげ、当時の多様な社会運動との関連にも光をあてて第二次大戦前から戦後にかけての地域社会変貌の総体的把握をめざす。

加瀬和俊著
## 戦前日本の失業対策
―救済型公共土木事業の史的分析―
A5判　六八〇〇円

就業機会提供政策が集中的に実施された一九二五～三五年の日本の実態にそくして、その立案過程・実施過程の全体像を歴史具体的に分析する。初めての救済型公共事業政策研究。

（価格は税抜）